无人机应用技术专业新形态系列教材（总主编：何先定　刘建超　李屹东）

无人机电气系统

（活页式）

主　编　姜　舟
副主编　王晋誉　李志异
参　编　严向峰　王思源

课程思政　活页式　新形态

课件　微课　校企合作

西南交通大学出版社
·成　都·

图书在版编目（CIP）数据

无人机电气系统 / 姜舟主编. —成都：西南交通大学出版社，2022.6（2025.2 重印）
ISBN 978-7-5643-8713-6

Ⅰ. ①无… Ⅱ. ①姜… Ⅲ. ①无人驾驶飞机 – 电气系统 – 高等职业教育 – 教材 Ⅳ. ①V279

中国版本图书馆 CIP 数据核字（2022）第 099456 号

Wurenji Dianqi Xitong
无人机电气系统

主编　姜　舟

责任编辑　何明飞
封面设计　吴　兵

出版发行　西南交通大学出版社
（四川省成都市金牛区二环路北一段 111 号
西南交通大学创新大厦 21 楼）
邮政编码　610031
发行部电话　028-87600564　028-87600533
网址　http://www.xnjdcbs.com
印刷　四川玖艺呈现印刷有限公司

成品尺寸　185 mm × 260 mm
印张　14.75
字数　307 千
版次　2022 年 6 月第 1 版
印次　2025 年 2 月第 2 次
定价　49.00 元
书号　ISBN 978-7-5643-8713-6

课件咨询电话：028-81435775

无人机应用技术专业新形态系列教材

编写委员会

主任委员

刘建超　国家教学名师　成都航空职业技术学院

副主任委员

何　敏　云影系列无人机总设计师　成都飞机工业（集团）有限责任公司

李屹东　翼龙系列无人机总设计师　中航（成都）无人机系统股份有限公司

李中华　国家英雄试飞员　中国人民解放军空军指挥学院

冯文全　北京航空航天大学

任　斌　成都纵横自动化技术股份有限公司

董秀军　地质灾害防治与地质环境保护国家重点实验室

张秦罡　自然资源部第三航测遥感院

总 主 编

何先定　刘建超　李屹东

执行编委（按拼音排序）

陈世江　重庆电子工程职业学院

李　乐　国网乐山供电公司

刘清杰　四川航天职业技术学院

王福成　黑龙江八一农垦大学

王利光　成都纵横大鹏无人机科技有限公司

魏永峭　兰州理工大学

许云飞　成都航空职业技术学院

查　勇　天府新区通用航空职业学院

江启峰　西华大学航空航天学院

李兴红　成都理工大学工程技术学院

卢孟常　贵州航天职业技术学院

王晋誉　上海民航职业技术学院

王永虎　重庆交通大学

吴道明　重庆航天职业技术学院

徐绍麟　云南林业职业技术学院

周　军　厦门大学

委　　员（按拼音排序）

陈宗杰　成都航空职业技术学院

邓建军　成都航空职业技术学院

范宇航　成都航空职业技术学院

冯成龙　成都航空职业技术学院

何　达　成都航空职业技术学院

何云华　成都工业学院

姜　舟　成都航空职业技术学院

戴升鑫　成都航空职业技术学院

段治强　成都航空职业技术学院

房梦旭　成都航空职业技术学院

付　鹏　成都纵横大鹏无人机科技有限公司

何国忠　四川航天中天动力装备有限责任公司

胡　浩　天府新区航空旅游职业学院

蒋云帆　西华大学航空航天学院

李　恒　成都航空职业技术学院
李林峰　成都纵横大鹏无人机科技有限公司
李　艳　成都航空职业技术学院
李宜康　成都航空职业技术学院
李懿珂　成都纵横大鹏无人机科技有限公司
李志鹏　中航（成都）无人机系统股份有限公司
李志异　成都航空职业技术学院
廖开俊　中国人民解放军空军第一航空学院
刘　驰　四川航天中天动力装备有限责任公司
刘　夯　成都纵横大鹏无人机科技有限公司
刘佳嘉　中国民用航空飞行学院
刘　健　山西机电职业技术学院
刘　静　重庆科创职业学院
刘明鑫　成都航空职业技术学院
刘　霞　重庆航天职业技术学院
马云峰　成都纵横大鹏无人机科技有限公司
梅　丹　中国人民解放军海军工程大学
牟如强　成都理工大学工程技术学院
潘率诚　西华大学
屈仁飞　成都西南交大研究院有限公司
瞿胡敏　四川傲势科技有限公司
任　勇　重庆电子工程职业学院
沈　挺　重庆交通大学
宋　勇　四川航天中天动力装备有限责任公司
唐　斌　成都航空职业技术学院
田　园　成都航空职业技术学院
王　聪　成都航空职业技术学院
王国汁　中航（成都）无人机系统股份有限公司
王　进　成都纵横大鹏无人机科技有限公司
王朋飞　西安航空职业技术学院
王　强　成都航空职业技术学院
王泉川　中国民用航空飞行学院
王思源　成都航空职业技术学院
王文敬　中国民用航空飞行学院
王　旭　成都航空职业技术学院
王　洵　成都航空职业技术学院
魏春晓　成都航空职业技术学院
吴　可　重庆交通大学
吴　爽　中航（成都）无人机系统股份有限公司
谢燕梅　成都航空职业技术学院
邢海涛　云南林业职业技术学院
熊　斌　西南大学
徐凤磊　中国人民解放军海军工程大学
许开冲　成都纵横自动化技术股份有限公司
闫俊岭　重庆科创职业学院
严向峰　成都航空职业技术学院
杨　芳　成都航空职业技术学院
杨谨源　中航教育科技（天津）有限公司
杨　琴　成都理工大学工程技术学院
杨　锐　成都纵横自动化技术股份有限公司
杨少艳　成都航空职业技术学院
杨　雄　重庆航天职业技术学院
杨　雪　成都航空职业技术学院
姚慧敏　成都航空职业技术学院
尹子栋　成都航空职业技术学院
游　玺　成都纵横大鹏无人机科技有限公司
张　捷　贵州交通技师学院
张　梅　成都农业科技职业学院
张　松　四川零坐标勘察设计有限公司
张惟斌　西华大学
张　伟　成都纵横大鹏无人机科技有限公司
赵　军　重庆电子工程职业学院
郑才国　成都理工大学工程技术学院
周　彬　重庆电子工程职业学院
周佳欣　成都航空职业技术学院
周仁建　成都航空职业技术学院
邹晓东　中航（成都）无人机系统股份有限公司

前言

PREFACE

无人机最早在20世纪20年代出现，起初主要在军用领域使用，虽有一百多年的发展史，但直到近十年，随着人工智能技术的逐步完善、航空技术的迅速发展，无论是军用领域还是民用领域，无人机都得到了广泛的应用，国内对无人机的研发越来越重视，在全球无人机领域也实现了从追赶到超越的转变，无人机成功“飞”到人们身边。

国内众多高职院校纷纷开设无人机应用技术相关专业，主要面向企事业单位培养技术技能人才，教学载体涵盖固定翼无人机、旋翼无人机等，但与教学配套的教材储备相对薄弱。尤其对于军民融合类高职院校更是难以选到合适的教材。考虑到无人机的气动布局、飞行速度、用途等诸多因素，本书结合1+X无人机组装与调试职业技能标准，融入课程思政元素，以固定翼无人机为主要载体，以讲解无人机电气系统的基本原理和组成结构为主，以任务为牵引，创设工作情景，要求学生掌握飞机电源系统的组成并了解其在飞机运行中的工作情况；掌握发电机的结构和工作原理、调压、供电方式、控制与故障保护；熟悉机外照明系统的组成及工作原理等。这些都要求学生具备扎实的专业基础理论知识和专业知识，具有一定的理论联系实际的应用能力，为今后的工作提供相应的专业理论和实践知识。

本书由成都航空职业技术学院姜舟担任主编，上海民航职业技术学院王晋誉和成都航空职业技术学院李志异担任副主编，模块一由王晋誉和李志异编写，模块二、模块三和模块四由姜舟编写，模块五由王思源和严向峰编写，姜舟对本书的编写思路和内容进行了总体策划，并对全书进行统稿。

鉴于编者理论水平和实践经验有限，书中不妥之处在所难免，恳请广大读者批评指正。

编 者

2021 年 12 月

于成都航空职业技术学院

目录

CONTENTS

预备知识

无人机电气系统是无人机系统的重要飞行保障系统，要完成飞行任务几乎每个分系统都要用到电源，几乎所有的设备都离不开电气自动化的控制。

知识点 1　无人机与无人机系统

“无人机”是无人驾驶航空器的简称，英文缩写为“UAV”（Unmanned Aerial Vehicle），是依靠无线遥控设备或自备的程序控制装置操纵的不载人飞机。与有人机相比，无人机上没有驾驶舱，但安装有自动驾驶仪、程序控制装置等设备。地面、舰艇或母机遥控站人员通过雷达等设备，对无人机进行定位、遥控、跟踪、遥测以及实时数据传输，可以在无线电遥控下，像有人机一样起飞或用助推火箭发射升空，也可由母机带到空中投放飞行。回收时，可采用有人机着陆方式一样进行自动着陆，也可以通过遥控伞降或拦网降落。无人机具有体积小、造价低、无人员伤亡、对环境要求低、生存能力强和用途广泛等特点。图 0.1.1 所示为有人机，图 0.1.2 所示为无人机。

图 0.1.1　有人机

图 0.1.2　无人机

无人机系统（Unmanned Aircraft System，UAS）是确保无人机能正常运行的整个系统。所谓“系统”是由若干个相互联系、作用以及依存的组成部分结合而成、具有特定功能的有机整体。无人机系统主要由无人机平台、任务载荷、数据链、指挥控制、发射与回收、保障与维修等分系统组成，各分系统组成和功能如下：

1. 无人机平台分系统

无人机平台分系统包括机体结构、动力系统、供电系统、环控系统、起落架系统、机外照明系统、导航与飞行控制子系统等。无人机平台分系统是执行任务的载体，它携带任务载荷，飞行至目标区域完成要求的任务。

2. 任务载荷分系统

任务载荷分系统是，为完成作业飞行特定任务而搭载在无人机上的设备或装置，它直接决定了无人机的功能，主要载荷包括侦察设备、通信设备、武器等。

3. 数据链分系统

数据链分系统包括无线电遥控或遥测设备、信息传输设备、中继转发设备等。数据链分系统通过上行通信链路，给无人机发送指令，控制无人机飞行、操控所携带的各种任务载荷；同样，通过下行通信链路，无人机回传信息和图像到达操控人员面前。信息包括载荷数据、机上各分系统的状态信息（监控数据）、位置信息等。

4. 指挥控制分系统

指挥控制分系统完成指挥，作战计划制定，任务数据加载，无人机地面和空中工作状态监视和操纵控制以及飞行参数、态势和任务数据记录等任务。该分系统主要包括飞行操纵设备、综合显示设备、飞行航迹与态势显示设备、任务规划设备、记录与回放设备、情报处理与通信设备、与其他任务载荷信息的接口等。

5. 发射与回收分系统

发射与回收分系统是指与发射（起飞）和回收（着陆）有关的设备或装置，如发射车、发射箱、弹射装置、助推器、起落架、回收伞、拦阻网等。发射与回收分系统完成无人机的发射（起飞）和回收（着陆）任务。

6. 保障与维修分系统

保障与维修分系统主要完成无人机系统的日常维护，以及无人机的状态测试和维修等任务，主要有保障车、机体包装箱、手册等。

知识点 2　无人机的分类

目前，无人机相关技术飞速发展，用途广泛，种类繁多。由于其外形结构、质量、飞行速度、飞行高度、用途和空域等的巨大差异，出于不同的考量，无人机分类也会不同，常用分类方式有以下几种。

1. 按用途分类

无人机按照不同的用途，可以分为军用无人机和民用无人机。其中，民用无人机通常又分为工业级无人机和消费级无人机。

军用无人机可以用作侦察监视、骗敌诱饵、电子对抗、通信中继、校射以及靶机等。它在现代战争中的作用和地位日渐突显，是空中军事力量重要的组成部分。早期出现的靶机，可用于地面防空、空中格斗武器的试验与训练。随着无人机技术发展，现在无人机在军事上多用于侦察监视、骗敌诱饵。无人侦察机（图 0.2.1）可以深入阵地前沿和敌后数百千米，甚至更远的距离，依靠装在机上的照相机、摄影机、红外扫描器以及雷达等设备，完成各种侦察和监视任务；作为诱饵无人机，主要协同其他电子侦察设备进行诱骗侦察。除此之外，军用无人机还能对敌方通信系统进行干扰，使其通信设备受损；作为一种空中运载工具，无人机还可以携带武器，对敌军地面军事目标进行打击。军用无人机对飞行高度、速度、灵敏度、智能化等有着更高的要求，具有隐蔽性好、无人员伤亡、使用限制少等特点。

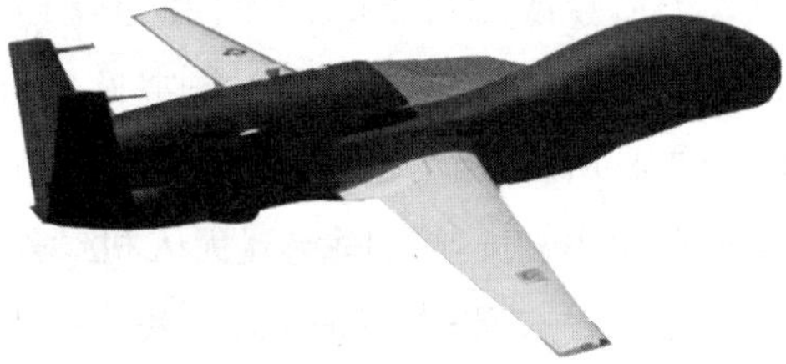

图 0.2.1　无人侦察机

工业级无人机广泛应用于各行各业的日常工作中。例如，电力巡检、农业植保（图 0.2.2）、物流、交通监控、消防救援、石油管道巡检、野生动物观察、传染病监控、地形测绘、新闻报道、影视拍摄等领域。一般根据不同需求搭载不同设备，如大气探测器、高光谱相机、激光雷达、红外热像仪等。与消费级无人机相比，在起飞重量、飞行时间、稳定性方面均有提高，技术更加复杂，目前主要以多旋翼、固定翼和混合式无人机为主。工业级无人机主要面向行业用户定制生产，一般产量不大且售价较高。

图 0.2.2　植保无人机

消费级无人机面向个人用户，它借助无人机搭载高清摄影机，在无线遥控操作下进行航拍。目前，消费级无人机一般采用成本较低的多旋翼平台，其中以四旋翼无人机（见图 0.2.3）使用居多，对于摄影爱好者和普通消费者来说，容易操控、便携且价格适宜，主要用于航拍、跟拍等娱乐场景。

图 0.2.3　消费级无人机

2. 按平台构型分类

按照平台构型主要分为固定翼无人机、旋翼无人机及其他类型。旋翼无人机又分为无人直升机和多旋翼无人机。其他类型无人机包括伞翼无人机、扑翼无人机和无人飞艇等。

固定翼无人机是通过人工遥控或者自备的程序控制其动力系统，来实现飞行的不载人飞机，是军用和多数民用无人机的主流平台。最常见的布局有常规布局、双尾撑布局和无尾布局等，如图 0.2.4 所示。微型化和长航时是固定翼无人机发展的趋势，微型化固定翼无人机只有手掌大小，长航时固定翼无人机续航时间在 10 h 以上，能够搭载多种遥感传感器，其起飞方式有滑行、弹射、车载、火力助推以及飞机投放等；降落方式有滑行、伞降以及撞网等。固定翼无人机具有续航时间长、飞行效率高、载荷大、飞行稳定性好等特点。

（a）常规布局　　（b）双尾撑布局　　（c）无尾布局

图 0.2.4　固定翼无人机

无人直升机是可以垂直起降、灵活性较强的无人机平台（图 0.2.5）。在构型上属于旋翼无人机，在功能上属于垂直起降通用航空器。与固定翼无人机相比，它具有垂直起降（即不需要跑道）、空中悬停、任意方向飞行、起飞着陆场地小等特点。但其结构相对复杂、操控难度较大，所以实际应用还比较少。与有人直升机相比，它具有体积小、造价低、无人员伤亡和战场生存力强等特点。在民用方面，无人直升机在交通监控、大气监测、资源勘探、电力巡检、消防救援等方面的应用前景较大。在军用方面，无人直升机在侦察、监视、目标截获、诱饵、攻击、通信中继等方面的应用前景较为广泛。

图 0.2.5　单旋翼无人直升机

多旋翼无人机是一种具有三个及以上旋转轴的无人直升机（图 0.2.6），是消费级无人机和工业级无人机的首选平台，灵活性在固定翼无人机和无人直升机之间，具有结构简单、容易操控、无机械磨损、价格便宜等特点。

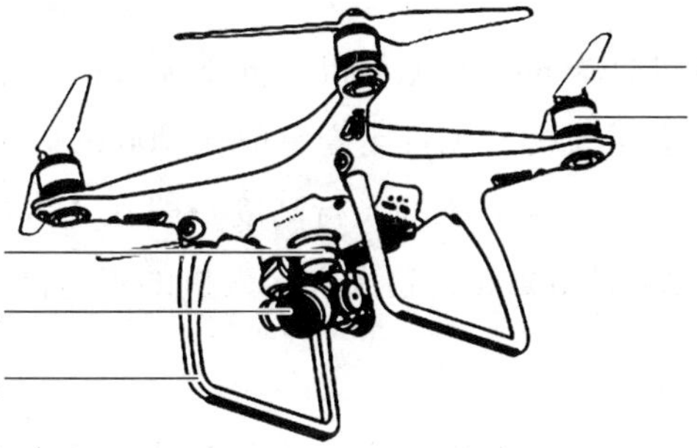

图 0.2.6　多旋翼无人机

3. 按运行管理分类

按照民用无人机驾驶员的资质管理，无人机分类见表 0.2.1。

表 0.2.1　分类等级

分类	空机重量/kg	起飞全重/kg
Ⅰ	$0<W\leqslant 0.25$	
Ⅱ	$0.25<W\leqslant 4$	$1.5<W\leqslant 7$
Ⅲ	$4<W\leqslant 15$	$7<W\leqslant 25$
Ⅳ	$15<W\leqslant 116$	$25<W\leqslant 150$
Ⅴ	植保类无人机	
Ⅺ	$116<W\leqslant 5700$	$150<W\leqslant 5700$
Ⅻ	$W>5700$	

在实际运行中，当Ⅲ、Ⅳ、Ⅺ类分类有交叉时，按照较高要求的一类分类；对于串、并列运行或者编队运行的无人机，按照总重量分类；地方政府（如公安部门）对于Ⅰ、Ⅱ类无人机重量界限低于本表规定的，以地方政府的具体要求为准。

4. 按活动半径分类

无人机按照活动半径可分为超近程无人机、近程无人机、短程无人机、中程无人机和远程无人机。超近程无人机的活动半径一般在 15 km 以内；近程无人机的活动半径一般在 15 ~ 50 km；短程无人机的活动半径一般在 50 ~ 200 km，主要为作战指挥人员提供 200 km 范围内的情报或者为炮兵射靶使用；中程无人机的活动半径在 200 ~ 800 km，主要用于战场环境侦察，毁伤效果评估等；远程无人机的活动半径一般大于 800 km，常用于敌纵深监视与侦察，为实现空地一体战的敌纵深打击提供条件，该类无人机能在高对抗强度战场生存，具有精确制导、目标定位、自动跟踪目标等作战能力。

5. 按任务高度分类

无人机按照任务高度可分为超低空无人机、低空无人机、中空无人机、高空无人机和超高空无人机。超低空无人机的飞行高度一般在 100 m 以下；低空无人机的飞行高度一般在 100 ~ 1 000 m；中空无人机的飞行高度一般在 1 000 ~ 7 000 m；高空无人机的飞行高度一般在 7 000 ~ 18 000 m；超高空无人机的飞行高度一般大于 18 000 m。

6. 按速度分类

无人机按照速度可分为低速无人机、亚音速无人机、跨音速无人机、超音速无人机和高超音速无人机。低速无人机的飞行速度一般小于 0.3 Ma（Ma 为马赫数）；亚音速无人机飞行速度一般在 0.3 ~ 0.7 Ma 之间；跨音速无人机速度一般在 0.7 ~ 1.2 Ma；超音速无人机速度一般在 1.2 ~ 5 Ma；高超音速无人机速度一般大于 5 Ma。

知识点 3　无人机电气系统组成和作用

无人机电气系统由供电系统和用电设备组成。供电系统是指在飞机上电能产生、分配与传输至用电设备输入端之间的部分，通常包括电源系统和输配电系统。供电系统的功能是向全机各用电系统或设备提供满足预定设计要求的电能，包括足够的电容量和可靠的输配电，并保证供电质量符合要求。

1. 电源系统

为了保证飞机在各种情况下的正常供电，按照电源的来源和用途，飞机电源系统由主电源、辅助电压、应急电源、二次电源以及地面电源等组成。

主电源：由航空发动机驱动的发电机、电源控制保护设备等构成。正常情况下由主电源向全机负载供电。

辅助电源：当主电源故障或航空发动机不工作时（如地面勤务时），靠辅助电源供电。

应急电源：当主电源和辅助电源均故障时，蓄电池或应急发电机即成为应急电源，给飞机上的关键负载供电。满足应急蓄电池供电需求的同时，也要满足空中、地面起动发动机的供电要求。应急发电机相关内容，请扫描二维码查看。

应急发电机

二次电源：将主电源的一种形式或规格的电能转变为另一种形式或规格的电能来满足不同用电设备的需求。

地面电源：飞机在地面时，由地面电源车或逆变电源向飞机供电，可以满足飞机地面检查、维护、照明以及起动发动机用电。

专用电源：专用电源包括飞管电源控制盒，它保证飞管计算机多余度、不间断供电。

2. 输配电系统

飞机输配电系统（简称配电系统），其作用是将电能可靠而有效地传输到各个用电系统和设备，实现电功率的合理分配，在电源系统发生故障时，保证重要用电设备优先供电，应急情况下保证关键负载的供电。该系统通常由下列设备或装置组成：

（1）导线、电缆以及连接装置，起传输电能的作用，包括汇流条、接线板、配电板、连接器等。

（2）电路控制装置（称配电装置），起控制用电设备和电源运行的作用，包括开关、接触器、继电器和固态功率控制器等。

（3）电路保险装置，起防止导线和设备遭受短路与过载危害的作用，包括各种熔断器、自动保险开关等。

（4）电路检测设备，包括各种指示、显示仪表及信号装置等。

（5）抗干扰装置，包括各种滤波器、防波套及其他屏蔽装置等。

根据配电控制管理中心对功率开关设备的控制管理方式，配电系统的控制方式可分为常规式、遥控式和固态式三类。常规式的配电功率线全部引入机身的中央配电装置，早期的有人机和目前的某些中大型固定翼无人机采用此种控制方式；遥控式的汇流条靠近用电设备，由空勤人员或指令控制中心发出的遥控信号通过功率控制器（如接触器）对用电设备进行控制，座舱内只引入控制线，目前现代大、中型民航客机均采用此类控制方式，以减轻飞机电网的重量；固态式是由计算机控制的一条多路传输总线传递全部信息和控制信号，再由固态功率控制器对用电设备进行控制，这种控制方式取消了众多的控制线，因此减轻了导线重量，提高了供电的可靠性和自动化程度，目前正在发展中。按飞机配电系统的配电方式，飞机配电系统又可分为集中式、分散式和混合式三种。集中式配电系统是所有电源产生的电能都输送到中央配电装置，然后再由该配电装置将电能分配到不同负载。分散式配电系统是各个电源产生的电能分别输送到各个配电装置，然后由各个配电装置给靠近它的用电设备供电。混合式配电系统由电源所产生的电能都输到中央配电装置，除了中央配电装置外，还有若干二级配电装置，它们安装在飞机上的不同部位，各用电设备可分别由上述两种配电装置供电。此外，飞机电网还可按电压分为低压电网和高压电网（60 V 以上）；根据电流类型来分，有直流电网和交流电网；就交流电网来说又有单相和三相之分。根据飞机电网的线制来分，则有单线、双线、三线、四线等几种。

3. 用电设备

用电设备（又称负载）是指飞机上使用电能进行工作的设备。在用电设备中电能被转换成机械能、热能、光能、声能或化学能，以达到某种特定的目的。按设备对保证飞行安全的重要程度，用电设备可分为飞行关键负载、任务关键负载、通用负载三类。

1）飞行关键负载

飞行关键负载是确保飞机安全返航或就近降落（包括维持可操纵飞行）所必需的最低限度的用电设备，如飞行控制、发动机的起动、导航及通信设备、起落架收放等。飞行关键负载关系到飞行安全，为此，必须将其配置在重要的负载汇流条上。正常供电期间由主电源供电，当主电源失效转入应急供电时，应能自动或人工地转为由应急电源供电。

2）任务关键负载

任务关键负载是保证飞机安全飞行和完成特定任务所需要的用电设备，是机上电能的主要使用者。但在飞机应急供电时，为确保飞行关键负载得到供电，将视故障严重程度，切除部分以至全部任务关键负载。

3）通用负载

通用负载是与飞行安全无关的负载，为完成某项任务或满足某项要求而设置的用电设备。通用负载不工作时，并不危及飞行安全，故当主电源发生局部故障而提供的功率有限时，为确保对飞行关键负载和任务关键负载的供电，根据故障严重程度，将首先切除部分以至全部通用负载。

此外，按其用途不同，通常用电设备也分为以下几类。

（1）电动机构，主要用于飞机的操纵机构，如襟翼、舵面调整片、起落架收放、电动泵和电磁活门等。

（2）发动机的起动、喷油和点火设备，如电力起动机、起动箱、起动自动定时器、高能点火装置和电嘴等。

（3）灯光系统和加温防冰设备，如各种照明灯、信号灯、电加温和防冰设备。

（4）电子设备，如无线电通信、导航设备、雷达设备等。

知识点 4　飞机电源系统的发展

飞机电源系统经历了低压直流、交流、高压直流的发展过程。其中，交流电源系统还经历了变速变频、恒速恒频、变速恒频交流电源系统三个阶段。

1. 低压直流电源系统

低压直流电源系统是飞机上最早采用的电源系统，自 1914 年飞机上第一次使用航空直流发电机以来，飞机直流电源系统经历了一百多年的发展过程，其额定电压从 6 V、12 V，逐步发展到额定电压为 28 V（电压调节点）低压直流电源系统，并且一直沿用到现在。二次电源是由旋转变流机或静变流器把低压直流电转变为单相或三相交流电。飞机上还要安装蓄电池作为应急电源。大型飞机上由辅助动力装置驱动直流发电机作为辅助或备用电源。早期采用这种电源系统的机型有安-2、运-5、里-2、伊尔-14 及 C-46 等。这些飞机的直流电源系统主要由直流发电机、电压调节器、保护器、滤波器及蓄电池等组成，这些飞机均采用活塞式发动机，发动机通过减速器直接驱动直流发电机，产生直流电源。电源系统的控制方式多采用接触器和继电器进行人工控制。近年来，随着电力电子技术的发展，无刷直流发电机和静止变流器等设备的出现，其高转速和高性能导磁材料的使用使电机的体积、重量大大减轻。同时，新型直流起动发电机采用固态发电机控制保护装置，除了具备调压、故障保护和控制功能以外，还具备机内自检等功能，使直流发电系统更具有优越的性能。因此，在小型支线客机和中大型固定翼无人机上得到了广泛使用。

2. 交流电源系统

随着机载电子设备和电力传动装置不断增加，机上用电量大大增加，对供电质量要求不断提高，促进了飞机交流电源系统的发展。交流电源系统可以分为变速变频交流电源系统、恒速恒频交流电源系统、变速恒频交流电源系统三类。

1）变速变频交流电源（VSVF）

变速变频交流电源系统是最早在飞机上使用的交流电源系统。变频交流电源系统由飞机发动机通过减速器直接驱动交流发电机发电，输出的交流电频率随发动机转速的变化而变化，其结构如图 0.4.1 所示。

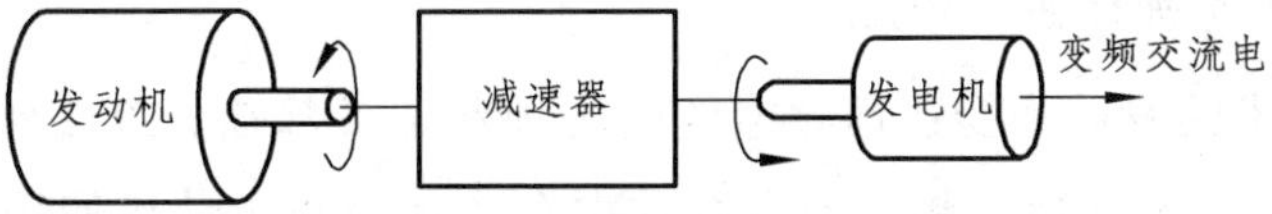

图 0.4.1　VSVF 结构示意图

它主要用于装有涡轮螺旋桨发动机和涡轮轴发动机的飞机上。这种系统不需要恒速传动装置，它的结构简单、重量轻、可靠性高，维护工作量相对较小。不足之处，由于输出的交流电频率是变化的，对电机类用电设备要求随之提高。在需要恒频交流电的时候，由逆变器来提供。

2）恒速恒频交流电源（CSCF）

1946 年，美国发明恒速传动装置（Constant Speed Drive，CSD），简称恒装，开辟了 CSCF 时代，是目前大型喷气式飞机如轰炸机、中远程运输机和歼击机等上最常采用的一种电源系统。它是通过恒速传动装置将发动机变化的转速转换为恒定的转速，使发电机发出 115/200 V、400 Hz 的三相交流电。其结构如图 0.4.2 所示。

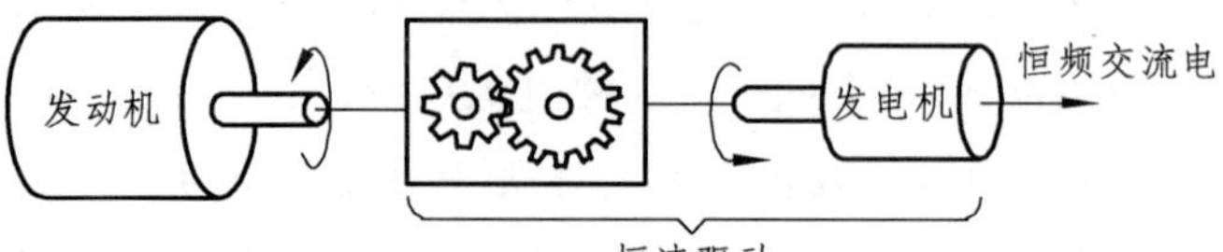

图 0.4.2 CSCF 结构示意图

CSCF 对飞机上的各类负载基本都适用。由于使用的交流电的频率是 400 Hz，比一般市电频率高，可减小用电设备中的变压器、滤波电容等电磁和电气元件的体积，电动机转速高、重量轻，能满足陀螺仪等高速电动机的要求。频率与发电机的转速有关，受电机结构、强度、损耗及寿命等因素的限制。用电设备和配电系统的重量比变频系统轻，配电也比较简单。恒速恒频交流发电机可以单台运行，也可以并联运行，而且电气性能好，供电质量相对较高。恒频交流发电机的额定容量有 20 kV · A、30 kV · A、40 kV · A、60 kV · A、90 kV · A、120 kV · A 和 150 kV · A 等数种。

目前，这种电源主要采用组合传动发电机（Integrated Drive Generator，IDG）、微处理器式发电机控制保护组件及汇流条功率控制组件，使其具有重量轻、体积小、可靠性高等优点。此外，由于控制组件采用了模块式设计，并具有机内自检功能，使维修性得到改善。

CSCF 交流电源系统的优点：允许的工作环境温度高、过载能力强。其主要缺点：CSD 生产制造、维护困难、电能变换效率低。

3）变速恒频交流电源（VSCF）

电力电子技术的发展为变速恒频电源的出现奠定了基础。1972 年，美国通用电气公司研制的 20 kV · A 变速恒频交流电源首次在 A-4 飞机上装机使用，此后 VSCF 电源系统有了迅速发展，成为新型飞机电源发展的方向。VSCF 电源系统通过发动机直接传动交流发电机，发出的变频交流电经变频器变换为恒频交流电。其结构如图 0.4.3 所示。

VSCF 电源系统的优点：电能质量和电能转换效率高；旋转部件少；工作可靠；结构灵活性大；能实现无刷起动发电；生产使用维修方便。其主要缺点：允许的工作环境温度较低，承受过载和短路能力较差。

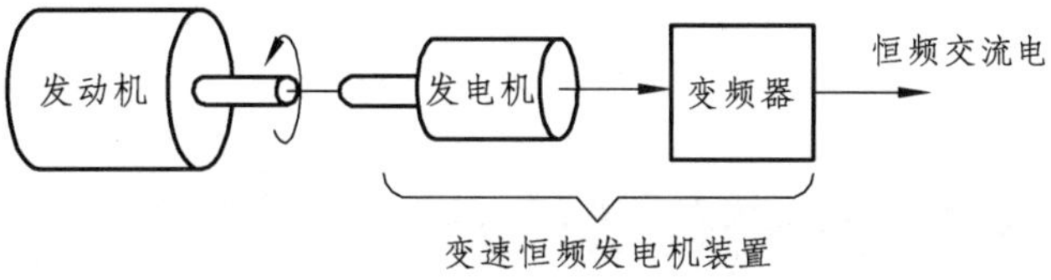

图 0.4.3　VSCF 结构示意图

3. 270 V 高压直流电源系统

随着半导体功率器件、集成电路和新型磁性材料的发展，20 世纪 70 年代开始研制额定电压为 270 V 的高压直流电源系统。270 V 高压直流电源系统采用无刷直流发电机和控制及保护装置，电网重量大大减轻，这种电源系统具有低压直流电源系统和交流电源系统的优点，重量轻、效率高，并联和配电简便，易实现不中断供电，抗干扰能力强，不需要恒速传动装置，因而经济、维护方便，但电路开关器件、电能变换装置、功率转换装置及控制相对复杂（因为高压直流电源系统高空断弧困难，所以普通带触点的开关器件均无法使用，只能采用没有触点的固态功率控制器或混合式功率控制器）。

目前，美国军用飞机，如 F-14 A 战斗机、S-3 A 和 P-3C 反潜机等局部采用了高压直流供电技术，F-22 战斗机已经采用了 270 V、65 kW 的高压直流电源系统；F-35 战斗机采用了 270 V、250 kW 的高压直流电源系统。因此，270 V 高压直流电源是未来飞机电源的发展方向之一。

不同文献对飞机电源系统的发展有不同的分类方式，按照飞机动力装置的发展情况也可划分飞机的不同发展阶段。飞机电源的发展情况，请扫描二维码查看。

飞机电源的发展

模块 1　飞机电路控制与保护装置

模块 1 微课

本模块主要介绍飞机电气电路中的导线、电缆、控制和保护装置。它们在配电系统中起电能传输、分配、保护与控制作用，主要由导线、电缆、断路器、熔断器、继电器和接触器等组成。在学习中，不仅要注重理解，同时加强记忆，尤其是掌握基本的理论知识。在今后学习和工作中，学会运用这些知识和方法研究具体设备的维护，以便在实践中提高维护操作技能。

任务 1　电路连接装置

知识目标

1. 掌握导线、电缆和汇流条的作用和特点。
2. 掌握导线和电缆的标记编码、规格及选用原则。
3. 掌握连接装置和电气搭接等概念。

能力目标

1. 能区分导线、电缆和汇流条等不同概念。
2. 能辨识导线和电缆的标记编码、规格及选用原则。
3. 能分析压接的优点。

思政目标

1. 养成“严慎细实”的机务作风，培养学生分析问题和解决问题的能力。
2. 树立航空安全意识，具备团队合作精神。
3. 铸匠魂、立匠德，培养工匠精神。

【情境创设】

飞机上的导线和电缆就像人体中的神经网络一样，它们在飞机上分布广且复杂，一旦投入使用，必须防止过载，如果发生过载则会引起过热，甚至火灾等。对于一架中大型固定翼无人机，良好的布线是无人机装配过程中非常重要的一个环节，它能有效保障无人机系统的完整性、安全性及可靠性。因此，对飞机线束的研究，对加工、装配、维护及修理都极为重要。导线和电缆的安装不能认为是“安装后就不用管”，没有正确安装、使用及维护导线，对系统的可靠性会造成严重的影响。

【任务实施】

教师带领学生到停机坪参观，观察教学用飞机上电路连接装置的分布情况。请学生对导线、电缆、汇流条分布情况进行分组讨论，告诉学生导线和电缆呈现形式多样，电气导线和电缆是飞机不可分割的一部分，导线和电缆一旦安装，则必须受到保护，一旦出现过载，会导致过热、释放毒气，甚至引发火灾。因此，对于导线及其连接装置需要仔细检查和维护。

知识点 1　认识导线和电缆

导线和电缆是组成电源和输配电系统的重要装置，它连接在飞机电源和用电设备之间，以及用于不同用电设备之间的互联，用来传输电能或信号。根据不同的用电设备及技术指标分类，导线和电缆的种类很多。

1. 飞机导线

导线是电气线路最基本的元件，可以说有电气线路的地方就有导线。导线担负输送电能和传递电磁信号的重要任务，在电路中起金属电气连接的作用，是飞机电网的主要组成部分。飞机上的导线通常采用浸锡、镀镍、镀锌或者镀银的铜线作为线芯（导体），外面包有绝缘层。也有的飞机采用铝制导线，使用铝线是为了减轻飞机重量，减少发动机的耗油量，提高经济效益，但端口接线处处理不好，容易增加接触电阻。常用导线可分为普通导线和专用导线，普通导线又可分为高温导线和普通温度导线，专用导线又可分为防火导线和热电偶连接导线，详情请扫描二维码查看。

专用导线

根据工作电压不同，导线可分为低压导线和高压导线（图 1.1.1）。电压较低电路所用的导线，绝缘层比较薄，主要是塑料，线芯由多股细铜丝绞合而成，有的用强度较大的铜合金丝绞合（后者仅用于较细的导线）。保护部分采用涂有蜡克油的棉织套或尼龙套。而在发动机高压点火电路和无线电设备的高压电路中，电压高达 10 000 V 以上，导线绝缘层比较厚，这种导线称为高压导线，早期飞机一般采用硫化橡胶，现在多采用耐高温塑料，如聚四氟乙烯等。

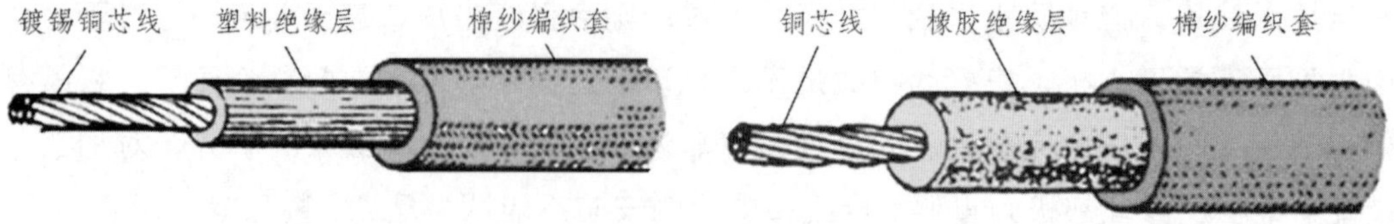

（a）低压导线　　　　（b）高压导线

图 1.1.1　飞机导线

飞机导线的型别主要由外包的绝缘材料决定，由于导线的镀层及使用的绝缘材料不同，导线的耐用性和适用温度范围也不同。而绝缘材料大部分是有机化合物，在热、湿作用下，材料产生分解、挥发导致绝缘性能下降，耐潮湿性能变差和机械强度下降，产生热老化。因此，绝缘材料的寿命就是导线的寿命，应从寿命的角度规定材料的极限温度。一般而言，镀锌的额定工作温度为 135 °C，镀银为 200 °C，镀镍为 260 °C。在选用导线或电缆时，要考虑到其温度适用等级和绝缘等级，普通区域绝缘材料（温度小于 135 °C）一般由聚氯乙烯（PVC）、尼龙或其他塑料材料组成；高温区域（如发动机、APU 和气源管道附近）绝缘材料（温度大于 250 °C）一般为带玻璃纤维的聚四氟乙烯（PTFE）材料。

2. 飞机电缆

为了在飞机上合理布置导线，便于维护，飞机导线一般成束有规则地安装在飞机上，这种成束的导线称为电缆，如图 1.1.2 所示。

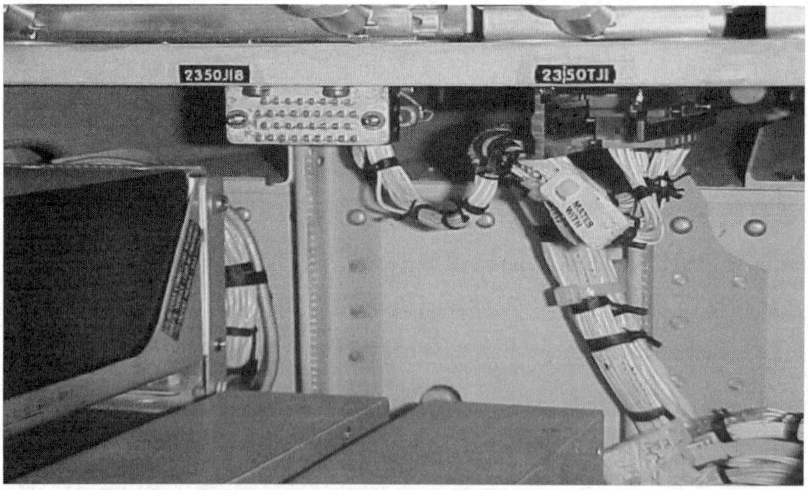

图 1.1.2　某型飞机电子系统电缆

根据无人机电气系统的不同要求，如抗电磁干扰、可靠性等，有的飞机电缆外部带有屏蔽层，有的则不带，飞机电缆如图 1.1.3 所示。

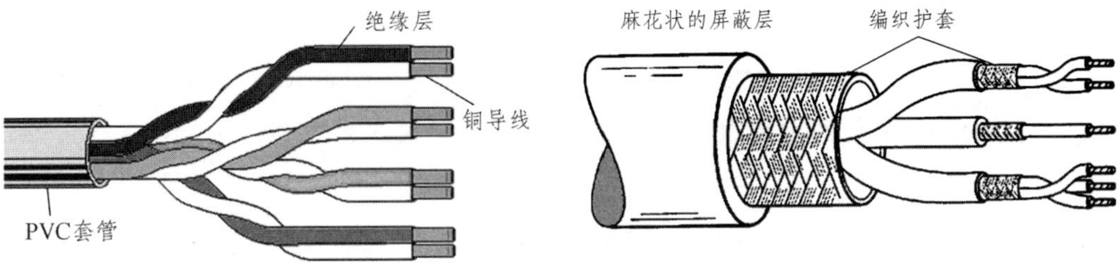

（a）不带屏蔽层的电缆　　（b）带屏蔽层的电缆

图 1.1.3　飞机电缆

电缆外部一般套有起特定作用的保护层，因而有较完善的防护能力，如具有较强的抗拉、抗压、耐蚀、防水、阻燃、屏蔽等特性。如用防波套将电缆套起来，起到电磁屏蔽的作用，以避免其对工作的无线电设备产生干扰。带屏蔽层的目的是能够防护来自大电流转换电路的辐射或者保护容易受到外界影响的电路。使用时，屏蔽层一定要良好接地，把电磁干扰信号接入大地后才有屏蔽效果。用胶带或者胶管将电缆缠起来，以防止液体、潮湿环境对其影响；用石棉条包扎起电缆，以防止电缆遭受高温而烧坏，有的电缆也采用塑料管、硬铝管、防火布等作为其外部保护层。为了防止因振动而磨损电缆，常用固定卡或固定带将电缆固定在飞机上。

技能点 1　导线标记、规格及选用原则

1. 导线标记

在飞机的所有系统中，每根导线或电缆均有标记，便于在日常维护工作中检查电路和排除航空器故障时辨认导线或电缆。在飞机上安装的每根导线都有属于它自己的走向，不同的飞机制造厂商对导线的标识方法略有不同。一般在导线端部标记起点和终点，所属系统的类型、编号及线规，有时在导线上每隔一定距离做一次标识。在复杂场合（如电缆被捆绑成束）整个线束给定一个识别码，标识在套管和套环上，如图 1.1.4 所示为一种导线标记。

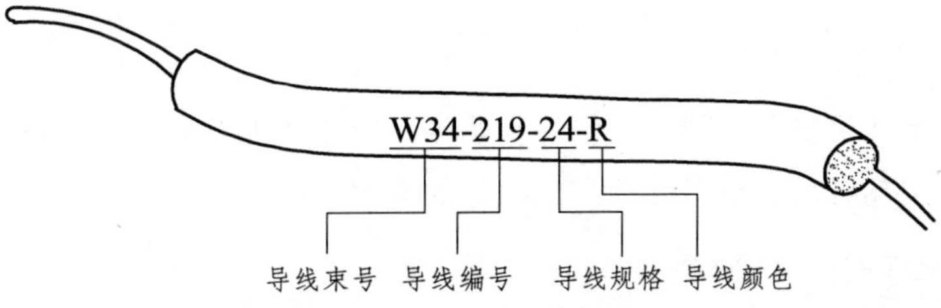

图 1.1.4　一种导线标记

按照不同的标准，标记也各不相同，这些标记是厂家用特殊的打印机打在导线和电缆上面的，打印的颜色主要取决于导线的颜色。还有的用导线表皮的颜色作为分系统的标记。例如，三相电源的 A 相导线用红色，B 相导线用黄色，C 相导线用蓝色，中线（零线）用黑色。

2. 导线规格

在美制飞机上使用的导线的规格是根据美国线规（American Wire Gage，AWG）定义的。它使用数字表示导线直径，数字越大直径越小。例如，12 号线的直径是 0.081 in（0.2057 cm），22 号线的直径是 0.025 in（0.0635 cm）。导线最大直径是 10 AWG，最小的直径是 40 AWG。导线标识以 6 ~ 60 in 的间隔打印在外壳上，包括了导线产品号和制造商的商业和政府机构代码。打印颜色可以是绿色或者白色（取决于导线颜色）。

3. 选用原则

在选用导线或电缆时，要考虑到导线或电缆的安装环境、温度等级和绝缘等级。如果导线或电缆的环境温度是 105 °C，用在航空器的常温区域；如果导线或电缆的环境温度是 250 °C，用在航空器的发动机、APU 和气源管道附近等高温区域。铝线主要用于民用航空器的电源系统的部分线路（发动机、APU 区域不允许使用）。在民用航空器上使用的导线或电缆大多遵循波音材料规范标准（BMS），在一些重要系统（如导航系统、飞行操纵系统、发动机控制系统等）采用高于 BMS 的美国军用标准（MIL）导线或电缆。空客系列的飞机导线或电缆使用的是 MIL、AIR、SN2S 标准，也有个别导线使用 BMS 标准。

例如，按照 MIL-W-M22759 制造的导线必须符合尺寸和构造要求，且性能指标符合绝缘层容易去除、容易焊接、电介质试验、柔性、拉伸强度、高低温试验、可燃性能、生命周期试验、液体浸泡、湿度、烟雾散发等方面的要求。在对导线进行维修更换时，必须满足：负载电流不会在导线上产生过大压降，不会导致导线过热。在实际安装或更换导线时，应考虑以下因素：导线长度、额定电流、允许压降等。此外，还要考虑导线的工作状况，即导线是连续工作，还是断续工作。对于 28 V 电源系统，在连续工作制下的允许最大压降为 1 V，而断续工作制下的允许最大压降为 2 V；对于 115 V 电源系统，在两种工作制下的允许最大压降分别为 4 V 和 8 V。

技能点 2　导线故障

导线故障是飞机常见故障，工作环境恶劣、导线通电电流超过定额、导线绝缘耐压击穿等都是引起导线绝缘老化而产生故障的原因。

1. 导线工作的恶劣环境

空中迎风和潮湿环境下工作的导线，不同于飞机内部工作的导线，它们通常靠近机轮、机翼、折弯搭接处以及机外部分区域，这些区域的环境很恶劣。用于这些环境下的导线通常与它们的结构有关，需要专门设计，不能随意替代。应使用飞机制造商维修手册中推荐的导线，并根据环境工作条件选择绝缘和套管等。

2. 导线的降额使用

在选择导线进行电能传输和分配时应考虑以下几个因素：

（1）根据应用场合不同，导线必须有足够的机械强度，导线直径太细会在受到振动、弯曲时容易断裂。

（2）导线输送电流时产生的功率损耗为 I^2R。由于导线输送电流时产生热量，当导线直径不能满足要求时，只有增大直径。但导线直径增大将增加成本、重量及需要更多的其他支持。因此，导线直径的选取必须考虑在各种因素下进行优化。如果导线有绝缘包裹，则散热不良。因此，为了减小绝缘材料受热，导体电流必须小于规定值。但当导线工作在温度较高的环境下，外界的热量也影响导线的工作。因此，导线的最大允许电流值也将受到环境温度的影响。

（3）如果导线上的电压一定，则负载的突变会导致导线通流变化，使阻抗压降变化，从而使电压调节特性变差。可采取的弥补措施是增大导线直径，减小导线电阻，但会使导线的尺寸和重量增加。

（4）导线捆扎的影响。当导线被捆扎使用时，与单根导线相比，散热变差，因此必须降额使用。

（5）随着飞行高度的增加，捆扎在一起的导线散热困难，导线的流通容量必须降额使用。

3. 导线故障的规律

使用初期，由于厂家装配不适当的原因，容易出现导线故障。在装配问题凸显后，通过适当的调整和修理，存在较长的平稳期，导线故障率很低，甚至为零。随着机龄的增长，由于导线老化、腐蚀、磨损等原因，故障变得相对频繁。导线故障有隐蔽性和影响性的特点，严重威胁着飞行安全并易造成较大的经济损失。

4. 导线故障的预防

根据故障发生规律，可以采用主动预防的措施，发生之前就将故障隐患进行纠正。先对新飞机部件，进行仔细反复检查，尽早发现导线装配上的问题并采取正确方法进行纠正。重视一些严重导线污染（油污）和导线安装固定松动和不规范的情况，并对此及时进行清洁和纠正，降低因为污染和摩擦而对导线产生腐蚀和磨损，从而推迟导线故障发生的时间，可以有效延长导线故障稳定期时间，降低故障发生率，从而提高飞机和部件的可用性。

知识点 2　连接装置

飞机导线的日常维护和故障排除

飞机上的导线和电缆都要通过连接装置连接，才能形成完整的无人机电气系统。通常按照元件连接或断开频率，连接分为较永久性的和按照维修计划规定时间内需要拆卸的连接。

1. 较永久性的连接

较永久性的连接装置主要有压接和钎焊两种方式。压接是利用压力将导体和连接头连接在一起，而钎焊连接法常用于各用电设备内部电路的连接。一般情况下，压接是飞机导线连接的最主要方式，能够提供低成本和高品质的连接，它具有以下特点：

（1）连接容易实现。

（2）连接强度大。

（3）保证良好的电导率和较低的压降。

（4）消除了钎焊焊料溢出以及短路现象。

（5）消除了导线和接头之间可能引起的虚焊。

2. 按照维修计划规定时间内需要拆卸的连接

为了拆装方便以及维护的需要，必须有专门的连接装置，需要拆卸的电气连接常使用接线钉、接线片、插头、插座，它们统称为连接器。其中，接线钉可以是螺钉或螺栓，用来将分配或传输电能的导线连接到电源系统，也可以将导线连接到各种控制电路的装置或飞机的壳体上。连接器中的插钉、插孔常采用可更换式，插头、插座常通过连接螺母组合，这样拆卸很方便。

电连接器是电气系统中最常用的一种连接导线和电缆的方式，它可以用来连接单根或多根导线，通常由插头和插座组成，采用插针和插孔的对接形式导电进而传输信号，而多根导线之间彼此绝缘，抗干扰能力强，且还应满足航空器件的三防要求：防水、防盐雾、防振动。常用的电连接器有圆柱型、方型、同轴型以及接线片型，如图 1.1.5 所示。

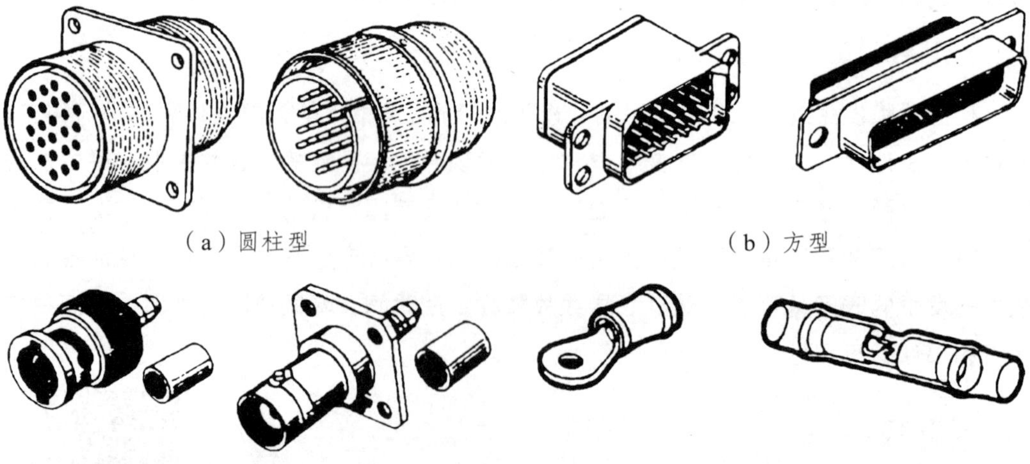

（a）圆柱型　（b）方型

（c）同轴型　（d）接线片型

图 1.1.5　电连接器类型

3. 汇流条

飞机上用于把电能输送到各种负载的公共点称为汇流条（BUS）。汇流条又称为接线条或配电条，实际上是一根低电阻的导体，通常是镀银的铜条或铜棒。它将发电机、蓄电池以及负载连接在一起用于电能的输入和输出。汇流条可以是直流汇流条，也可以是交流汇流条。而飞机配电系统就是以多个汇流条为基础，采用导线和电缆等将电能按照预定的路径分配到飞机的各个部位。

根据用电设备的重要程度，在飞机上，将它们分布于不同的汇流条上。图 1.1.6 所示为某型飞机上的汇流条的应用，图中有主汇流条、1 号电子设备汇流条、2 号电子设备汇流条、蓄电池汇流条等。

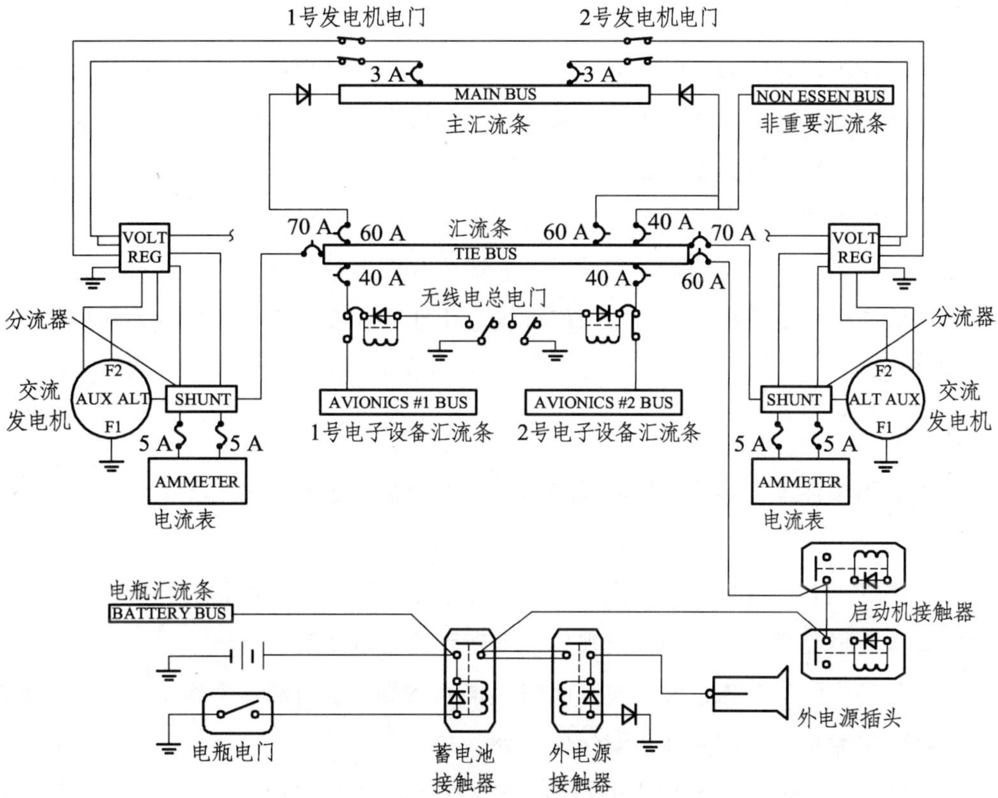

图 1.1.6　汇流条在飞机上的应用

根据汇流条的功能与作用，机上有各种级别的汇流条，主要有主汇流条、蓄电池汇流条（或称应急汇流条），以及各个分系统的供电汇流条。一般飞机上绝大部分用电设备都连接在主汇流条上，次要用电设备连接在非重要汇流条上。当飞机电源系统故障，可以首先切断非重要汇流条上用电设备的供电。

技能点 3 电气搭接

电气搭接又称“搭铁”，它是飞机各金属结构之间以及机体与飞机设备、附件之间的一种专门的低阻抗电气连接。一般使用导线、金属编织带或金属片搭接，使原来无充分电接触的飞机结构部件之间或结构部件、设备、附件与基本结构之间有必要的低阻抗导电性，可以防止飞机结构部件之间或结构部件、设备、附件与基本结构之间产生电磁干扰电平，提供电源电流返回通路，也是防电击、静电防护、雷电防护以及保证天线性能最佳的必要措施。搭接的良好与否，直接影响飞机的安全和性能。搭接电阻测定是飞机质量检验的重要项目，通常搭接电阻为 600 ~ 2 000 μΩ，可以用专用的接地电阻测试仪进行测量。

1. 搭铁线的安装

（1）将固定搭铁线的螺母用扳手固定住，用小号一字螺丝刀拆下搭铁线，检查搭铁线无断丝现象，其结合面无污垢。同时，注意检查小螺钉和垫片，以防丢失。

（2）将搭铁线安装到原位。

（3）注意事项：要在切断电源的情况下进行工作；各连接点处一定要清洁，要清除安装处的油垢、漆层等污物；安装时，各接线片要摆放整齐，拧紧螺钉的力量要适当；负极线装好后要用红漆漆封，做好标记。用油漆在安装螺钉、接线片和机体之间涂一窄红线。

2. 搭接的一般要求

（1）金属零件尺寸要求。机内面积超过 0.2 m^2 或长度超过 0.5 m 的金属零件都要搭接。

（2）不影响各项性能。设计搭接时，应注意不可影响飞机结构的完整性，不可影响飞行安全、操纵性能、空勤人员视界、气密和油密以及设备性能。

（3）与基本结构可靠搭接。设计图纸规定的搭接点及负载（中线）接地点都必须与基本结构可靠搭接，不允许遗漏任何一处。

（4）搭接件与垫圈选用。镀镉钢制搭接件在 230 °C 以下使用。镀锡钢制搭接件在 100 °C 以下，用于镁合金构件搭接。镀锌搭接件除对镁合金构件搭接时可用，其他禁止使用。禁止使用齿形垫圈、阳极化垫圈、法兰平垫圈和无金属保护层垫圈，高温区使用不锈钢垫圈。

（5）尽可能采用永久性搭接连接。凡是有可能的部位，应尽可能采用永久性的固有搭接连接，如焊接、压接等。

（6）搭接线连接安装。搭接线的各种连接安装，均应保证其搭接性能不受飞机正常运行及维护时振动、冲击、温度变化及相应位移的影响，其安装位置应便于地面维护时检查和更换。搭接线安装时应有一定的松弛度，但不能影响各活动部件及减振器的工作。

（7）搭接线长度短、数量少、截面积小。在满足要求的前提下，应尽量选用长度短的搭接线，也要尽量做到数量少、截面积小，不可以将几根搭接线串联使用。

（8）零件搭接。零件搭接一般不应采用间接搭接的方式，而应直接搭接到基本结构上。

（9）不同电源种类电路、易受干扰设备和电路搭接点单独安装。不同电源种类电路的搭接线不能装在同一搭接螺栓上。易受干扰的设备和电路的搭接点应单独安装。

（10）金属编织搭接线安装。安装金属编织搭接线时，金属丝不应有折断。但在难于施工的部位，对已安装好的搭接线在 200 m 长度内允许有不超过 4 根断丝。

（11）线束屏蔽套接地。线束屏蔽套接地可通过电连接器的插针插孔，也可直接连接到基本结构或通过电连接器外壳接地。

（12）管路搭接线安装。应采用非减振夹紧装置及其与搭接线的组合件，不可使用减振卡箍。当需要在可弯曲的金属导管或软管上安装搭接卡箍时，应保证圆管不弯皱或损坏。

（13）防止搭接或隔离不良。应特别注意防止因搭接或隔离不良而造成导电断续的电接触。这种接触在可能成为地平面或电流回路时产生火花或射频干扰电平。

【学习体会】

通过本任务的学习，你都学到了什么？请写在下面。

____

____

【任务测评】

请学生根据所学知识，完成以下任务：

1. 飞机上的导线根据电压的不同分为?

2. 导线压接是通过压力使接头与导体结合在一起的，在飞机上使用较多，它具有哪些优点?

3. 什么是电气搭接?

【课程思政】

机务战线的模范标兵——夏北浩

夏北浩，1938 年出生于广东新会。旧社会的童年生活带给他无尽的苦难，他的奶奶、父亲和两个姐姐先后被饿死，哥哥为逃“壮丁”不得不远走他乡，年幼的夏北浩跟着母亲下地耕田谋生。1949 年，随着家乡解放，夏北浩家里也终于分了田地，一家人终于不再为生计发愁。正是这段经历，让夏北浩对党、对新中国充满了感情，立志为党和人民做点事。

1957 年，经过多次报名，夏北浩终于如愿以偿参军入伍，分配到空军航空学校学习机务。从只有初中文化、普通话都听不懂的少年，成长为门门功课 5 分的优秀毕业学员。1959 年，夏北浩被分配到空军原航空兵某师任机械员。当战士期间，他先后荣立三等功 3 次，二等功 1 次。

1962 年，夏北浩任职机械师。在担任机械师期间，夏北浩针对当时飞行事故频发的情况，认真学习《飞机统一检查条例》。当时，部队有一架飞机经常发生故障，夏北浩主动申请当这架飞机的机械师，按照规程严格对飞机进行检查，最终使这架飞机成了样板机，并在此基础上总结出一套自己的检查维护方法。

1963 年，夏北浩所在师组织机组办学，从全师抽调机务尖子一起学习研究。夏北浩抓住机会向战友们请教学习，不断完善自己的检查方法。1964 年，汇集群众智慧的“夏北浩检查法”正式诞生，并先后在原沈阳军区空军和全空军推广，极大提升了航空机务维护质量。夏北浩的“三负责”精神，成了机务战线的一面旗帜。

1964 年，夏北浩被空军党委授予“机械师尖兵”荣誉称号，先后当选为中国共产党第九次、第十次全国代表大会代表。

多年来，一代代航空机务人始终学习“夏北浩检查法”，传承夏北浩精神。2003 年，在夏北浩精神发源地，北部战区空军航空兵某旅机务三中队官兵在“夏北浩检查法”的基础上总结出“新夏北浩检查法”，再次在全空军推开。第十三届全国人大代表“夏北浩模范机务中队”机械师高东垒说：“现在装备越来越先进，但是夏北浩精神历久弥新，越先进的装备，越需要我们大力传承好夏北浩精神，当好夏北浩传人，确保装备万无一失。”

引自：https://www.xuexi.cn/lgpage/detail/index.html?id=10633292134449l4966

任务 2　电路控制装置

知识目标

1. 掌握飞机电路控制装置的类型。
2. 掌握手动开关、机械开关及电磁控制装置的结构和工作原理。
3. 掌握各种开关的工作特点和维护使用注意事项。

能力目标

1. 能区分开关、接触器和继电器等不同的概念。
2. 能分析手动开关、机械开关及电磁控制装置的工作过程。
3. 能规范使用工具，对电路控制装置进行拆装分解和连接。

思政目标

1. 养成“严慎细实”的机务作风，培养学生分析问题和解决问题的能力。
2. 培养团队协作意识，强化职业素养。
3. 铸匠魂、立匠德，培养工匠精神。

【情境创设】

对于一架中大型固定翼无人机，飞机上有许多系统需要用到电路控制装置。其作用是接通、断开或转换电路。它的基本组成部分为活动触点和固定触点，通过触点的断开与闭合，实现电路中电流通断的控制。电路控制装置又称为开关电器，按照活动触点的触发方式，可以分为手动开关、机械开关及电磁控制装置三大类，其中电磁控制装置又分为接触器和继电器两种类型。现有一个接触器发生了故障，运用大家所学知识，让我们一起来把它修好吧。

【任务实施】

教师带领学生到停机坪进行参观，观察飞机上电路控制装置的分布情况。教师请学生对开关、接触器、继电器分布情况进行分组讨论，告诉学生航空继电器和航空接触器呈现形式多样，电气开关、航空继电器和航空接触器是飞机不可分割的一部分，其使用环境复杂、形式多变、超寿命使用情况突出，一旦失去控制、会造成航空器电源等重要系统故障。因此，对于电路控制装置需要仔细进行安装、检查和维护。

知识点 1　手动开关

手动开关是通过人工操作实现电路通断及转换的开关，一般应用在电流较小(35 A 以下) 的电路中。简单的开关包括两种触点，即固定触点和活动触点 (又称为极)。通过活动触点的运动，固定触点和活动触点可以彼此分开或闭合，实现对多个电路进行控制，触点的通断通过操作极来控制，固定触点数称为投，如图 1.2.1 所示。常见的手动开关主要有扳动开关、按钮开关、旋钮开关等。

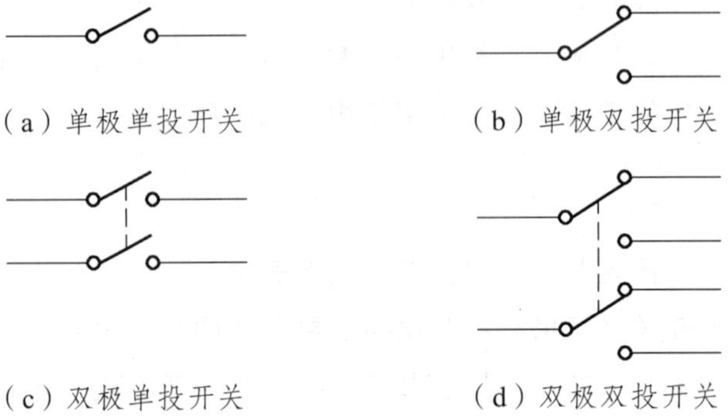

图 1.2.1　开关的分类

1. 扳动开关

扳动开关是直接由操作人员通过手动扳动开关手柄来实现电路接通、断开及电路转换的电路控制装置，具有一定的断流容量及承载能力。常用的扳动开关有拨动开关、联动开关、限动开关和保护开关等。

1）拨动开关

由于构造的不同，拨动开关实现的电路通断功能也各不相同。有的拨动开关只能实现一个电路的接通和断开，有的可以在断开一个电路的同时接通另一个电路，有的则能实现多路转换。飞机上的拨动开关有两位开关和三位开关两种。如图 1.2.2 所示，这是一个典型的三位开关，用来控制备用罗盘灯的开关和亮度。当开关在“OFF”位时，备用罗盘灯熄灭；当开关在“DIM”位时，备用罗盘灯暗亮；当开关在“ON”位时，备用罗盘灯明亮。

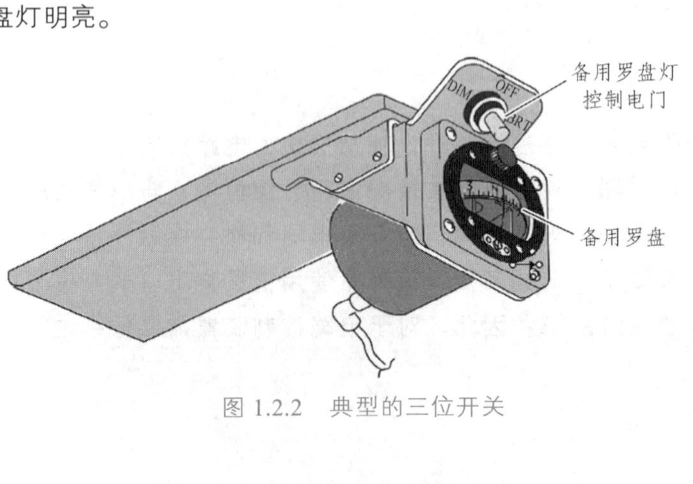

图 1.2.2　典型的三位开关

2）联动开关

联动开关能够实现多个电路的联合控制，常见的联动开关如图 1.2.3 所示。

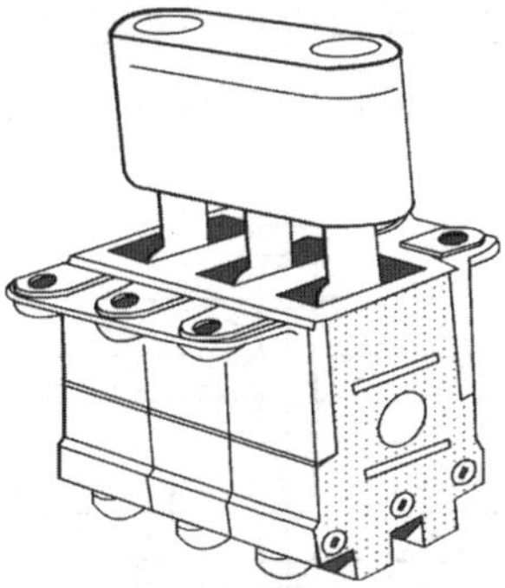

图 1.2.3　联动开关

3）限动开关

限动开关为限定动作的开关，能够防止误操作，对电路的开合起限定和保护作用。如图 1.2.4 所示的限动开关，开关 1、开关 2 和开关 3 在同一时刻只能有一个闭合。

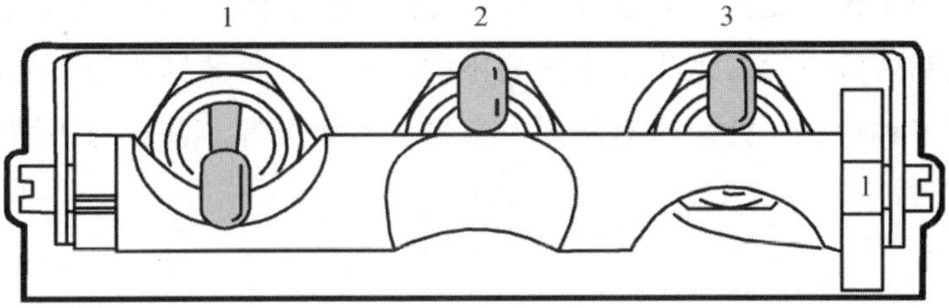

图 1.2.4　限动开关

4）保护开关

保护开关在开关外部设有保护套，对开关能起到一定的保护作用，防止误操作，如图 1.2.5 所示。

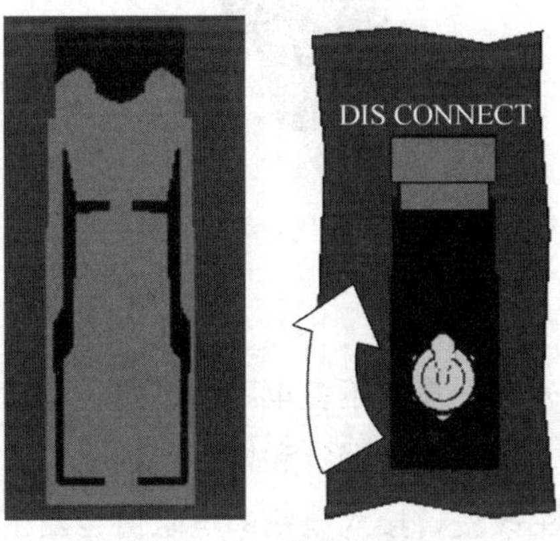

图 1.2.5　保护开关

2. 按钮开关

按钮开关是以按钮为传动装置的开关，多用于短时工作。它主要是由按钮帽、复位弹簧、常闭触点和常开触点等元件组成，如图 1.2.6 所示。其中，常开触点代表该按钮在常态下处于断开状态，常闭触点代表该按钮在常态下处于接通状态。操控人员通过按钮帽改变常开触点和常闭触点的位置来实现对系统的控制。有的按钮开关还具有告警和指示功能，在按钮顶端设置灯泡，外部罩有适当颜色的半透明塑料罩。

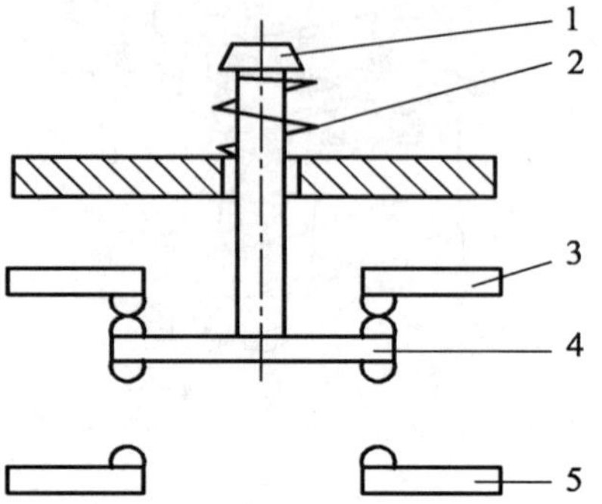

1—按钮帽；2—复位弹簧；3-4—常闭触点；4-5—常开触点

图 1.2.6　典型的按钮开关

按钮开关的工作方式大致有三种：按下工作，松开复位；按下自锁，再按下复位；按下一次，电路转换一次。由于工作方式不同，按钮开关的结构也不相同，有单级、双级、多级等多种形式，外形也有圆形、方形、多边形等，并涂有不同的颜色，如图 1.2.7 所示。

图 1.2.7　按钮开关

3. 旋钮开关

旋钮开关又称为选择开关，多用于多电路的选择。旋钮开关绝大多数为电位计型旋转开关，它主要由旋钮、接线片、滑针和电阻丝等组成。通过旋钮位置的改变，滑针和电阻丝的相对位置发生改变，接入电路的电阻值也发生改变，如图 1.2.8 所示。通过接入电阻值的变化，旋转开关给控制系统发出不同的控制信号。在飞机上典型的应用就是用单个电压表读出多个汇流条电压。另外，在某些情况下，将旋钮开关和变阻器组合在一起，用来通断电路并调节电流值，通常用于仪表板照明或音量控制。

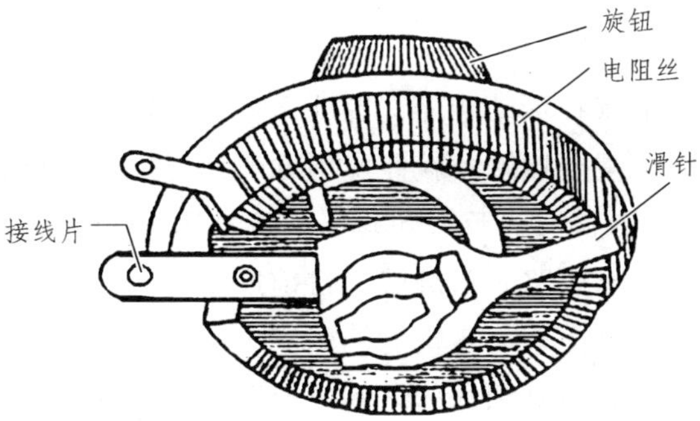

图 1.2.8　旋钮开关

知识点 2　机械开关

机械开关是靠机械外力来实现电路通断的飞机电路控制装置。机械开关通常用在由机械力自动控制触点接通和断开的电路中。机械开关的种类很多，下面主要介绍两种：微动开关和接近开关。

1. 微动开关

微动开关又称为微动电门、灵敏开关或速动开关。所谓微动，指的是开关触点接通和闭合的行程很短，常用于感测一个器件是否达到极限行程（如襟翼驱动机构及起落架机构等）或需要频繁通断的小电流电路中。图 1.2.9 所示为一种常见的微动开关。

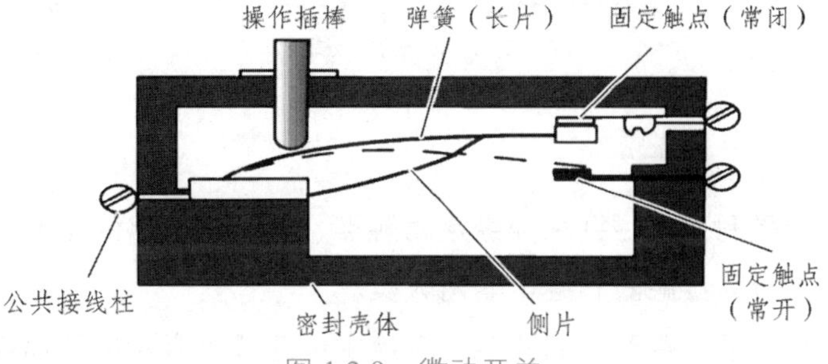

图 1.2.9　微动开关

微动开关的特点：动作迅速、工作可靠、精度高、寿命长、体积小，是一种特殊的开关，常用于需要频繁通断的小电流电路中。一组微动开关与一定的机械装置相连，可以构成定时开关。定时开关主要用于控制用电设备在预定时间内按照一定顺序可控地工作。图 1.2.10 所示是一种定时开关的结构。

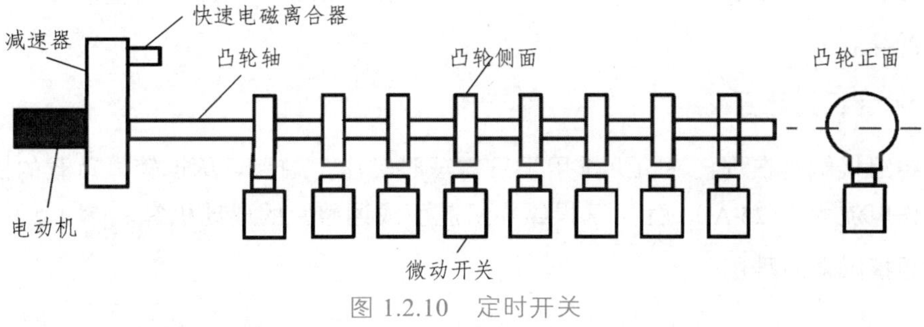

图 1.2.10　定时开关

2. 接近开关

接近开关没有固定触点和活动触点，因此又称为无触点行程开关。它监测物体与其接近到一定距离时，不需要接触，就能发出动作信号，实现电路的通断。由于接近开关没有触点，因此，安装方便、反应迅速、定位准确、寿命长，并且没有机械碰触。缺点是触点容量较小，输出短路时易烧毁。目前广泛应用于行程控制、定位控制、自动计数及各种安全保护等方面，如飞机舱门的安全关闭检测等电路。

接近开关是利用传感器与被测物体之间的相互能量变化来获取信号的，根据传感器的不同，接近开关可以分为电磁感应式、光电式、电容式、霍尔式、红外式等多种类型。图 1.2.11 所示为接近开关在飞机上的应用原理图。

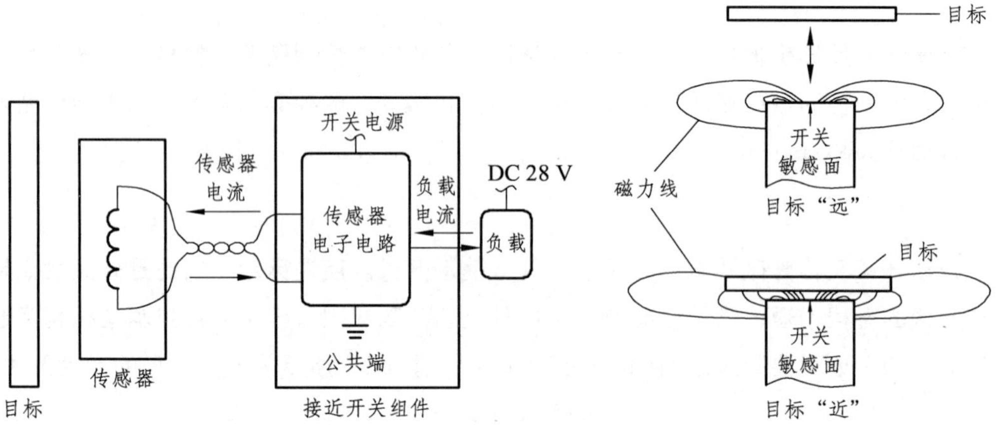

图 1.2.11　接近开关在飞机上的应用

知识点 3　航空接触器

电磁控制装置是利用电磁铁来操纵活动触点，以控制电路的接通、断开或转换，电磁控制装置通常分为接触器和继电器两大类。

接触器是一种用于远距离控制交流、直流主电路或大容量电路通断的大容量控制开关。例如，用于飞机上主电源系统的发电机向主汇流条供电的连接开关，或发电机的励磁线圈的控制开关。

接触器的种类很多，按照其接触点所控制电路性质的不同，可分为直流和交流两种；按照触点的类型不同，可有单极单投、单极双投、双极双投、三极单投、三极双投等；按照接触器本身的结构原理则可分为单绕组、双绕组、磁闭锁型以及机械闭锁式接触器等。

1. 单绕组接触器

单绕组接触器在现代飞机上常用于只需短时工作，触点可承担较大负载的控制电路（工作电流大于 25 A），如用于操纵飞机舵面或调整片的电动机等。图 1.2.12 所示为单绕组接触器原理图。

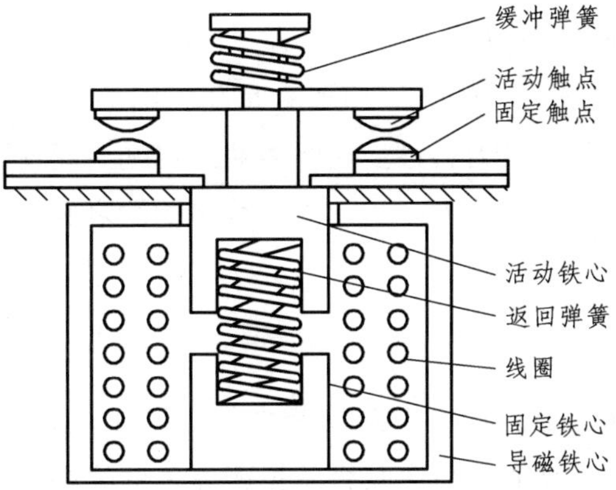

图 1.2.12　单绕组接触器原理图

单绕组接触器只有一个工作线圈，其结构由电磁系统和触点系统两部分组成。电磁系统包括固定铁心、活动铁心（衔铁）、导磁壳体、线圈、返回弹簧等；触点系统主要由活动触点、固定触点、缓冲弹簧、拉杆等组成。触点系统属于单极单投桥式双断点常开结构。

当线圈没有通电时，电磁铁的电磁吸力等于零，活动铁心在返回弹簧力的作用下，带动活动触点和固定触点分离。线圈通电后，电磁铁所产生的电磁吸力大于返回弹簧的初反力时，活动铁心向固定铁心运动，由拉杆带动活动触点与固定触点接触。线圈断电或线圈电压小于或等于释放电压时，则电磁吸力小于返回弹簧及缓冲弹簧的终反力，在返回弹簧的作用下，衔铁带动活动触点断开电路。图 1.2.13 所示为单绕组接触器的吸力-反力特性。

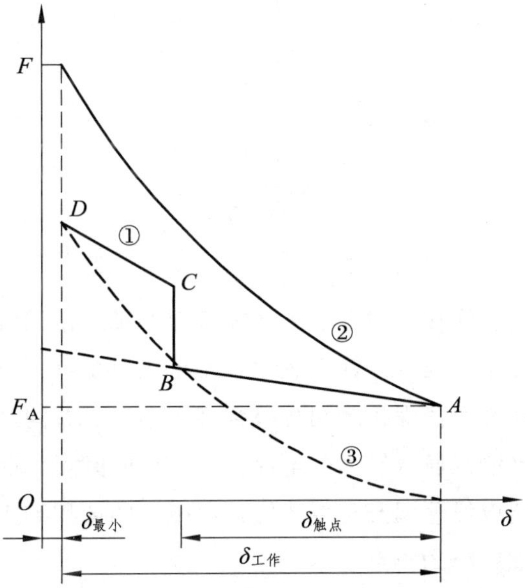

图 1.2.13　单绕组接触器的吸力-反力特性

曲线①是总的反力特性（即 *ABCD* 折线），在 *AB* 段，只有返回弹簧压缩；*BC* 段是触点刚闭合，缓冲弹簧起作用，故特性由 B 点跃至 C 点；CD 段是缓冲弹簧和返回弹簧共同起作用。曲线②是吸力特性，其吸力是随气隙的减小而迅速增大，呈非线性。曲线③是接触器释放过程的吸力特性。由图中曲线可知，要使铁心顺利吸合，必须使吸力特性处处高于反力特性，即 $F_{吸}>F_{反}$；要使接触器顺利释放，必须使吸力特性处处低于反力特性，即 $F_{吸}<F_{反}$。

2. 双绕组接触器

从对单绕组接触器的分析和它的吸力-反力特性可知，当铁心吸合后电磁吸力远远大于弹簧反力。实际上，铁心保持在吸合位置所需要的线圈磁势（对应线圈电压）并不需要那么大。线圈磁势大，必然使线圈和整个电磁铁的尺寸和重量增大，这是不利的，双绕组接触器则能克服这个缺点。

双绕组接触器的结构与单绕组接触器基本相同，其主要不同点是双绕组接触器采用两个绕组：吸合绕组和保持绕组，分别起吸合和保持的作用。根据连接方式的不同，双绕组接触器又分为串联型双绕组接触器和并联型双绕组接触器。

1）串联型双绕组接触器

如图 1.2.14 所示，它有两组绕组，一组为吸合绕组，一组为保持绕组。吸合绕组：导线较粗、匝数少、电阻较小。保持绕组：导线较细、匝数多、电阻较大。

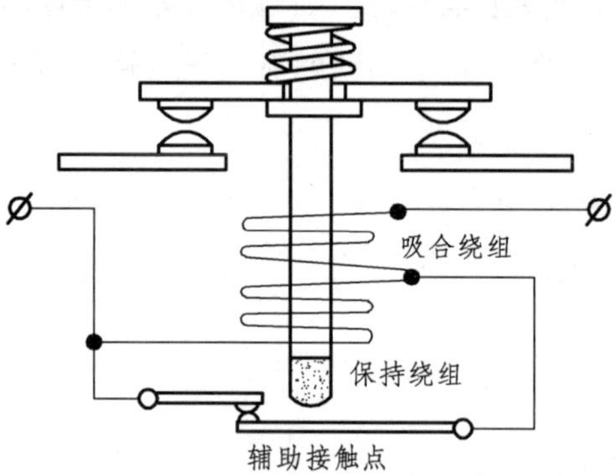

图 1.2.14　串联型双绕组接触器

线圈通电后，保持绕组被一对安装于壳体底部的辅助常闭触点短接，此时只有吸合绕组工作。在铁心吸合过程中，铁心运动到距台座 0.6 ~ 0.7 mm 时，拉杆下端的绝缘头便将辅助接触点断开，使保持绕组与吸合绕组串联，共同产生电磁吸力，使接触器保持吸合。虽然吸合绕组通入较大的电流，但作用时间短，而且吸合后两个绕组保持工作的电流较小，所以线圈温升可以降低，电磁铁的体积和重量大大减小。另外，它还具有吸合触动时间较小的特点。

2）并联型双绕组接触器

并联型双绕组接触器电磁线圈由吸合绕组和保持绕组两个绕组并联连接。

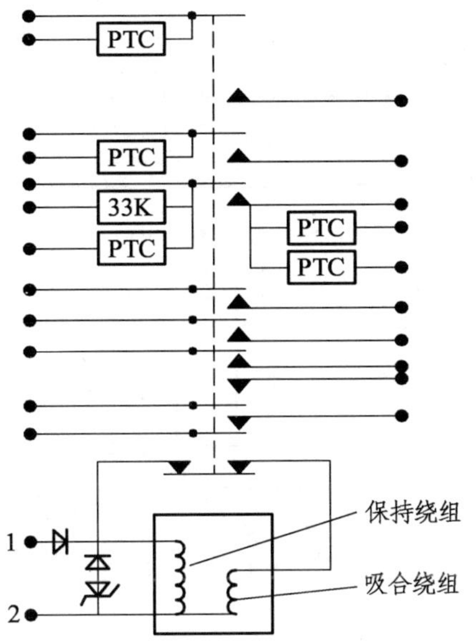

图 1.2.15　P/N BP-494 并联双绕组接触器原理图

如图 1.2.15 所示，在接触器未吸合之前，吸合绕组由一对辅助触点并入电路中。当线圈通电时，吸合绕组和保持绕组都通电，共同产生电磁吸力使活动铁心运动，带动触点闭合。在接触器闭合之后，辅助触点断开，使吸合绕组断电，此时只有保持绕组产生电磁吸力维持接触器闭合。

并联型接触器虽然吸合触动时间没有串联型的短，但由于吸合全过程两绕组同时起作用，所以可靠性较高，在飞机上被广泛应用。

3. 磁闭锁式接触器

缩小接触器的体积和重量，是一切飞机电气设备的要求。虽然双绕组接触器的绕组发热问题有所改善，但并没有完全解决。对于机械自锁型接触器，由于锁定机构采用机械装置，可靠性不高。磁闭锁式接触器克服了双绕组及机械自锁型接触器的缺点，其锁定机构采用永久磁铁锁定，使触点在闭合状态，绕组可断电，不仅能保证触点在闭合状态有足够压力，而且绕组发热问题也被彻底解决。

磁闭锁式接触器具有两组绕组：吸合绕组和跳开绕组。当绕组都不通电时，永久磁铁的磁通只有部分通过铁心，不产生吸力，铁心不动作。吸合绕组通电后，绕组磁通将产生足够大的电磁力，使铁心克服弹簧弹力向下运动，主电路的 3 对触点将吸合，同时辅助触点使跳开绕组处于预备状态。主电路吸合以后，永久磁铁将会在铁心通过较大磁通，产生大于弹簧弹力的吸力，这时不论吸合线圈是否通电，接触器都将保持在吸合位置。

当跳开绕组通电后，铁心内将产生与永久磁铁相反的磁通，产生的电磁力与弹簧弹力共同作用使接触器触点迅速断开，同时吸合线圈处于预备状态，为下一次工作做好准备。其工作原理如图 1.2.16 所示。

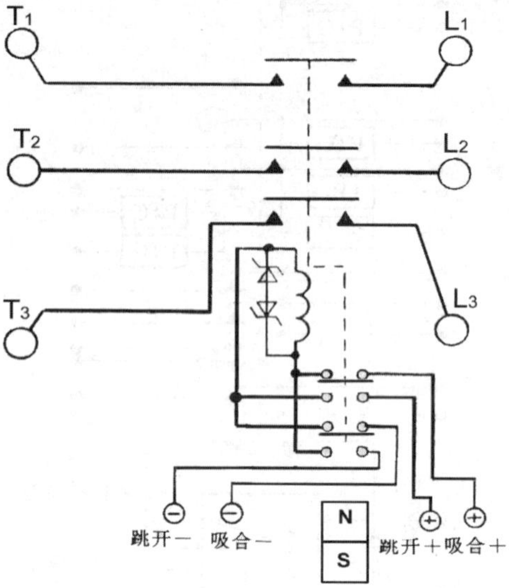

图 1.2.16　磁闭锁式接触器

4. 机械闭锁式接触器

机械闭锁式（又称机械自锁）接触器是以机械方法使主触点在电磁线圈断电后仍能自行保持其工作位置的接触器。这种接触器的结构比较复杂，如图 1.2.17 所示。

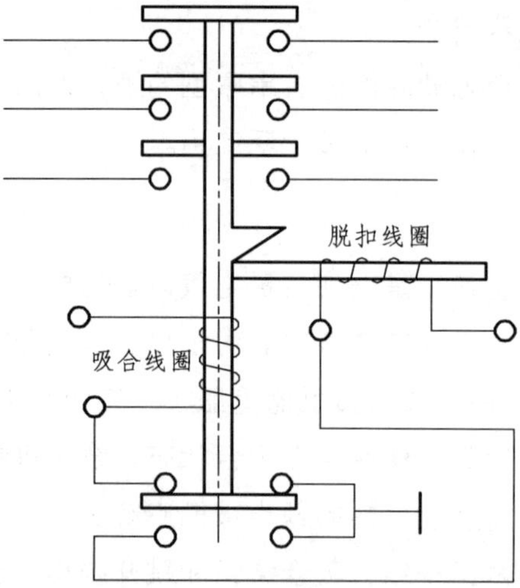

图 1.2.17　机械闭锁式接触器

它有两个电磁铁：吸合电磁铁和脱扣电磁铁。吸合电磁铁的工作线圈称为吸合线圈，脱扣电磁铁的工作线圈称为脱扣线圈。吸合线圈通电后，吸合电磁铁的活动铁心被吸下并被脱扣电磁铁的活动铁心锁住。此时，3 对主触点接通被控制的电路，活动铁心下端的辅助触点转换，吸合线圈电路断开；脱扣线圈电路接通，为脱扣线圈通电做准备。当需要接触器断开被控制的电路时，只需要给脱扣线圈通电即可。脱扣线圈通电后，机械闭锁机构脱钩，活动铁心在返回弹簧的作用下恢复原位，主触点跳开。

由于机械闭锁式接触器具有可靠性高、长时间工作不消耗电能等优点，在飞机上得到了广泛使用。

知识点 4　航空继电器

航空接触器的
定期检查与维护

继电器（relay）是一种非人工直接操纵能实现自动和远距离工作的开关器件，很早以前就在飞机上得到了应用。

如图 1.2.18 所示，继电器在飞机上的用途十分广泛，如电源系统，起落架系统，照明系统，燃油系统，飞行操纵系统以及发动机的工作控制和指示等系统。它们用于控制、调节、检测、保护和指示等。例如，B757-200 飞机上单独使用的继电器就有 390 多只，如果把机载设备中使用的继电器、接触器都计算在内，总数超过 1 000 只。与接触器相比，继电器的触点所控制的电路功率小（工作电流小于 25 A），能够在自动与遥控装置中实现电路的断开与闭合，继电器对实现飞行控制的综合自动化起着重要作用。继电器具有灵敏度高、动作迅速、体积小、重量轻、寿命长，不易受电磁干扰等优点。

航空用继电器的种类很多，下面主要介绍电磁继电器、极化继电器、舌簧管继电器、热敏继电器、固态继电器和混合继电器。

图 1.2.18　某型飞机前电子舱的继电器

1. 电磁继电器

当线圈通电时，由于磁通的作用产生吸力，吸动衔铁，带动触点，使被控制电路接通、断开或转换的继电器就叫电磁继电器。

电磁继电器一般由固定铁心、线圈、衔铁、触点簧片等组成，如图 1.2.19 所示。线圈通电后，当达到其动作电压值时，电磁吸力大于弹簧弹力，衔铁就会在电磁力吸引的作用下克服返回弹簧的拉力而吸向铁心，从而带动衔铁的活动触点与常开触点吸合，使主电路接通。当线圈断电后，电磁铁的吸力消失，衔铁在返回弹簧作用下返回原来位置，使活动触点与常开触点断开，主电路断开。通过电磁铁的吸合和断开就实现了主电路通断的目的。继电器的“常闭”“常开”触点可以这样来区分：继电器线圈未通电时处于断开状态的触点，称为“常开触点”，处于接通状态的触点称为“常闭触点”。

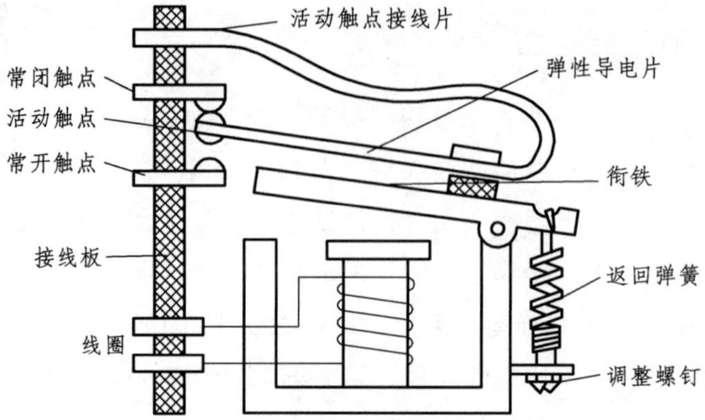

图 1.2.19　摇臂式电磁继电器原理图

飞机上所用的基本上是直流电磁继电器，即控制电流为直流电。一般都采用拍合式电磁系统（通常称为摇臂式电磁继电器）。电磁继电器的主要技术参数：

（1）额定线圈电源电压——长时间正常工作的电压。

（2）吸合电压 U_{xh}——触点从释放到工作状态时，所需的最小电压值。若吸合电压太高，向大负载供电时，会使继电器无法吸合。若吸合电压太低，返回弹簧反力太小，触点易跳动。温度对吸合电压影响较大，当温度上升时，线圈电阻增大，吸合电压也升高。

（3）释放电压 U_{sf}——从吸合到释放所需的线圈电压的最大值，即使触点断开时的最高电压值。

（4）触点断流容量——断开前通过触点的 I 和断开后触点两端的 U 的乘积代表触点的断流能力。

（5）动作时间——从继电器工作线圈开始通电的瞬间至衔铁带动触点完成工作所需的时间。

（6）寿命——规定的动作次数，即触点保持正常转换电路的能力。

（7）灵敏度——越高越好。

2. 极化继电器

一般的电磁继电器是没有极性的，它不能反映输入信号的方向。而极化继电器却具有两个显著的特点：一是能反映输入信号的极性，二是具有很高的灵敏度，即其所需动作电流或电压值很小。

航空继电器的定期检查与维护

极化继电器的磁路里同时作用着两个磁通，一是永久磁铁产生的极化磁通，二是电磁铁工作线圈产生的工作磁通。工作磁通的大小和方向取决于输入信号的大小和方向。图 1.2.20 所示为极化继电器的原理图。磁路里有由永久磁铁产生的极化磁通Φ_m，还有输入信号通过工作线圈产生的工作磁通Φ_g。极化磁通经过衔铁从气隙的左、右两边分成Φ_{m1}和Φ_{m2}两部分进入铁心，然后回到永久磁铁的另一极而构成回路。

极化继电器还有“记忆”的功能，也就是当衔铁的工作状态改变之后，不论信号是否还存在，工作状态保持不变，要使它改变工作状态，必须在下次通电时改变信号的方向，即它将前一次信号的极性“记忆”住了。这种特性在自动控制系统中具有重要意义。

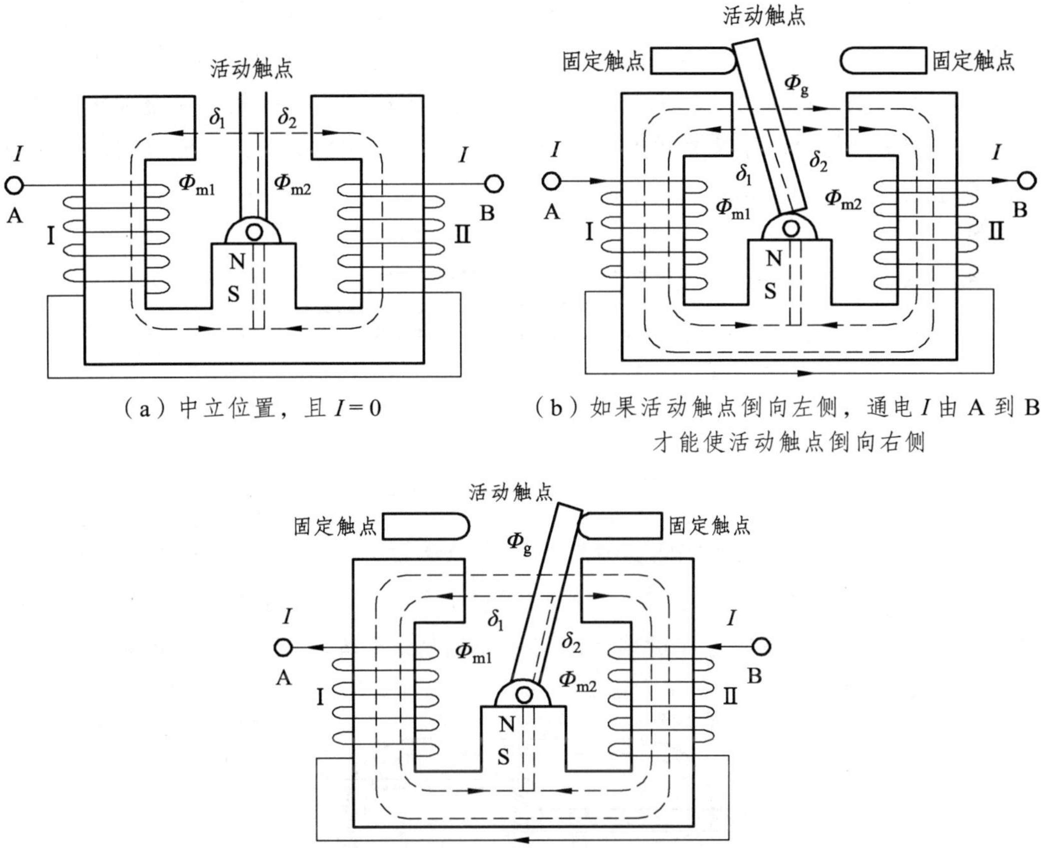

（a）中立位置，且$I=0$

（b）如果活动触点倒向左侧，通电I由A到B才能使活动触点倒向右侧

（c）如果活动触点倒向右侧，通电I由B到A才能使活动触点倒向左侧

图 1.2.20　极化继电器原理图

3. 舌簧继电器

舌簧继电器主要由舌簧管及线圈等部分组成，它的结构如图 1.2.21 所示。舌簧管是舌簧继电器的主要部分，舌簧片由导磁性良好的坡莫合金制成，舌簧片本身具有一定的弹性，起恢复弹簧的作用。充有惰性气体的密封玻璃管，可以有效防止污染与腐蚀，增加触点工作的可靠性，触点可动部分质量小，吸合与释放动作很快，灵敏度高，吸合功率小，易于半导体器件驱动。但是，它的接点容易出现冷焊与粘连现象；触点距离小，转换容量小，耐压能力低；簧片为悬臂梁，断开瞬间易出现颤抖现象。

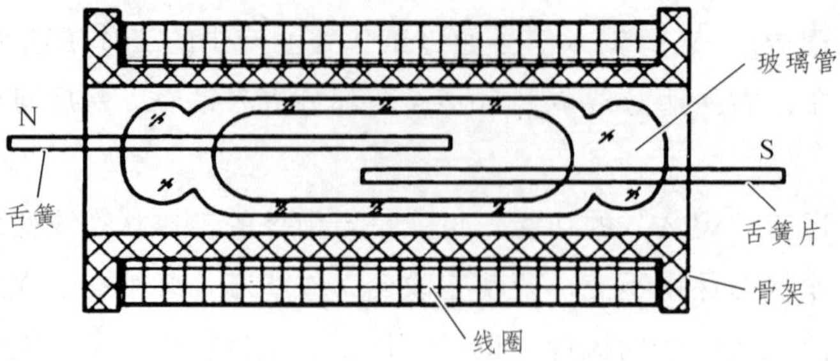

图 1.2.21　舌簧继电器结构

在舌簧继电器中干式舌簧继电器（又称干簧继电器）应用最多，它的核心部分是干式舌簧管（又称干簧管)。常开的舌簧片是分别固定在玻璃管两端的，它们在电磁线圈或者永久磁铁磁场作用下，其自由端所产生的磁场极性正好相反，靠磁性的"异性相吸"而使触点闭合。干簧管触点的通断不仅可以用线圈的通电、断电控制，也可以用永久磁铁进行控制，如图 1.2.22 所示。

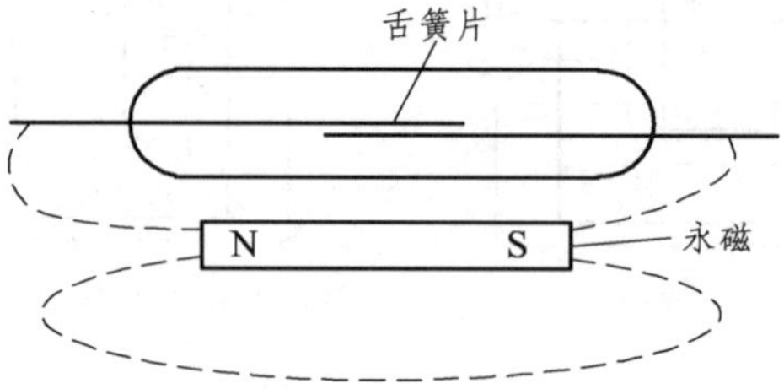

图 1.2.22　永磁型干簧继电器

如图 1.2.23 所示，常闭的舌簧片则固定在玻璃管的同一端，A、B 舌簧片在电磁线圈或永久磁铁作用下，自由端产生相同极性的磁性，靠"同性相斥"而使触点断开。在常闭舌簧片的基础上在玻璃管的另一端增加一个常开舌簧片 C 就构成了转换式触点的舌簧管。

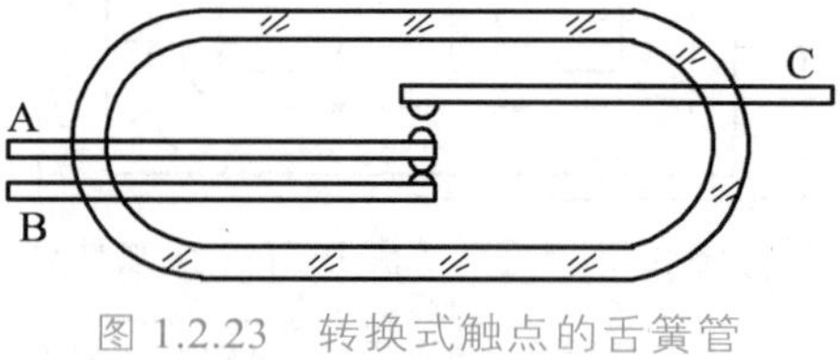

图 1.2.23　转换式触点的舌簧管

4. 热敏继电器

热敏继电器即温度继电器，感受温度的变化而控制电路的通断，它可以由热敏电阻与半导体元件构成晶体管电路，这里简要介绍双金属片热敏继电器。

因为不同材料的热膨胀系数不同，把不同膨胀系数的两种金属焊合在一起，就构成了感受温度的双金属片，利用它将温度的变化转换为双金属片的位移，如图 1.2.24 所示。双金属片上层用膨胀系数小的钢材制成，下层用膨胀系数大的铜合金制成。假定在常温下双金属片热敏继电器触点是闭合的，当感受到较高温度时，将使双金属片自由端向上弯曲，由触点 K 将电路断开，当温度降低后，触点自动闭合。双金属片热敏继电器常用作加温元件的控制器或高温信号敏感器件。

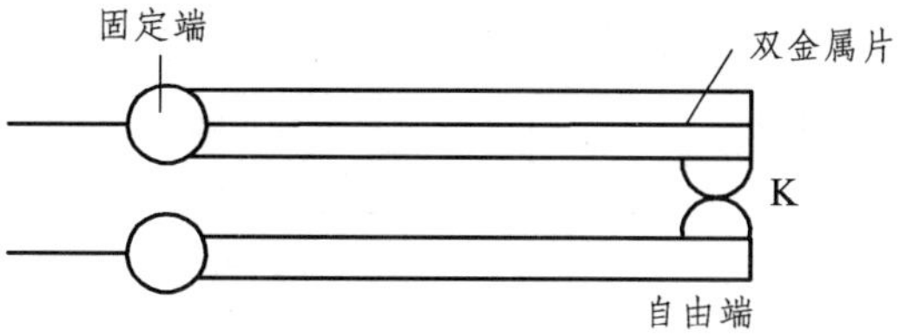

图 1.2.24　双金属片热敏继电器

5. 固态继电器

固态继电器（Solid State Relay，SSR）是用半导体器件代替传统机械触点作为切换装置的具有继电器特性的无触点开关器件，能够实现强弱电之间的隔离。早期的固态继电器多用分立元件制成，随着电子技术的发展，如今已广泛使用集成化的固态继电器。

固态继电器除了与电磁继电器具有相同的功能外，由于没有活动触点，它的寿命更长。其优点还有体积小、灵敏度高、耐振动、工作时无噪声，并且能方便地与 TTL、COMS 等集成电路兼容等。固态继电器的种类很多，下面简要介绍一种光电耦合固态继电器的工作原理。

如图 1.2.25 所示，光电耦合固态继电器是一种四端口器件。两个端口为输入端，中间为光电隔离环节，另外两个端口为输出端。信号输入后，经触发电路使发光二极管发光，发光二极管发光后触发光敏三极管，使光敏三极管导通，控制固态转换器件（大功率三极管、场效应管等）产生开关信号，实现主电路的控制。

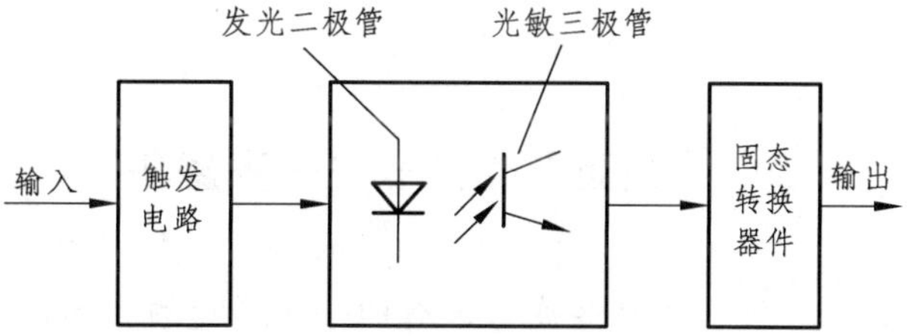

图 1.2.25　光电耦合固态继电器原理框图

固态继电器也有一些缺点，如导通后的管压降大，不能实现良好的电气隔离，易受温度和辐射的影响，抗过载能力差等。由于管压降大，导通后的功耗和发热量也较大，同功率固态继电器的体积远远大于同容量的电磁继电器，成本也较高。

6. 混合继电器

电磁继电器所需的驱动信号大，无法用集成电路的电平控制，必须增加放大环节；而固态继电器由于存在饱和压降，在大电流电路中功耗大。二者各有所长，结合两者的优点就构成了混合继电器，如图 1.2.26 所示。它以固态器件作为反应机构，可以充分发挥固态电路灵敏度高、能反应非常微弱信号的特点，起延时、放大、整流等作用；以电磁继电器作为执行机构，充分发挥电磁继电器接触电阻低、过载能力强、容易实现多组转换等特点。

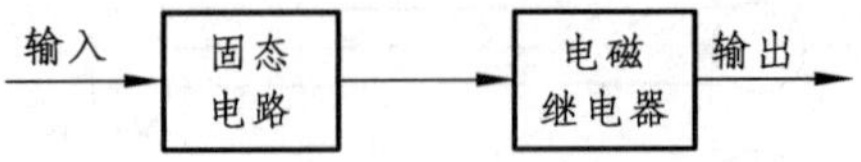

图 1.2.26　混合继电器原理框图

混合继电器结合了固态和电磁继电器的某些优点，也集合了二者的缺点。例如，混合继电器既具有固态电路易受温度和辐射影响的缺点，同时又存在电磁继电器所固有的触点弹跳、触点污染、动作慢等缺陷。

【学习体会】

通过本任务的学习，你都学到了什么？请写在下面。

【任务测评】

请根据所学知识，完成以下任务：

1. 接近开关与拨动开关相比有何特点？
2. 极化继电器有什么特点？
3. 双绕组接触器与普通单绕组接触器相比，其特点是什么？

【课程思政】

“铁面”中队长——张耀华

历经一天的忙碌，官兵们已有些疲惫，有的一上退场的大巴，就睡着了。此时，机棚一隅，一束手电光还在晃动着，一如往日，人员退场后，中队长张耀华举着手电复查战机铅封。

“这个打得有点松！重换一个。”碰上不如意的，他的语气里瞬间多了几分严肃，一旁的质控员连忙整改。这位中队长向来“铁面”，无形中自带气场，让人有点“怕”。

作为机务中队长，他需要牵头负责机务保障的大量工作。小到部件监控、数据填写，大到飞机定检，每个环节、每项工作，他都一丝不苟、严格把关。遇上棘手问题，更是亲自上手、带头研究。任务期间，他牵头编写了某新型战机《阅兵任务机务保障手册》，先后制定并完善 50 余条应急处置措施，确保了飞行安全和受阅顺利。从进驻准备到正式受阅，他们的飞机起动成功率 100%，任务成功率 100%，保障质量位居空中梯队前列。

这个“铁面”中队长，性格中带着几分执拗和严苛，确实不太讨人“喜欢”。凡是他认定的标准、交代的工作，绝不允许打折扣、搞变通、图省事。哪怕夏日酷暑难耐、冬日严寒刺骨、高原夜黑风高……当日事当日毕，质量标准绝不松。

多年以来，张耀华有个习惯——打一仗总结一次。他的工作包里一直装着两个本，一个本记录发动机故障研究，另一个作为飞机故障研究记录本。走到哪带到哪，遇到故障必记下。拉开他的办公桌抽屉，这样的本子，已经攒了满满一抽屉，大约有几十本。最早的记录，可以追溯到2010年他刚毕业才当机械师时。记录最频繁的一段，还是一次高原驻训期间。

那年深秋的任务中，高原机场低温、缺氧，给机务工作带来更多挑战。一些在原驻地不常见的问题，在这里接连发生。为此，张耀华连续加班，深入钻研发动机各系统原理、性能和参数匹配问题，写下了厚厚的研究笔记。

任务节奏紧张，每一次排故，都得和时间赛跑、分秒必争。一次，战机因故障紧急换发。新发动机装机后，试车检查发现尾喷口收放转速异常，几次更换部件、调整参数，始终无法根治，就连工厂专家也很无奈：“重新换装发动机吧！”可这样会影响次日的战备训练。张耀华不放弃，带着机组试了又试、调了又调、一遍又一遍开车。直到第9次调整，才达成最优匹配，参数全部达标，故障不再复现。而此时，已临近天亮。太阳升起，战机如期起飞、奔向“战场”。

入伍15年，张耀华随部队走南闯北，始终在外场守望战机升空、返航，一次次用行动践行着所在团队的团队精神——“让标准成为习惯，用学习成就梦想”。

引自：https://www.xuexi.cn/lgpage/detail/index.html?id=18319238272469528329&%20item_id=%2018319238272469528329

任务3 电路保护装置

知识目标

1. 掌握飞机电路保护装置的类型。
2. 掌握熔断器和断路器的结构特点。
3. 掌握熔断器和断路器的工作原理。

能力目标

1. 能区分熔断器、断路器等不同的概念。
2. 能描述熔断器和断路器的结构特点。
3. 能分析熔断器和断路器的工作原理。

4. 能正确使用工具，对熔断器和断路器进行拆装分解和连接。

思政目标

1. 养成“严慎细实”的机务作风，懂得“机务工作无小事”的道理。
2. 树立航空安全意识，具备团队合作精神。
3. 树立认真负责的工作态度，培养吃苦耐劳的精神。

【情境创设】

对于一架中大型固定翼无人机，飞机上的用电设备很多，导线也很长，通常以机体作为“地线”。如果使用不当，或者由于摩擦、振动等原因造成用电设备和导线的损伤，绝缘层遭到破坏，就容易出现短路。如果用电设备工作不正常，还可能出现电流长时间过载的情况。短路和长时间过载不仅会损坏导线和用电设备，造成供电中断，甚至引发火灾。为了避免此类事情的发生，飞机输电线路中设置了保护装置，下面就来学习吧。

【任务实施】

教师带领学生到停机坪进行参观，观察飞机上电路保护装置的分布情况。教师请学生对熔断器和断路器分布、不同点等进行分组讨论，告诉学生熔断器和断路器呈现形式多样，飞机上采用的方法是选用熔断器或断路器之类的电路保护装置。当电路发生短路或长时间过载时，保护装置能够自动将发生短路的负载或大过载的负载从电路中切除，从而保证电源的正常供电以及其他用电设备的正常工作。

知识点 1　熔断器

熔断器俗称保险丝，是一种仅有一次性分断功能的过流保护电器。它的主要构成元件是金属熔丝或熔片，串联在被保护的电路中。当被保护的电路发生长时间过载或短路故障时，熔丝就会发热到熔化温度而熔断，从而切断电路，起到保护电路的作用。熔断器结构简单、成本低廉，在飞机输配电系统和电子设备中被广泛应用。通常熔断器可分为易熔、难熔、惯性三类。

1. 易熔熔断器

易熔熔断器常用铜、银、锌、铅、锡等金属材料制成。飞机上的易熔熔断器的熔丝是装在玻璃管内的，玻璃管两头有金属插脚（或套管）插入专用的熔丝座内，如图 1.3.1 所示。这种熔丝的主要特点是熔丝惯性比较小，主要用来保护电路免遭短路的危害。因此，在过载能力比较小的用电设备电路中，常采用这类熔断器。这类熔断器的额定电流一般在 0.15 ~ 50 A。为了适应电子计算机、微型电子设备等需要，已有微电流（如 0.002 A）规格的小型化保险丝。

图 1.3.1 易熔熔断器

2. 难熔熔断器

难熔熔断器一般采用难熔金属铜作熔断片，在铜片（铜的熔点为 1 083 °C)上挂上薄层锡（熔点为 231.9 °C）。由于锡的熔点比铜低，在熔断片发热至锡的熔点时，便有一部分锡熔化并渗入到铜片中去，形成类似锡铜合金，其熔点比铜要低一些。在熔断片周围包有石棉水泥，可以吸收熔断片的一部分热量，增加熔断器的热惯性，使熔断片断开时产生的电弧迅速地熄灭。难熔熔断器对小电流不敏感，但在发生大电流短路时有明显的限流作用，主要用于飞机电源系统的短路保护。飞机常用的难熔断路器外形如图 1.3.2 所示，其额定电流一般在 200 ~ 900 A，典型型号有 NB-100，NB-200 及 NB-300 等。

图 1.3.2 难熔熔断器外形

3. 惯性熔断器

飞机上的某些电气设备存在短时过载的情况，如电动机在起动的时候电流很大，而正常运行的时候电流则相对较小。如果采用易熔熔断器保护，则电动机无法完成正常起动；如果采用难熔熔断器保护，那么电动机虽然能够正常起动，但是如果电动机长时间过载就无法得到保护。这时就需要一种熔断器，它既能够承受短时间的过载，又能提供短路保护，这种熔断器称为惯性熔断器。惯性熔断器的内部结构如图 1.3.3 所示。

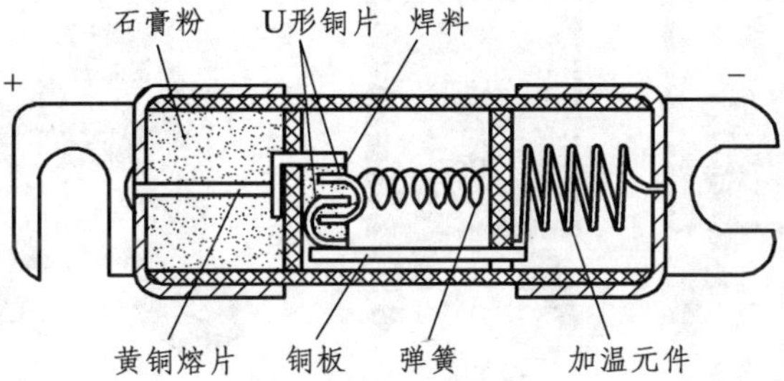

图 1.3.3 惯性熔断器的内部结构

这种熔断器的结构包括两部分：短路保护部分和过载保护部分。短路保护部分的熔化材料是黄铜熔片，它装在纤维管左隔腔内，被熄弧用的石膏粉或磷石灰粉包围着，黄铜熔片的熔断电流比额定电流大得多，它只在短路或过载电流很大时才能熔断。过载保护部分的熔化材料是低熔点焊料，它将两个 U 形铜片焊接在一起，其作用是在过载电流不是很大，但超过一定时间之后切断电路。熔化易熔焊料所需的热量，主要由装在纤维管右腔中的加温元件经质量较大的铜板供给。由于铜板的热容量和散热面积较大，故有较大的热惯性。

当有电流通过时，加温元件和黄铜熔片同时发热。在过载电流不很大的情况下，黄铜熔片由于其熔化电流比过载电流大，不会熔断；而易熔焊料则在经过一段时间后就会被熔化，焊料熔化后，弹簧把一个 U 形铜片拉开，电路就被切断。因为铜板有较大的热惯性，故易熔焊料达到熔化温度需要一定时间，这就使惯性熔丝具有较大的热惯性。在发生短路或过载特别严重的情况下，易熔焊料因铜板的热惯性较大不能立即熔化，而黄铜熔片则迅速熔断，切断电路。安装时需要注意极性，因为引起发热的是带负电的电子，过热加温元件接在负端。惯性熔断器常用在有起动性能要求的电路中，如电动机起动电路中，其额定电流一般为 5 ~ 250 A。

知识点 2　断路器

断路器又称自动保险电门（Circuit Breaker，CB），它是利用双金属片发热变形的原理，在短路和过载时自动切断电路，起到保护作用。具有按钮开关和保险丝双重作用，与熔断器不同的是，断路器可以复位（假定故障已排除）。如图 1.3.4 所示，断路器在飞机上是一种通用的电路保护设备，一种小型按钮式的保险电门。传统跳开关的优势是很容易通过人工进行拔出或者按入跳开关来复位电路。这对维护工作来说非常重要。断路器的种类很多，按操作方式不同，一般可以分为扳动式断路器和按压式断路器两种。

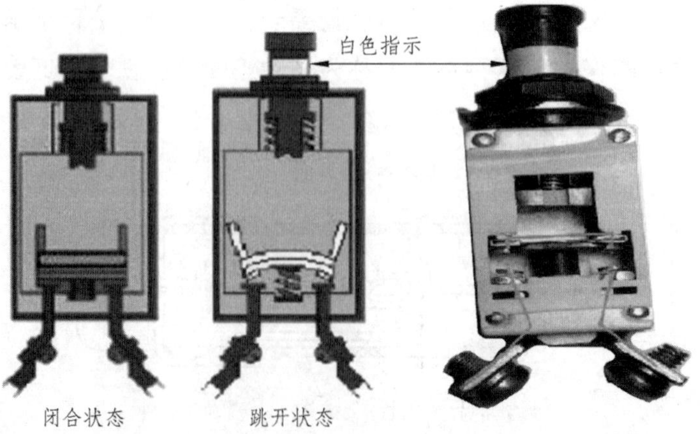

图 1.3.4　断路器

1. 扳动式断路器（自动保险电门）

飞机上采用的自动保险电门有非自由脱扣型（如国产 ZKC 型）和自由脱扣型（如国产 ZKP 型）两种，它们都属于扳动式断路器，具有扳动开关和过流保护的双重作用。其构造都是由开关结构和保护机构组成。

ZKC 型扳动式断路器是一种非自由脱扣保险电门，如图 1.3.5 所示。开关机构主要由手柄、拨板和触点组成；保护机构又称为双金属，主要由双金属片、挡板、复位弹簧、胶木滑块和固定于胶木滑块下的卡销组成。将手柄向左扳，活动触点与固定触点闭合，手柄上的三角形拨板带动胶木滑块向右移动，压缩复位弹簧，当胶木滑块下的卡销滑过双金属片上的挡板后，即被挡板卡住。这时，自动保险电门处于接通状态，工作电流通过左接线螺钉、接触点、双金属片、导线和右接线螺钉形成通路。以后再来回扳动手柄时，就只能控制接触点的通断，胶木滑块不能返回原位，而停在右边。这样，自动保险电门就起到开关作用。在保险电门接通情况下，若电路过载或短路，双金属片由于发热变形而向下弯曲。当双金属片弯曲到一定程度时，挡板脱离胶木滑块上的卡销，在复位弹簧的作用下，胶木滑块迅速左移，推动手柄而使触点断开，自动保险电门就起到保护电路的作用。

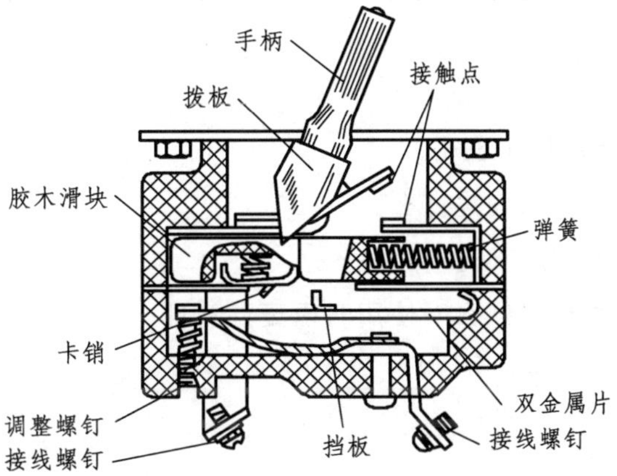

图 1.3.5　ZKC 型扳动式断路器结构

2. 按压式断路器（跳开关）

按压式断路器具有按钮开关和熔断器的双重作用，又称为跳开关，也称为按压式自动保险电门，其原理如图 1.3.6 所示。跳开关里面有双金属片，正常工作时，按下按钮，电路接通，使电源和负载接通。当接通的电路电流超过最大额定电流时，跳开关里面的双金属片受热元件受热后变形，压迫弹簧，使锁扣机构脱扣，从而断开电路连接，起到断流保护电路的作用。要注意的是，必须等双金属片降温恢复形状后，方可再次接通电路。这种按压式自动保险电门能够重复利用，但在出现跳开现象后必须排除原有故障，方可再次接通电路。在跳开关上还会标识不同的数字，数字代表了跳开关工作的额定电流，当实际流过跳开关的电流超过这个阈值时，根据电流超限的大小，跳开关会立刻跳出或经过延迟后跳出。只有当双金属片恢复到原状时才可以复位，所以一般情况下建议在跳开关跳出后等 2 min 再复位。

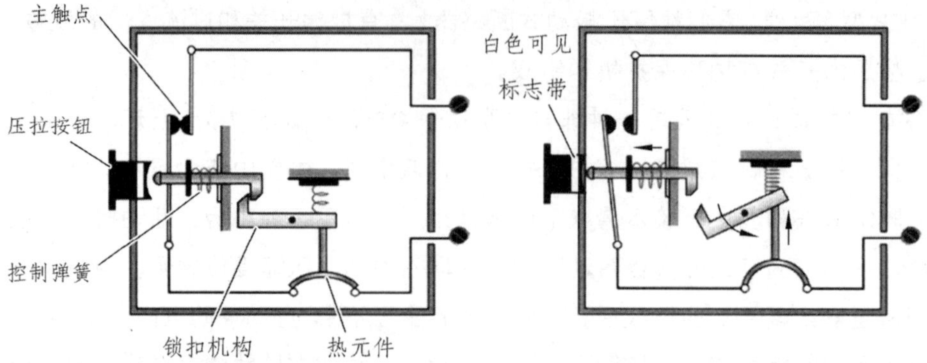

图 1.3.6　按压式断路器原理图

【学习体会】

通过本任务的学习，你都学到了什么？请写在下面。

____

____

【任务测评】

请根据所学知识完成以下任务：

1. 惯性熔断器的工作原理是什么？
2. 按压式断路器的组成部分有哪些？
3. 断路器的工作原理是什么？使用时需要注意什么？

【课程思政】

新中国航空先驱——徐昌裕的故事

徐昌裕，新中国航空工业和航空科研的创建人及领导人之一，抗日战争时期，在延安地区从事兵工生产和石油开发工作。抗日战争胜利后，参与创建我党第一所航校，为培养人民空军首批飞行员做出了贡献。中华人民共和国成立后，他主持领导飞机修理、制造、自行研制和科研工作，为推动我国航空工业和航空科研的发展，促进航空科技国际合作与交流以及培养航空科技人才做出了重要贡献。

徐昌裕淡泊名利，求真务实，一心钻研飞机行业技术，对工作一贯严谨、认真、细致。经常深入基层了解第一手情况，督促检查，及时发现和解决问题。他善于在推进全面工作的同时，紧紧抓住不同阶段的工作重点和关键，采取有效措施，不断解决新问题，确保任务的顺利完成。

在航空工业建立初期，物质技术基础薄弱，飞机修理任务紧急而又繁重，困难很多，新调进的大批干部和工人都不懂飞机修理技术。徐昌裕面对现实，积极推动各飞机工厂采取多种形式，认真组织职工边干边学，并掀起学技术、学管理、学文化的热潮。他以身作则，带头学习俄语和钻研苏联飞机，特别是喷气式飞机的结构特点、制造工艺和管理方法。从而使工厂迅速掌握和提高了修理技术和管理水平。

当修理速度和水平普遍提高以后，由于苏联按原来比例供应的零备件不能适应实际需要，致使工厂因缺件而经常出现停工现象。徐昌裕便提出并指导工厂从小到大、由简到繁地开展零备件自制，并有意识地安排拟仿制机种的一些零部件进行试制，还实行了奖金制度，从而调动了各厂的生产积极性，既解决了零部件供不应求问题，又使修与造有机地结合了起来，为航空工业“走向制造”做了准备。

徐昌裕为我国航空事业奋斗了几十年，积极参与重大问题的决策。他参与组织领导飞机行业广大职工完成飞机修理和研制任务，成批生产了教练机、歼击机、强击机、轰炸机、运输机和直升机，逐步实现了我国空军、海军主力航空装备的国产化；他狠抓航空科研，使许多重要课题取得新的成果，自行研制出多种新机型；培养和锻炼出一支素质过硬的科研、设计、生产和管理队伍，为我国航空工业、航空科研，为国防和经济建设做出了重要贡献。

模块 2　飞机电源系统

模块 2 微课

飞机电源系统是现代飞机必不可少的重要组成部分，它的作用是产生和传输电能，向机上设备供电，如飞行控制、飞行管理、雷达、通信、导航、防冰、加温以及照明等。飞机上的电能可以来源于多种不同形式的电源。例如，航空蓄电池可提供直流电，它是大中型固定翼无人机上重要的应急电源，可用于发动机的起动，向保证飞行安全的关键负载供电。发动机驱动的发电机是飞机上的主电源，用于向各种用电设备供电。本模块将讨论航空蓄电池的结构和工作原理，直流发电机和交流发电机的结构、工作原理、调节和控制方法，交流电源系统的不同形式等；此外，还要介绍地面电源、专用电源和电能变换设备的功用和工作原理。

任务 1　航空蓄电池

知识目标

1. 掌握航空蓄电池的分类和功用。
2. 掌握航空蓄电池的结构及工作原理。
3. 掌握影响航空蓄电池容量的主要因素。
4. 掌握航空蓄电池的维护注意事项。

能力目标

1. 能描述不同航空蓄电池的特点。
2. 能分析不同航空蓄电池的工作原理。
3. 能分析影响航空蓄电池容量的主要因素。
4. 能根据工作单完成蓄电池的日常维护。

思政目标

1. 养成“严慎细实”的机务作风，懂得“机务工作无小事”的道理。
2. 树立航空安全意识，具备团队合作精神。

3. 培养吃苦耐劳的精神，树立认真负责的工作态度。

【情境创设】

航空蓄电池通常作为中大型固定翼无人机的应急电源，是飞机必不可少的设备之一。当主电源和辅助电源均发生故障时，由应急电源向保证飞行安全的关键负载供电，维持飞机飞行至就近机场着陆，同时，航空蓄电池还可作为发动机起动电源。由于应急电源容量均较小，仅能提供飞机紧急返航或紧急着陆时关键负载的工作所需电能。

【任务实施】

教师带领学生到停机坪进行参观，观察教学用飞机上的蓄电池的分布情况。教师请学生对不同机型航空蓄电池的功用、工作原理进行分组讨论，让学生了解航空蓄电池容量有限（在应急情况下，蓄电池至少能维持 30 min 供电）。航空蓄电池形式多样，如铅酸蓄电池、镍镉蓄电池、锂离子蓄电池等，蓄电池提供的电能用于各种场合，如照明、无线电通信和电动机运行等。学生应掌握航空蓄电池的类型、典型应用、检查维护及拆装，要求学生对航空蓄电池引起足够的重视。

知识点 1　蓄电池的基本知识

1. 航空蓄电池的概述

航空蓄电池是一种化学电源，是完成化学能和电能相互转换的装置。放电时，它把化学能转化为电能向用电设备供电；充电时，它又把电能转化为化学能储存起来。

飞机上的蓄电池有酸性蓄电池、碱性蓄电池以及锂离子蓄电池，目前常用的是碱性蓄电池和锂离子蓄电池。酸性蓄电池常用的有铅酸蓄电池，其电解质是硫酸。碱性蓄电池常用的有锌银蓄电池和镉镍蓄电池，其电解质是氢氧化钾。航空蓄电池还可以按用途可分为飞机蓄电池和地面蓄电池两种。飞机蓄电池是飞机电源系统的应急电源。它主要用于当发电机不能供电时，向维持飞机所必需的用电设备供电，在紧急情况下，作为起动发动机的电源。地面蓄电池主要作为地面检查用电设备和起动发电机的电源。

我国航空蓄电池的型号代码由汉语拼音字母和阿拉伯数字组成。前面的数字表示单体电池串联的个数，后面的数字表示容量。中间的拼音字母有两种表示方法：铅蓄电池表示航空用；碱性蓄电池则依次表示负极材料、正极材料、放电性能。例如，12HK-28 型表示由 12 个单体电池串联组成，容量为 28 A·h 的航空用铅蓄电池；15XYG-45 型表示由 15 个单体电池串联组成，容量为 45 A·h 的锌银高放电率蓄电池。

2. 航空蓄电池的功用

对于中大型固定翼无人机，航空蓄电池则是最基本的应急直流电源。当主电源和辅助电源均故障时，由应急电源向保证飞行安全的重要设备供电，同时作为发动机起动电源。在应急情况下，蓄电池应至少能维持半个小时向重要设备供电。蓄电池可以提供 24 V 的直流电压用于直流电源分配或通过静变流机转化为交流电供给交流电用户。蓄电池的主要功用如下：

（1）在飞机直流电源系统中，切换大负载时起到维持供电系统电压稳定的作用。

（2）在主电源、其他辅助电源都故障时，也就是应急情况下，向关键负载供电，保证飞机安全着陆。

（3）用于起动发动机。

蓄电池必须始终处于良好状态才能提供足够的电量。飞机蓄电池属于时控件，即装机使用到规定时间必须拆下送至内场车间进行详细检查。检查项目包括蓄电池容量和电解质液面高度等。维修人员需按照维护手册对蓄电池进行检查或修理，以确保蓄电池的可靠运行，适航标准明确规定，当蓄电池的实际容量达不到额定容量的 85%时，就不允许装机使用了。如果发现蓄电池故障，可以通过更换蓄电池单元等方式进行维修。

3. 航空蓄电池的常用术语

1）容　量

蓄电池从充足电状态放电到终止电压时，输出的总电量称为容量。容量的单位是安时（A·h）。如果放电电流恒定，则容量 Q 等于放电电流 I 与放电时间 t 的乘积，即

$$Q = It$$

蓄电池的容量可以分为理论容量、实有容量和额定容量。理论容量是指蓄电池极板上的活性物质的质量按法拉第电解定律计算而得到的最高理论值。为比较不同系列蓄电池理论容量上的差异，常用“比容量”的概念，即单位体积或单位质量电池所能放出的理论电量，单位为安时每千克（A·h/kg）或瓦时每千克（W·h/kg）。例如，常用的酸性蓄电池的比容量为 0.79 A·h/kg，而碱性蓄电池可达到 1.11 A·h/kg。可见，碱性蓄电池的比容量高于酸性蓄电池，这表明在相同容量下，碱性蓄电池的体积重量更小。这也是现代飞机上大都采用碱性蓄电池的原因之一。

实有容量是指蓄电池充足电后，在标准条件下放电到终止电压所能放出的电量。习惯上将蓄电池的实有容量用相对值表示，即

$$\text{实有容量（相对值）} = \frac{\text{实有容量}}{\text{额定容量}} \times 100\%$$

为了使蓄电池能够发挥其应有作用，规定实有容量低于 75%的飞机蓄电池和低于 40%的地面蓄电池，不得继续使用。

额定容量也叫保证容量，是按照国家或有关部门颁布的标准，保证电池在一定放

电电流和温度下放电到终止电压时应达到的容量。我们常说的蓄电池容量一般指额定容量。蓄电池在不同的放电条件下，所能放出的容量差别很大，为了比较蓄电池的容量，规定了一个标准的放电条件，铅酸蓄电池标准的放电条件是电解液温度为 20 °C，放电电流为额定值，放电方式为连续放电。

从蓄电池结构和使用条件考察，影响蓄电池容量的因素主要有 5 个方面：

（1）极板活性物质的多少。

（2）极板面积的大小。

（3）电解液的密度。

（4）放电时的温度；

（5）放电速率和放电方式。

为了提高蓄电池的容量，首先是增加活性物质的数量，其次是增大极板与电解液的接触面积，以增加参与化学反应的活性物质的数量。除蓄电池结构本身之外，蓄电池的电解液密度、放电温度、放电电流的大小、新旧程度等就成为影响容量的主要因素。其中，放电电流大小和放电温度的影响最大。例如，在 50℉（10 °C）时，一个充满电的酸性蓄电池以一定电流可以放电 5 h，但在 0℉（－18 °C）时，以同样电流放电只能放电 1 h。因为当温度下降时，化学反应的速度变慢。镍镉蓄电池对放电温度及放电率敏感度较低，但随着温度的降低，放电容量也会减小。蓄电池容量与温度之间的关系如图 2.1.1 所示（放电速率为 1C）。

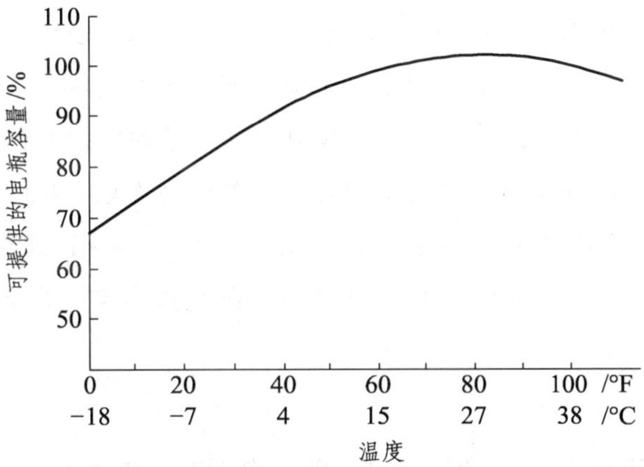

图 2.1.1　蓄电池容量与温度的关系

充放电速率对蓄电池的输出容量也有影响，实践表明，在同等条件下用较小电流对蓄电池充电比大电流（不包括快速充电）充电，蓄电池能放出的电量更多，因此一般采用 C/2 及以下的小电流充电。在同等条件下，放电速率越大，容量越小。例如，一个由 20 个单体电池串联组成、额定容量为 40 A · h 的镍镉蓄电池，其放电终止电压为 20 V，当用 1C 放电时，其容量约为 42 A · h，10C 放电时容量大约只有 25 A · h，而用 20C 放电，电压则马上低于 20 V，如图 2.1.2 所示。

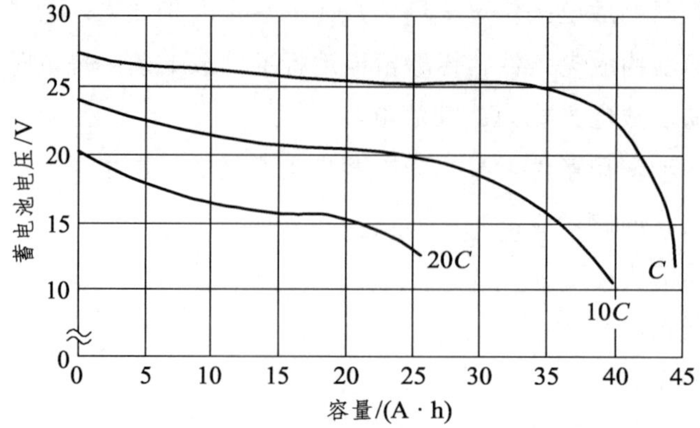

图 2.1.2　容量与放电率的关系

此外，电解液的密度太大或太小都会导致蓄电池容量下降，只有在规定密度值下，蓄电池的容量才能达到最大值。

2）放电终止电压

放电终止电压是指蓄电池以一定电流在 25 °C 环境温度下放电至能反复充电使用的最低电压。12HK-28 型铅酸蓄电池的主要性能参数，请扫描二维码查看。

12HK-28 型铅酸蓄电池主要性能参数

3）放电速率

放电速率简称放电率，常用时率和“C”速率（倍率）表示。时率是以放电时间表示放电速率，即以某电流放电至规定终止电压所经历的时间。例如，某电池额定容量为 40 A · h，以 5 小时率（表示为 C_5）放电，则该电池应以 8 A 电流放电。

“C”速率常用来描述蓄电池的充放电速率，单位为安培（A）。将充足电的蓄电池用 1 h 放电至终止电压的放电速率称为 1C，如容量为 40 A · h 的蓄电池，以 1C 的放电速率放电，则放电电流为 40 A；以 C/2 放电，则其放电电流为 20 A；以 0.lC 放电，则其放电电流为 4 A。

4）额定电压

额定电压是指蓄电池以 2 小时率放电（即蓄电池充满电后用 2 h 放电至终止电压），并放出 80%的电量时，蓄电池所能维持的电压。例如，航空蓄电池的额定电压为 24 V，指的是充满电后的蓄电池以 2 小时率放电，当放出 80%的电量时，蓄电池应能维持在 24 V。而实际的蓄电池充满电后，电压一般达 28 V 以上。

5）内　阻

内阻是电流通过电池内部时受到阻力，使蓄电池的输出电压降低。蓄电池的内阻不是常数，在放电过程中会随时间不断变化，这是因为活性物质的组成、电解液密度和温度都在不断变化。

蓄电池的内阻包括欧姆电阻和极化电阻。欧姆电阻主要由电极材料、电解液、隔膜电阻以及各部分的接触电阻等组成，它与电池的结构、制造工艺及装配的松紧度等有关，同时遵循欧姆定律。其中，电解液的密度太高或太低都会导致内阻增大，因此在维护过程中，电解液的密度必须依据制造厂家给出的参数确定。

蓄电池在充放电过程中，正、负极板进行电化学反应时极化引起的内阻称为极化电阻。极化电阻主要与电池的工作条件有关，放电电流和温度对其影响很大。在大电流放电时，电化学极化和浓差极化（极板附近的电解液浓度与相对远离极板的电解液浓度不同）均增加，使极化电阻增大。温度降低对离子的扩散有不利的影响，使化学反应速度变慢，故在低温条件下，蓄电池的极化电阻将增加。一般飞机上常用的酸性蓄电池的内阻为 30 mΩ左右，而碱性蓄电池内阻只有 10 mΩ左右。

6）自放电

电池的自放电是指电池在存储期间容量降低的现象。当极板或电解液中含有杂质时，就容易形成腐蚀微电池，消耗电极材料，导致容量降低。此外，当电池表面有导电物质或放置在潮湿及高温的环境中时，也会加剧电池的自放电。

7）深度放电

深度放电就是在蓄电池放电到终止电压后，继续放电，把所有电量都放完，再用短路夹短接单体电池的两端。深度放电主要用于碱性蓄电池。当蓄电池进行离位检查时，需要在内场进行深度放电，主要用于消除碱性蓄电池固有的记忆效应和蓄电池在反复充电后产生的单体电池电压不平衡现象（尤其是在飞机上采用恒压充电时比较严重），以恢复蓄电池的容量。

8）充电效率

当蓄电池充电时，有一部分电量消耗在水的分解上，同时由于蓄电池存在内阻，其耗能都以热量的形式释放了。此外，充入蓄电池的电能也不能全部输出，因为存在自放电、电极活性物质结块甚至脱落等现象，降低了实际的输出容量。一般情况下，充电输入的容量能是额定容量的 140%情况下，就可以认为蓄电池已经充满电。

9）使用寿命

在规定条件下，蓄电池的有效寿命期限称为使用寿命。蓄电池的使用寿命包括使用期限和使用周期。使用期限是指蓄电池可供使用的时间，包括蓄电池的存放时间。使用周期是指蓄电池可供重复使用的次数。蓄电池每经历一次全充电和全放电称为一个周期或一个循环。如果采用正确的充电和维护方式，可以延长蓄电池的使用寿命，因此蓄电池的维护和保养十分重要。几种常用蓄电池的主要性能对比见表 2.1.1。

表 2.1.1　几种常用蓄电池主要性能对比

性能项目	蓄电池种类			
	铅酸电池	镍镉电池	锂离子电池	聚合物锂电池
标称电压/V	2.0	1.2	3.6	3.6
比容量/（W•h/kg）	30 ~ 50	50 ~ 80	120 ~ 190	130 ~ 200
每月自放电率/（%）	5	20	小于 10	小于 10
循环寿命/次	300 ~ 500	500 ~ 1000	500 ~ 1000	500 ~ 1000
记忆效应	无	有	无	无
工作温度/ °C	– 20 ~ +60	– 40 ~ +60	– 40 ~ +60	– 40 ~ +60
维护周期/月	4	1.5	3 ~ 6	3 ~ 6
污染状况	Pb 污染	Ni、Cd 污染	无	无

技能点 1　蓄电池的充电方式

充电是蓄电池日常维护管理的重要工作，充电设备和充电技术是做好充电工作的重要基础。当蓄电池安装在飞机上时，由飞机电源向蓄电池充电或浮充电。

蓄电池充电设备种类繁多。充电方式可分为恒压充电、恒流充电、恒流恒压充电、快速充电和浮充电等。

1. 恒压充电方式

恒压充电是指在充电过程中，充电电压恒定不变，同时，充电设备的输出电压应高于蓄电池电压。由于充电初期蓄电池的电动势较低，因此恒压充电时初始充电电流很大，随着充电的进行，电流逐步减小。恒压充电曲线如图 2.1.3 所示。

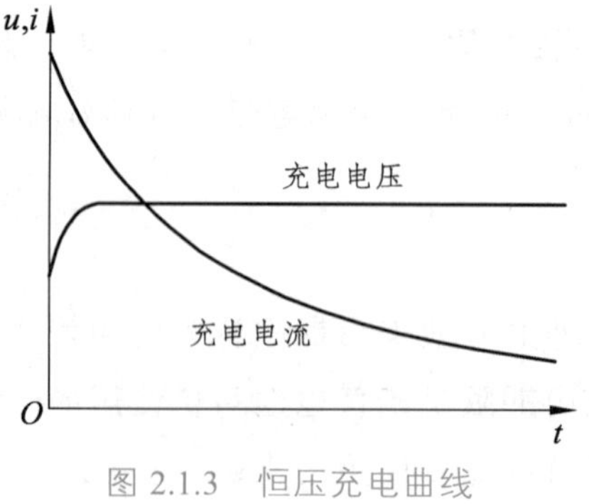

图 2.1.3　恒压充电曲线

恒压充电方式的优点：

（1）在充电设备能提供足够充电电流的情况下（大于 10C），充电速度快。在开始充电的半小时内，可将完全放电的蓄电池充电到 90%的容量。

（2）充电设备简单。

（3）电解液的水分损失比较小。

恒压充电方式的缺点：

（1）冲击电流大。当蓄电池完全放电以后，电压很低，而充电电压保持不变，这时冲击电流很大。如一个 40 A·h 的蓄电池，冲击电流可能达到 400 A。

（2）由于各单体电池的极板、电解液以及内阻不能完全一样，恒压充电时，每个单体电池分配到的电压不相等，容易造成单体电池充电不平衡，也就是说有的单体会过充，有的单体会充不足。

（3）当充电设备的电压设定过高或过低时，容易造成蓄电池过充或充电不足。对碱性蓄电池容易造成“热击穿”和“容量下降”。

为了防止冲击电流过大，损伤蓄电池和充电设备，有些充电设备采用恒压限流的充电方式，即在蓄电池开始充电时限制充电电流的大小，但充电时间会相应延长。

2. 恒流充电方式

恒流充电是指在充电过程中，电流维持恒定，充电设备的输出电压随蓄电池电压的变化而改变。目前，蓄电池离位充电大多采用这种充电方式。恒流充电曲线如图 2.1.4 所示。

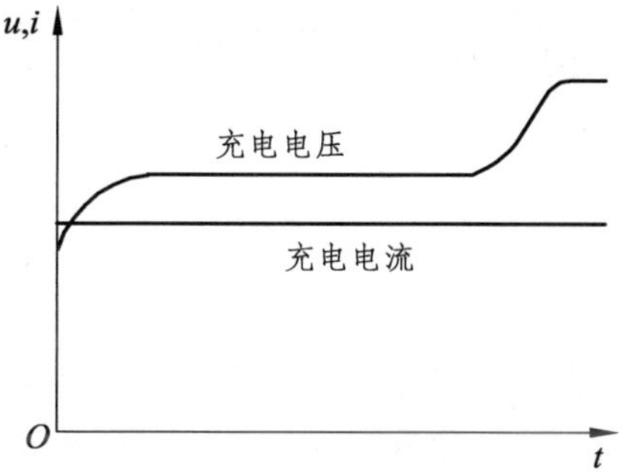

图 2.1.4　恒流充电曲线

恒流充电方式的优点：

（1）没有过大的冲击电流。

（2）不会引起单体电池充电不平衡。

（3）容易测量和计算充入蓄电池的容量（A·h）。

恒流充电方式的缺点：

（1）开始充电阶段的电流较小，充电时间较长。

（2）过充时析出气体多，对极板冲击大，能耗高，电解液水分损失相对较多。

（3）充电设备比较复杂。

采用二阶段恒流充电法可以克服恒流充电时间长的缺点，一般先采用大电流充电，再采用小电流充电。这种充电方式可以有效地克服充电时间长的缺点，并且减小了充电过程中的水分损失，但充电设备比较复杂。没有大、小电流自动转换功能的充电设备需要人工调节。

实现恒流充电有两种基本方式，一种是采用模拟控制的方法实现电流恒定，另一种方法是采用脉宽控制方法，即控制导通比。恒流充电方式能有效防止碱性蓄电池的容量下降，因此得到了广泛应用。

3. 恒流恒压充电方式

恒流恒压充电方式是在蓄电池开始充电时采用恒流充电方式，充电一段时间后自动转换到恒压充电方式，充电曲线如图 2.1.5 所示。这种充电方式集中了恒压、恒流充电的优点，克服了恒压、恒流充电的不足，但充电设备比较复杂。现代飞机上安装的充电器大多采用这种方式。

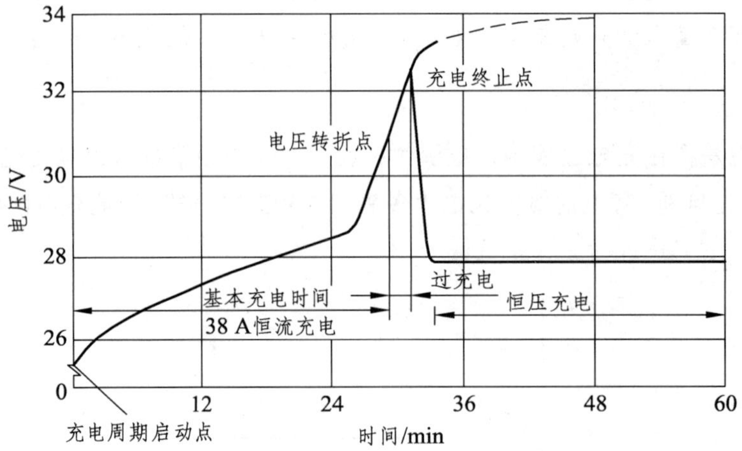

图 2.1.5　恒流恒压充电曲线

当充电器检测到蓄电池端电压小于 23 V（但大于 4 V，因为只有在蓄电池端电压大于 4 V 时充电器才能起动）时，就开始恒流充电，充电电流保持（38 ± 2）A 不变。随着时间的增长，电压不断升高，在基本充电的后期，电池已接近充满电，充电电压急剧升高，一直上升到温度补偿电压转折点。这段时间称为基本蓄电池充电时间，温度补偿电压转折点随温度变化而变化，一旦达到转折点，电压大于 31 V 时，充电转入过充电阶段，充电电压将进一步增大，然后转入恒压工作阶段，充电电压保持为 27.75 V，这样可以补充蓄电池的能量消耗，保持蓄电池容量充足。正常过充电时间等于基本充电时间的 5%。在充电器刚通电，或在任何工作模式下蓄电池断电时间超过 0.5 s 而又重新通电时，充电器也会开始恒流充电，与蓄电池端电压无关。因此，这种充电器必须具有良好的蓄电池超温保护功能和限流功能。

4. 快速充电方式

为了能够最大限度地加快蓄电池的电化学反应速度，缩短蓄电池达到满充状态的时间，一般采用大电流（≥2 A）充电。但是，大电流充电会使电池产生极化现象。极化现象是指蓄电池在充（放）电过程中，尤其是大电流充（放）电时，电池的极板电阻增加（欧姆极化）。此外，造成正负极板附近电解液浓度与其他地方不一样（浓差极化），从而使电化学反应速度减慢，导致温度上升，并产生大量气体。为了尽量减少蓄电池极板的极化现象，提高蓄电池使用效率，可采用快速充电方式。快速充电方式主要有脉冲式充电法和 Reflex™ 快速充电法等。

1）脉冲式充电法

脉冲式充电法是用脉冲电流对蓄电池充电，然后让蓄电池停止充电一段时间，如此循环，如图 2.1.6 所示。充电脉冲使蓄电池充满电量，而间歇期使蓄电池经化学反应产生的氧气有时间重新化合而被吸收，使浓差极化和欧姆极化自然而然地得到消除，从而使下一轮的恒流充电能够更加顺利地进行，使蓄电池可以吸收更多的电量。脉冲间歇充电使蓄电池有较充分的化学反应时间，从而有效减少析气量，提高蓄电池的充电电流接受率。

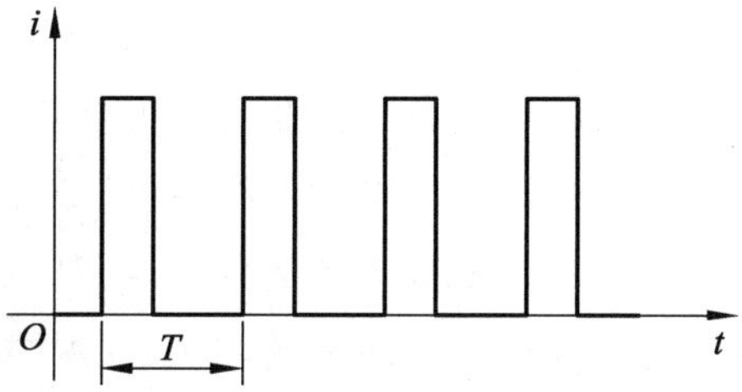

图 2.1.6　脉冲式充电曲线

2）Reflex™快速充电法

Reflex™ 快速充电法是美国的一项专利技术，它主要应用的充电对象是镍镉蓄电池。Reflex™ 快速充电法的充电曲线如图 2.1.7 所示。

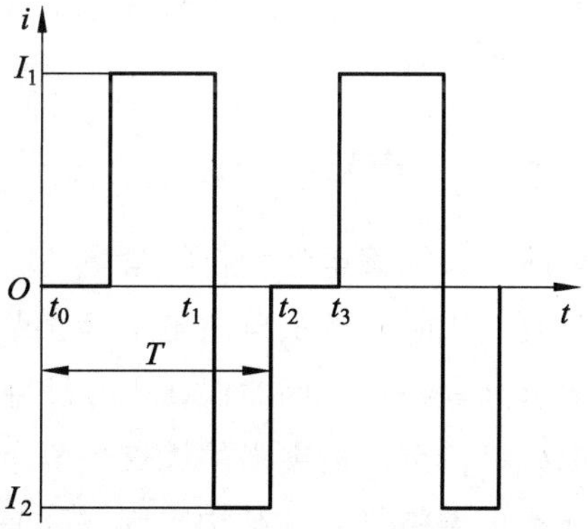

图 2.1.7　Reflex™快速充电法的充电曲线

在一个工作周期内，这种充电方法包括正向充电脉冲、反向瞬间放电脉冲以及停充维持三个阶段。由于它采用了新型的充电方法，有效减小了欧姆极化和浓差极化，大大减小了蓄电池的充电时间，但充电设备比较复杂。

采用 Reflex™ 快速充电时，为了缩短充电时间（充电时间为 1 h），一般采用大电流（≥2C）充电。但是，一方面大电流充电会使电池产生极化现象，即蓄电池在充／放电过程中，尤其是大电流充/放电时，电池的极板电阻增加（欧姆极化）；另一方面，造成正、负极板附近电解液浓度与其他地方不一样（浓差极化），从而使电化学反应速度减慢，导致温度上升，析气增加。为了克服电池极化，在充电过程中加入放电和停止脉冲，即采用充电（t_0-t_1）→放电（t_1-t_2）→停止（t_2-t_3）→充电模式，当然是充入的电量多，放出的少。这种充电方式能有效克服电池的极化现象，消除碱性蓄电池的记忆效应，充电效率高，速度快，因此，在航空和地面蓄电池充电中得到了广泛应用。但这种方法容易出现过充或单体电池损坏的后果。因此，充电时要严格按照程序进行。

注意：有的蓄电池（尤其是密封式蓄电池）不能用 Reflex™ 快速充电法充电，如 EAGLE PICHER 密封式蓄电池，在厂家的蓄电池维护手册上有明确规定，在蓄电池维护和充电时一定要注意。

5. 浮充电

由于蓄电池充满电后存在自放电现象，因此为了维持蓄电池的容量，必须对充满的蓄电池进行浮充电。在飞机上进行浮充电时，将蓄电池连接到比其电压略高的直流电源上，一般直流电压应为 28 V。浮充电电流的大小与蓄电池的环境温度、清洁程度和容量有关。在 15 ~ 33 °C，对于碱性蓄电池来说，1 A·h 需要的浮充电电流约为 3 mA（酸性蓄电池略高），一个 40 A·h 的蓄电池需要的浮充电电流为 120 mA 左右。当温度上升时，浮充电电流应增大。

知识点 2　铅酸蓄电池

目前，在中大型固定翼无人机上使有铅酸蓄电池较少，在此不做过多介绍，相关内容请扫描二维码查看。

铅酸蓄电池

知识点 3　碱性蓄电池的结构与工作原理

飞机上常用的碱性蓄电池为镍镉蓄电池和锌银蓄电池。锌银蓄电池具有体积小、重量轻、能够短时大电流放电、内阻小以及自放电小等优点，但同时具有价格高、寿命短、低温性能差、维护要求高等缺点，因此仅在少数战斗机上装备。镍镉蓄电池具有适应大电流放电和自放电小等特点，最突出的优点是寿命长，充电后放置半年仍可输出 70%以上的容量。它还有低温特性好、结构牢固以及使用维护简便等优点，主要缺点是原料来源少，造价高。镍镉蓄电池主要有两种结构形式，一种是阀控式镍镉蓄电池，当蓄电池过充时，产生的氧气和氢气可以从泄气阀中排出去；另一种是密封式镍镉蓄电池。目前，飞机上大多采用阀控式镍镉蓄电池，密封式镍镉蓄电池大约在 20 世纪 80 年代后期出现，在有些飞机上也有采用。如无特殊说明，本书讨论的蓄电池为阀控式镍镉蓄电池。

1. 镍镉蓄电池的基本结构

镍镉蓄电池外形如图 2.1.8 所示。镍镉蓄电池一般由 20 个单体电池串联组成。单体电池的结构与铅酸蓄电池相似，主要是由正极板、负极板、隔膜、释压阀、电池盖等部件组成。

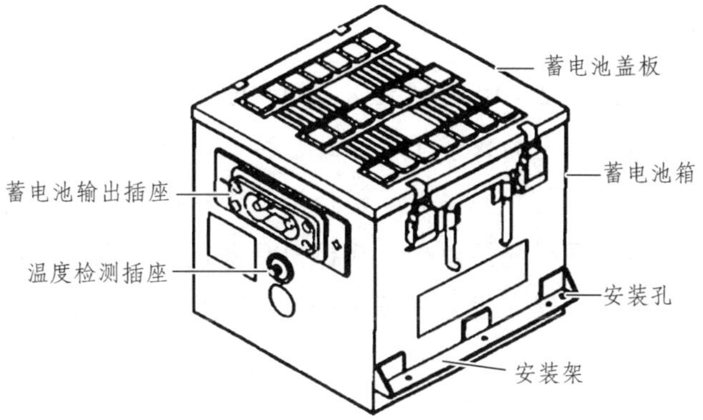

图 2.1.8　镍镉蓄电池外形

1）极　板

镍镉蓄电池的单体电池内部有正极板和负极板，两种极板均由多片极板构成极板组，正极板活性物质为三价镍的氢氧化物（NiOOH），负极板为镉（Cd）。

2）电解液

电解液为氢氧化钾（KOH）的碱性水溶液（30%的氢氧化钾和 70%的水），因此镍镉蓄电池也称为碱性蓄电池。镍镉蓄电池的电解液不参与化学反应，仅作为电离子的导体，起到导电的作用。

3）隔　膜

如图 2.1.9 所示，正负极板之间有一层隔膜，该隔膜由多孔多层的尼龙和玻璃纸构成，尼龙主要是为了防止正负极板接触造成短路，玻璃纸可以防止正极板化学反应产生的氧气流到负极板与镉反应，如果镉与氧气反应会产生大量的热，造成热击穿。

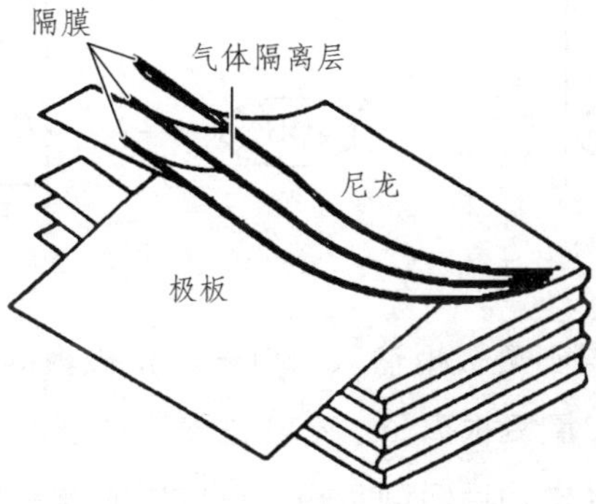

图 2.1.9　隔膜的构成

4）释压阀

每个单体电池上安装有释压阀（又称为泄气阀或排气阀）。释压阀可使单体电池内的气体排出，又可以防止外界杂质进入电池内部。释压阀的工作原理和高压锅上的压力阀类似，蓄电池正常工作时释压阀关闭，避免电解液泄漏造成腐蚀；当蓄电池内部压力过大时，释压阀被顶开，使气体排出，当压力恢复正常后关闭。拧开释压阀后，可以添加电解液或蒸馏水。

泄气阀开启压力范围为 2 ~ 10 psi（13.8 ~ 69 kPa）。当蓄电池充放电时，尤其是过充时，会产生气体，当气体压力大于 10 psi 时，释压阀必须打开，否则会引起蓄电池爆裂。当气压小于 2 psi 时，泄气阀关闭，防止空气中的酸性气体与蓄电池的电解液起反应而降低蓄电池容量，同时还可以防止飞机机动飞行或颠簸时，电解液泄漏溅出。维护手册中规定，如果泄气阀在压力大于 10 psi 时不能打开，必须对释压阀进行清洁和修理；如果泄气阀在压力小于 2 psi 时打开，则说明泄气阀密封圈已经损坏，必须予以更换。

另外，有些蓄电池还装有温度保护开关，当蓄电池温度超过预设值时断开蓄电池的充电电源。由于碱性蓄电池在低温充放电时会出现充电不足或放电容量下降的现象，因此在某些碱性蓄电池上安装有低温敏感开关和加热装置，当温度低于 30℉（－2 °C）时，接通加热电路；当温度达到 40℉（5 °C）时断开。蓄电池型号的不同，超温保护和低温加热的温度值也会有所不同，具体参数可参考维修手册。

2. 镍镉蓄电池的基本工作原理

当蓄电池和负载接通后，电池开始放电，电子从负极板流向正极板，如图 2.1.10 所示。

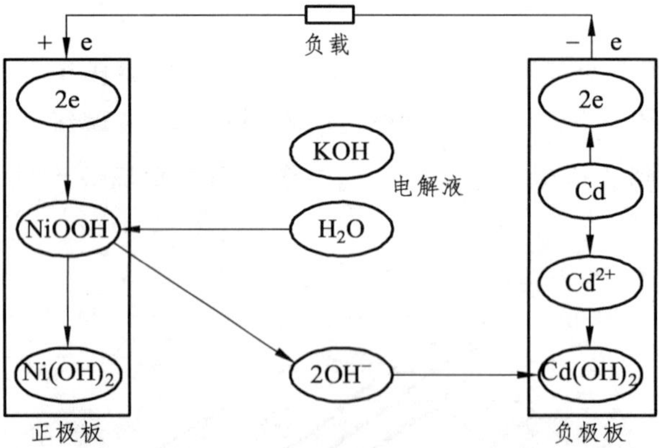

图 2.1.10　镍镉蓄电池放电时的化学反应原理

接通电路后，正极板得到负极板输入的电子，正极板的活性物质 NiOOH 在水的参与下，生成氢氧化亚镍和氢氧根离子。充电过程是放电过程的逆过程，借助外电源，使电子从电源正极输出，经电池后回到负极，正极板的氢氧化亚镍还原为 NiOOH，负极板的氢氧化亚镉恢复为镉和氢氧根离子。氢氧根离子从负极迁移到正极，把负电荷运回正极，完成导电。总化学反应方程式如下：

$$\underset{(+)}{2Ni(OH)_2} + \underset{(-)}{Cd(OH)_2} \underset{放电}{\overset{充电}{\rightleftharpoons}} \underset{(+)}{2NiOOH} + \underset{(-)}{Cd} + 2H_2O$$

镍镉蓄电池在充、放电反应过程中，其电解液不参加化学反应，电解液的密度和体积几乎不变。因此，不能像铅酸蓄电池一样用测量电解液密度的方式判断充放电状态。实际容量只能通过放电方式来测量，方法如下：

（1）将飞机上拆下的蓄电池先进行放电，再按照要求充电。

（2）将充满电的蓄电池放置 12 h 后，再用电流 C 或者 C/2 或者 C/4 放电，放电到第一个单体电池电压等于 1 V 时停止放电，则放电电流乘以放电时间就是该蓄电池的容量。

技能点 2　镍镉蓄电池的故障及维护

1. 镍镉蓄电池的故障

1）自放电现象

镍镉蓄电池与铅蓄电池一样，也有自放电现象。自放电的程度与温度有关，温度越高，自放电越严重。如在 20℃的情况下放置 1 个月，镍镉蓄电池损失容量为额定容量的 10%左右。

2）爬碱故障及内部短路

在蓄电池中，由于一系列电化学反应，会出现电解液沿着极柱向上爬行的现象，称之为爬碱（碱性蓄电池)。负极柱爬碱是碱性蓄电池的特有故障。当蓄电池组中单体电池极柱周围爬碱严重时，就会造成蓄电池外部的“微短路”。此外，蓄电池正负极板之间的隔膜两侧被正负极板紧压着，当极板上的活性物质中有不均匀的硬颗粒时，随着蓄电池的使用，结成的硬块会将隔膜刺破，造成正负极之间的微短路故障。当蓄电池组中有某个单体电池内发生微短路时，充电时短路电池的电动势就会降低，甚至降到 0 V，于是落在其他蓄电池上的电压也就相应升高了。这会导致整组电池都处于过充电状态。随之电池温度升高，产生大量的气体，但气体来不及排出，将电池内的电解液由排气孔挤出。电解液浸在电池正负极之间，造成大片的电池短路，从而将整组电池烧毁。要避免发生这类事故，就应采用合理的充电方式，防止发生个别电池严重过充电。

3）记忆效应

镍镉蓄电池如果长时间进行特定工作循环后，电池有自动保持这一特定性能的倾向，称为“记忆”效应，使电池容量下降。

记忆效应是由于连续充电而蓄电池中某些活性物质长期得不到放电而引起的。记忆效应是暂时失效，这种效应的产生一般是随着循环次数的增加而增加，或者较长时间在较高温度下充电，以及过充电量减小与放电率增大时，记忆效应明显增加。

消除记忆效应的方法，通常可以通过正常充电方法使电池达到完全充电状态，通常用过充电的方法来完成。电池完全充电后以大电流放电至终止电压，再转为小电流放电至完全放电状态。然后将完全放电的电池以恒流进行充电，以确保电池中正、负极板都达到完全充电的要求。因为电池组中的单体电池容量不均衡，而且某些电池的实际容量比额定容量大，所以用过充电的方法来保证所有电池的正、负极板活性物质达到完全充电状态，然后按常规放电至完全放电状态。通过几次充放电循环，电池的性能就能得到恢复。

2. 镍镉蓄电池的维护

蓄电池属于时控件，即装机使用到了规定时间必须拆下送至内场车间进行详细检查。镍镉蓄电池的维护需要严格按照生产厂家的使用说明书和维护手册进行。由于酸性蓄电池的电解液和碱性蓄电池的电解液化学性能相反，这两种蓄电池的维护车间要隔离开，并且确保通风良好。

由于蓄电池的电解液具有腐蚀性，因此不要用手或者皮肤直接接触。如果不慎溅出电解液，应立即中和。碱性蓄电池电解液应该用醋或者硼酸进行中和，酸性蓄电池电解液应该用苏打进行中和，然后用清水冲洗干净。

充电时排气孔一定要畅通，因为在充电过程中或者过充的时候会释放出氢气和氧气，形成易爆的混合气体，因此不能有明火存在，应采用防爆电气设备并保持良好的通风。碱性蓄电池的维护还应注意以下几点：

1）电解液加注

新的或经长期存放的蓄电池，使用前应注入电解液至液面高出极板 5 ~ 12 mm，静置 1 ~ 2 h，然后用过量充电的方法进行充电，充足后即可使用。如遇蓄电池过放电及小电流放电时，必须用过量充电的方法进行充电。镍镉电池在充电过程接近尾声时和过量充电期间，释放出会发生爆炸的混合气体。为防止其发生聚集，对排气系统的维护是不可缺少的。当电解液溢出或泄漏时，应立即报告；用湿抹布或海绵擦干净电解液；用稀释的乙酸溶液、5%的铬酸溶液或 10%的硼酸溶液涂覆受影响的区域；把稍湿的红色石蕊试纸压到受影响的地方，如果颜色变蓝，说明有碱性物质存在；放置 24 h，检查有无腐蚀的痕迹；恢复保护层。

每次充电前，对单体电池应补加蒸馏水，使液面稍高于极板。每使用 10 ~ 15 个循环，应检查并调整电解液的密度。

每经一年左右或 50 ~ 100 个循环，应在放电状态下更换电解液，以防止因碳酸盐含量增高而降低蓄电池的容量。倒出电解液时，应摇动蓄电池，将内部沉淀物洗出。必要时可用蒸馏水洗 1 ~ 2 次，并及时注入新电解液。不能使电极与壳体短接，防止短路。

为了能及时投入使用而保存的蓄电池，在充电后应拧紧气塞，并在 25 ℃ 以下的温度保存。较长时间储备的蓄电池，最好在充电后带着电解液存放，以便在需要时易于充电和恢复正常容量。运输时为安全起见，最好将蓄电池放电后倒出电解液，以免发生短路或漏出电解液。

2）漏电检测

蓄电池内部短路是碱性蓄电池的常见故障。检查各个单体电池的漏电情况，可以利用毫安表检查，将表的一端与外壳相连，另一端接到单体电池的正极。如果漏电电流超过 100 mA，则该蓄电池必须进行分解清洁和维修。

3）深度放电

采用恒压充电方式一段时间后，会造成单体电池不平衡，如果充电时测量电压正常，但放电时放出的电量不足，这时就需要进行深度放电。

镍镉电池故障分析

镍镉蓄电池作为应急电源，在使用中其维护十分重要，相关内容请扫描二维码查看。

知识点 4　认识锂电池

锂是最轻的金属元素，锂电池具有寿命长，没有记忆效应，维护量小及充电时间短等特点。锂电池的开发始于 20 世纪 60 年代。早期锂电池的负极材料是单质锂，由于锂非常活泼，遇水会剧烈反应生成 LiOH，甚至燃烧爆炸，所以一般采用非水电解液，如无机的亚硫酰氯（$SOCl_2$）和有机的四氢呋喃等。由于锂的强活性，安全问题仍然很难解决。反复充放电使得高活性的粉状锂单质积累得越来越多；在充电过程中形成的锂晶体可能结成枝状，引起短路等严重问题。

目前，使用的锂电池实际是锂离子（Li-ion）电池，正负电极材料由两种不同的锂离子嵌入化合物组成，没有金属锂存在，只有锂离子。锂离子电池较好地解决了安全问题。由于锂电池具有优越的性能，近年来，它开始被安装在飞机上使用，如图 2.1.11 所示。

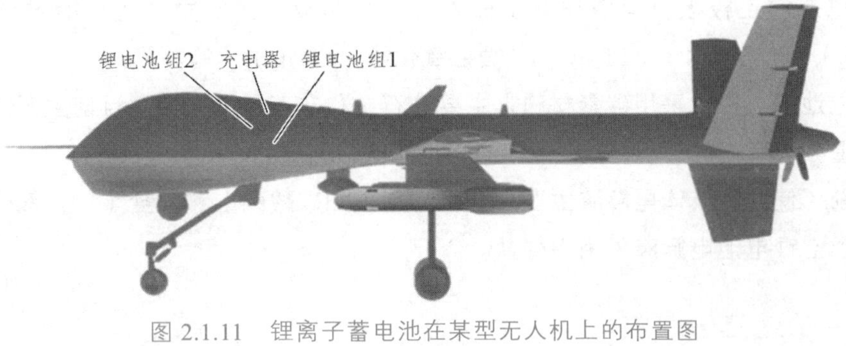

图 2.1.11　锂离子蓄电池在某型无人机上的布置图

当主电源和辅助电源均故障时，由锂离子蓄电池向保证飞行安全的关键负载供电。同时，作为发动机起动电源，具有空中和地面起动发动机的能力。另外，充电器在主电源正常时向锂电池充电，保持在满容量状态。此外，为了保证航空锂电池的安全运行，锂电池本身自带监控保护电路。在地面维护时，锂电池与传统的碱性或酸性蓄电池有所不同。本任务在介绍锂电池原理的基础上，重点介绍航空锂电池在地面的充放电和容量检测的要求和方法。

与碱性蓄电池相比，锂电池主要有以下优点：

（1）比能量较高，具有高储存能量密度，目前已经达到 460～600 W・h/kg，是镍镉蓄电池的 2 倍，约为铅酸电池的 4 倍。

（2）采用密封结构，不需要像镍镉蓄电池一样加蒸馏水，维护工作量小。

（3）单体电池额定电压高（单体电池工作电压为 3.6 V），约等于 3 组镍镉或镍氢充电电池的串联电压，便于组成电池电源组。

（4）自放电率很低，不到碱性电池的一半。

（5）重量轻，体积小，约为同容量镍镉蓄电池的一半。

（6）没有记忆效应，可随时补充充电，不需要深度放电。

（7）锂离子电池是绿色环保的电池，它不含汞、镉、铅等有毒元素。

同时，锂电池也有较明显的缺点：

（1）安全性相对较差，但目前已经达到航空蓄电池的安全要求。

（2）在大电流放电的情况下，锂电池的性能尚不及镍镉电池及锌银电池。

（3）锂离子电池均需设置过充放电路和过温保护电路，防止电池被过充和过放电。过度充电和过度放电或超温，将对锂电池的正、负极造成永久性损坏。

（4）由于锂电池的金属稀有及结构复杂，导致其生产成本较高。

1. 锂电池组的基本结构

锂电池组由串联电池组、加温组件、取样电阻、温度传感器及插座等组成，其中串联电池组由 N 个单体锂电池通过跨接板串联而成。单体锂电池由正极、负极、能传导锂离子的电解质以及隔膜等组成。锂电池常见结构如图 2.1.12 所示，锂电池本身还需要设置过充、过放电限制电路和过温保护电路。

锂电池的正极板材料由锂离子嵌入化合物组成，正极材料主要有锂钴氧化物（$LiCoO_2$）、锂镍氧化物（$LiNiO_2$）、锂锰氧化物（$LiMnO_2$）等。

锂电池的负极板采用碳素材料，主要分石墨和非石墨两大类。目前主要用石墨材料，石墨具有良好的层状结构，锂离子可填充于其中。

目前，使用的液体电解液主要由有机溶剂（如碳酸酯）和锂盐（如六氟磷酸盐）组成。航空锂电池电解液采用碳酸盐。

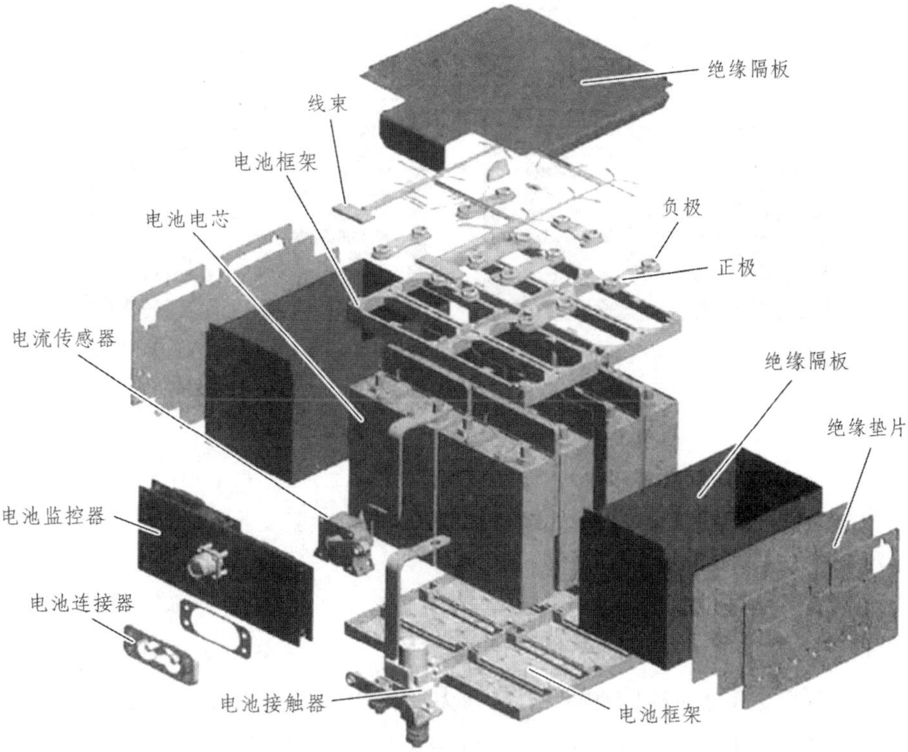

图 2.1.12 锂电池的结构

为了提高锂电池的安全性，锂电池必须设置过充和过放限制电路和过温保护电路，以防止电池被过充和过放。过度充电、放电和超温，会对锂离子电池正、负极造成永久性损坏。从分子层面看，可以理解为过度放电将导致负极碳过度释出锂离子而使其片层结构出现塌陷，过度充电将把太多的锂离子硬塞进负极碳结构中去，使得其中一些锂离子再也无法释放出来。

某型号的锂电池其保护电路由 4 个蓄电池监控组件（Battery Monitoring Unit，BMU）、2 个温度传感器、1 个霍尔电流传感器和 1 个内置接触器组成。当蓄电池出现异常，如蓄电池过充、过压、充电电流过大、低压、过热、单个电压不平衡时，上述控制保护电路使内置接触器跳开，或禁止充电或放电，以保护蓄电池不被损坏。

2. 锂电池的工作原理

充电时，加在电池两极的电势迫使正极的化合物释放锂离子，使其嵌入负极分子排列且呈片层结构的碳中。放电时，锂离子从片层结构的碳中析出，这一过程称为脱嵌，析出的锂离子重新和正极的化合物结合。在这一过程中，锂离子的移动产生了电流。锂离子电池的充放电过程，其实就是锂离子的嵌入和脱嵌过程，锂离子在正、负极之间往返嵌入或脱嵌，这一过程如图 2.1.13 所示。

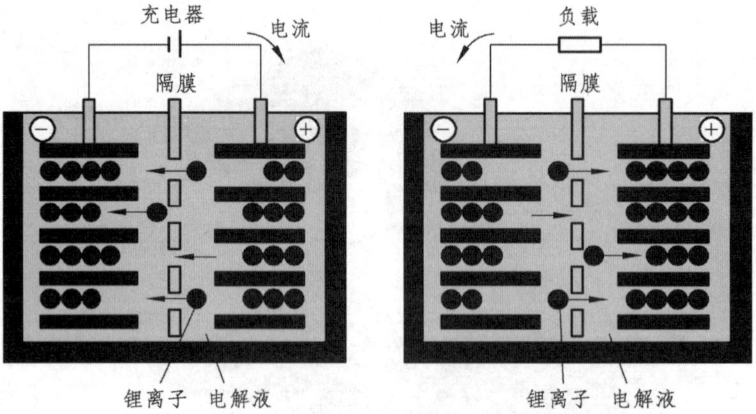

（a）充电过程　　（b）放电过程

图 2.1.13　锂离子电池充放电过程

充电时，锂离子从正极脱嵌，向负极嵌入，即锂离子由高浓度正极移至低浓度负极；放电时，锂离子从负极脱嵌，向正极嵌入，即锂离子由高浓度负极移至低浓度正极。与传统锂电池不同的是，被氧化还原的物质不再是金属锂和锂离子，锂离子只是伴随着两极材料本身发生的放电过程而产生氧化态的变化进而反复脱嵌与嵌入，往返于两极之间，所以锂电池又被称为摇椅电池（rocking chair battery）。锂离子电池根据活性材料分为很多种类，如钴锂电池、镍锂电池、锰锂电池、磷酸锂铁电池等。钴锂电池正极板的活性物质是锂钴氧化物（$LiCoO_2$），负极板为石墨，电解质为锂盐。其化学反应方程式为

正极：$CoO_2 + Li^+ + e \longrightarrow LiCoO_2$

负极：$LiC_6 - e \longrightarrow 6C + Li^+$

总反应：$CoO_2 + LiC_6 \underset{充电}{\overset{放电}{\rightleftharpoons}} LiCoO_2 + 6C$

技能点 3　锂电池的主要技术数据及维护

下面以某型飞机上安装的锂离子电池为例，说明航空锂电池的充放电和容量检测方法。锂电池的充放电必须用专用充电设备，电池本身的监控组件输出也必须与充电设备连接起来，以保证电池的安全。

1. 主要技术参数

（1）额定电压：25.9 V。

（2）额定容量：60 A·h（1 h 放电率）。

（3）使用寿命：3 年。

（4）加热功能：设置加温组件，同时还具有过热保护功能。

（5）温度检测：设置温度传感器，检测锂电池的温度，通过放大电路处理将温度信号传给充电器。

（6）电流检测：设置取样电阻，检测充放电电流，通过放大电路将电流信号传给充电器。

（7）容量检测：起飞前进行容量检测，充电器通过通信接收开关控制盒容量检测指令，检测锂电池容量，并将容量检测结果通过开关控制盒指示灯显示，容量合格门限为 80%。

（8）充电功能：一个充电器可以同时给两个锂电池进行充电控制和单体平衡功能。

（9）BIT 功能：具有锂电池的状态和故障检测功能。例如，单体电压、总电压、电流、温度等，通过蓄电池状态进行故障检测。

2. 锂离子蓄电池的维护注意事项

锂离子蓄电池的使用应严格按照其使用维护说明书通过专用设备进行。

（1）锂离子蓄电池首次装机使用，应对照维护说明书进行启封检查、初始性能检查以及装机检查；

（2）锂离子蓄电池使用过程保温按使用维护说明书要求进行；

（3）在使用过程中应每 3 个月进行一次维护，按照使用维护说明书维护检查要求进行。

锂离子蓄电池组容量检查，飞机处于仅在蓄电池供电状态，接通蓄电池容检开关并保持几秒，观察开关控制盒上的蓄电池状态及容检指示灯，判断蓄电池容检合格与否。飞行前锂离子蓄电池的容检不合格或故障不能放飞，必须按使用说明书对其进行维护或补充充电，当 2 个锂电池容检均合格才允许放飞。

知识点 5　多旋翼无人机上的电池

电池是多旋翼无人机的供电装置，它的功用是给电动机和机载设备供电。常用术语如下：

1. 容　量

充满电的电池在一定放电条件下所能放出的电量称为容量，容量的单位为安培小时，简称安时（A · h）或毫安时（mA · h）。例如，标称 1 000 mA · h 电池，如果以 1 000 mA 放电，可持续放电 1 h；如果以 500 mA 放电，可以持续放电 2 h。但是电池放电过程并不均匀，理论和实际值存在差距。

2. 电　压

电压表示电池正极和负极之间的电压降。目前，工业生产的每一个锂聚合物电池单体电池的额定电压都是 3.7 V，为了让电池能有更高的工作电压和电量，必须对电池单体电池进行串联和并联，构成锂聚合物电池组。电池组上面常常会出现 S 和 P 的字样，S 表示串联，P 表示并联。例如“6S1P”表示 6 个单体电池串联，又如“4S2P”表示每 4 个单体电池串联后，2 串这样的电池组再并联成一块完整的电池。1 个单体电池标称电压为 3.7 V，充满电压为 4.2 V。

3. 放电倍率

聚合物锂电池能以很大电流放电，普通锂离子电池不能以大电流放电，这是两者最重要的区别之一。放电倍率代表了电池的放电能力。如 2 200 mA·h 的电池，0.2C 放电表示放电电流为 440 mA（2 200 mA·h 的 0.2 倍率），1C 放电表示放电电流 2 200 mA，即 2.2 A。如果用低 C 数的电池大电流放电，电池会迅速损坏，甚至自燃。另外，倍率越高的电池价格越贵，同容量的 30C 电池价格可能是 5C 的 3～4 倍。

4. 充电倍率

充电倍率也用“C”表示，只是将放电变成了充电，如 1 000 mA·h 电池，2C 充电，就代表可以用 2 A 的电流来充电。超过规定参数充电，很容易缩短电池寿命，甚至使其损坏。例如，穿越机电池一般为 5C～30C，表示最大能够以 5 倍的额定电流充电，最大能够以 30 倍额定电流放电。

5. 放电终止电压

聚合物锂电池的额定电压为 3.7 V，终止放电电压为 2.5～2.75 V（由电池生产企业给出工作电压范围或给出终止放电电压，各生产企业参数略有不同）。电池的放电终止电压不应小于 2.5 V，低于终止放电电压继续放电称为过放。过放会使电池寿命缩短，严重时会导致电池失效，其中锂聚合物电池过放故会发生“胀肚”现象，内部产生气体，不可复原。电池不用时，应将电池充电到保有 20%的电池容量，再进行防潮包装保存，3～6 个月检测电压 1 次，并进行充电，保证电池电压在安全电压值（3 V 以上）范围内。

6. 放电温度

在不同温度下，锂离子电池的放电电压及放电时间也不同，电池应在 –20～60 °C 进行放电工作。锂聚合物电池中聚合物和凝胶态电解质的离子传导率不如普通锂电池液态电解质高，在高倍率放电和低温情况下性能不好。因此，在低温环境飞行时，需在飞行前给电池做好保温工作。

多旋翼无人机上使用的电池一般有动力电池、智能电池、镍氢电池、干电池 4 大类。图 2.1.14 所示为动力电池。

动力电池是聚合物锂电池的俗称，广泛使用于实训多旋翼和工业多旋翼无人机上。动力电池是可以反复充电使用的，一般使用通用型充电器充电。动力电池一般使用魔术贴扎带固定在多旋翼无人机上。较小一些的动力电池有时也会使用皮筋固定，或使用双面胶直接粘在多旋翼无人机的上方。

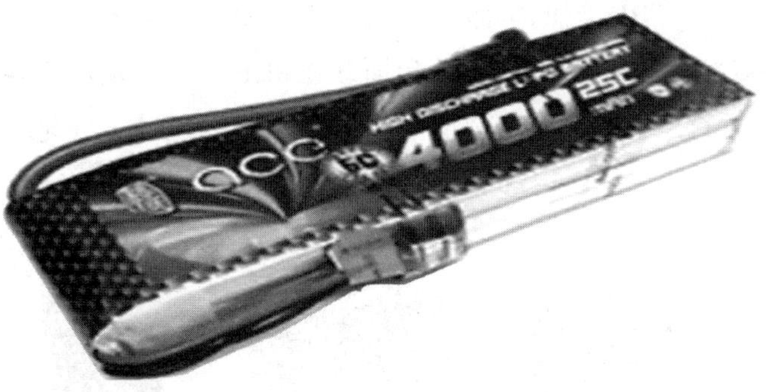

图 2.1.14　动力电池

智能电池可以看作加装了较复杂电路板后的动力电池，外部安装一个保护壳，这种电池主要使用在消费级航拍多旋翼无人机上，和无人机的外形可以融为一体（见图 2.1.15），一般使用厂家自配的专用充电器充电。之所以称之为智能电池，是因为电路板上加入了更多的保护和显示功能。

图 2.1.15　智能电池

镍氢电池和干电池会在一些多旋翼无人机遥控器上使用。镍氢电池和干电池按照方向安装到遥控器电池舱内即可。

技能点 4　多旋翼无人机电池检查及拆装

在无人机正式起飞之前，检查机体的同时，还要检查电池，这直接关系飞行安全。为顺利掌握这一技能，需要了解电量检查设备、电缆连接等相关知识，熟悉各类型多旋翼无人机飞行前电池检查的基本操作。

1. 电量检查设备

1）万用表

万用表又称为多用表、三用表等，是电力电子等部门不可缺少的测量仪表，一般以测量电压、电流和电阻为主要目的。

2）BB 响

如图 2.1.16 所示，BB 响的学名是锂电池低压蜂鸣报警器。因为廉价、重量轻、声音大，所以多旋翼无人机在飞行时常会挂载在机上，当它发出鸣叫时，就表示多旋翼无人机电池没电了。平常在地面使用 BB 响时，可以迅速方便地测得动力电池总电压和单体电压。

图 2.1.16　BB 响

3）数字测电器

如图 2.1.17 所示，数字测电器又称电量显示器，可以测量多种类型锂电池组电压，也可以测试镍镉、镍氢电池组，它比 BB 响的精度高。

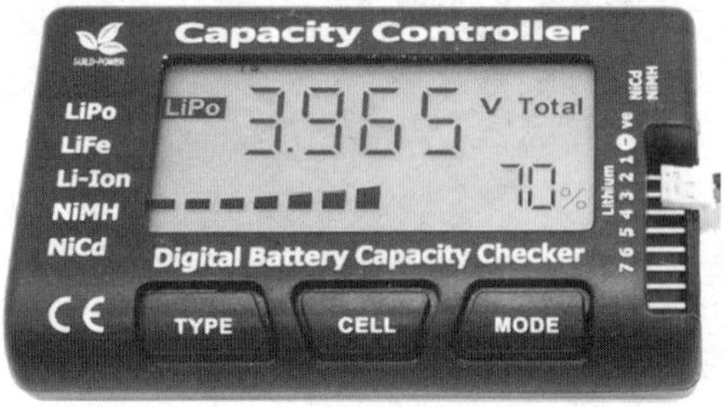

图 2.1.17　数字测电器

2. 电池与多旋翼无人机的电缆连接

工业级多旋翼无人机由于动力电流较大，所以其电缆连接器比较粗大，同时还有机械防插错功能，部分还有防打火功能。微型实训多旋翼无人机动力电流相对较小，所以其电缆连接器比较袖珍，多数也有机械防插错功能。这类连接器广泛使用在其他机载和地面设备电流不太大的电缆连接上。

3. 多旋翼无人机飞行前电池的检查

（1）检查电池外观是否良好，是否有鼓包、裂缝、磕碰等现象。

（2）通过电量检查设备检查电池的电量是否充足。

（3）检查电池与机体的供电触点是否良好。

（4）飞行时，始终关注飞机、遥控器屏幕上电池电量图标。

4. 多旋翼无人机电池的拆装

多旋翼无人机多种多样，其电池也各不相同，每种电池的拆装维护方法也都不一样。下面通过几款多旋翼无人机动力电池的拆装操作来进行说明。

精灵 4 的电池拆装：食指、拇指紧压电池锁止锁，用力将电池推入电池箱，听到“咔哒”声即可；反之，食指、拇指紧压电池锁止锁，拔出即可。

MAVIC2 的电池拆装：捏住左右电池卡扣，将电池压入机体电池槽内，听到“咔”的一声，电池安装到位；拆卸时，捏住左右电池卡扣，将电池从机体上拔出即可。

AIR 的电池拆装：电池在机身下侧，安装时下压电池，再前推，应有“咔”的一声；拆卸时，压住解锁键，后推，上拉即可取出。

5. 多旋翼无人机的充电器

多旋翼无人机充放电需要使用平衡式充电器。简易式的平衡充电器，一般只能充电。高档一点的平衡充电器，不但能充电，还可以放电，一般还要配上专用的市电电源一起使用。很多高档平衡充电器还能同时充放多组电池，只是价格较贵。

6. 电池的存放

一定意义上，多旋翼无人机的动力电池像变形金刚的能量块一样危险，不能像干电池那样随便摆放，因为，它不但会燃烧，还会爆炸。消费级多旋翼无人机电池存放操作如下：

（1）锂电池对温度有一定要求，过冷或过热都会影响其性能。特别是在充电或者储存时，要尽量避免阳光长时间直射。

（2）锂电池的运输或者长期储存应使用专用储物箱，储物箱应具有防爆、防水、防摔等功能。锂电池防爆箱、电池管理站等都是不错的选择。

（3）锂电池在长期储存之前，首先要通过充放电，使单体电压达到 3.8 V 左右，此时电池大概有 80%的电量，便于长期保存。

（4）在飞行前，将电池单体电压充满到 4.2 V。无论是使用还是放电，单体电压都不要降到 3.5 V 以下，否则会使电池寿命急剧缩短。

（5）对于要报废的消费级多旋翼无人机电池，需要在水盆中注满水；按照大概 40∶1～50∶1 的比例加盐；然后将电池在其中浸泡几日；最后取出，扔到专用的电池回收垃圾箱中。这样可以有效地避免发生火灾。

【学习体会】

通过本任务的学习，你都学到了什么？请写在下面。

____

____

【任务测评】

请根据所学知识完成以下任务：

1. 航空蓄电池的分类、工作原理分别是什么？
2. 影响航空蓄电池容量的因素有哪些？
3. 飞机蓄电池维护的注意事项有哪些？

【课程思政】

中国航空之父——冯如

1895年，甲午战争失败，年仅12岁的冯如挥泪告别父母，随亲戚远渡重洋，去美国旧金山市谋生。到旧金山市后，通过学习英语和科技知识，以及目睹日新月异的先进机器，他认识到：国家富强，必有赖于机器。于是他更加发愤学习，专攻机器制造。

1906年，冯如在纽约学习机器制造之后，重返旧金山市，开始招徒制造机器，冯如同时也开始收集有关设计、制造和驾驶飞机的资料。

经过多年努力，终于在1909年9月，距世界第一架飞机问世不到6年的时间内，冯如完成了中国人自己设计、自己制造的第一架飞机。冯如这架飞机称为"冯如1号"，与莱特型飞机相似，也采用了双翼、构架式机身，发动机安装在下翼中央的推进式、鸭式操纵面布局的飞机。其方向舵也像莱特型飞机，但改进了着陆装置，起落架末端安装着4个轮子。

1909年9月21日傍晚，"冯如1号"正式试飞。冯如驾机迎着强风起飞，升至4.5米高，环绕一个小山丘飞行，飞行了约800米，显示了飞机具有良好的性能，从而在我国动力载人飞行史谱写了光辉的第一页。

冯如继续研制飞机，经过连续6次失败和厂房失火，而冯如始终奋斗不止。他认真总结失败教训，吸取当时先进经验，在1911年1月研制成功了一架新型飞机，称为"冯如2号"。

1911年2月22日，冯如率助手朱竹泉、司徒壁如和朱兆槐携带飞机和设备乘轮船回国。于1912年3月，制成一架与"冯如2号"相似的飞机，揭开了中国航空工业史的第一页，冯如也成为我国近代航空事业的创始人和开拓者。

1912年8月25日，冯如在广州燕塘公开进行飞行表演时，飞机失速坠地，机毁人伤。冯如以身殉国，时年仅29岁。在弥留之际，冯如犹勉励助手："勿因吾毙而阻其进取心，须知此为必有之阶段。"

冯如被称为中国航空之父，作为我国第一位飞机设计师、制造者和飞行家，他爱国爱乡、刻苦钻研、崇尚科学、敢为人先的精神影响着国人，他谱写了我国动力载人飞行史光辉的第一页，标志着中国航空史的开端，对中国航空事业的发展具有强大的激励与鼓舞作用。

引自：https://www.xuexi.cn/lgpage/detail/index.html?id=4070157474404246623

任务 2　飞机直流发电机

知识目标

1. 掌握直流发电机产生电流的基本原理。
2. 掌握直流发电机的功用、组成和特性。
3. 掌握直流发电机的基本工作过程。
4. 了解定期维修、修理、排故的基本工作内容。

能力目标

1. 能通过电磁感应原理，分析发电机产生电流的基本原理。
2. 能描述发电机的功用、组成和特性。
3. 能分析直流发电机的基本工作过程
4. 能根据工作单进行直流发电机的维护检查。

思政目标

1. 养成“严慎细实”的机务作风，懂得“机务工作无小事”的道理。
2. 培养团队协作意识，强化职业素养。
3. 培养分析问题和解决问题的能力。
4. 培养吃苦耐劳的精神，树立认真负责的工作态度。

【情境创设】

以某型无人机的直流发电机为例进行直流发电机检查介绍，其外形如图 2.2.1 所示。

图 2.2.1　某型无人机的直流发电机外形

总结以往的事故案例，因空中断电导致机毁人亡的事例很多，教训很深刻。希望同学们在实训过程中，养成“严慎细实”的机务作风，懂得“机务工作无小事”的道理。熟悉直流发电机的功用、组成以及工作原理等，为今后实际工作奠定基础。

【任务实施】

教师带领学生到停机坪进行参观，观察飞机上直流发电机的分布情况。教师请学生对直流发电机功用、组成及工作原理等进行分组讨论，培养学生在实训工作中，严格遵循工作程序，确保机务维修工作的质量。理解直流发电机的检查维护与拆装程序，掌握直流发电机的功用、组成、工作原理等，为实际机务维修工作奠定扎实的理论基础。

知识点 1　认识航空电机

电机是指利用电磁感应原理实现电能转换的一种电磁设备。在人类发展史上，电能的产生、传输和应用是现代文明社会的重要标志。电机在人们生活工作的各个领域应用越来越广泛，作用也越来越大。电机可分为静止电机和旋转电机。下面简要对这两种电机进行讲解。

1. 静止电机

变压器利用电磁感应原理将一种形式的交流电压转换为另一种形式的交流电压。它的输入和输出都是电能，无转动部件，故称为静止电机。

2. 旋转电机

旋转电机的静止部分称为定子，旋转部分称为转子。按照能量转换的不同又分为发电机和电动机。发电机将机械能转化为电能，目前最常见的是利用热能、水能、风能等推动发电机转子来发电。按照电流性质不同可将其分为直流发电机和交流发电机。电动机是将电能转化为机械能。利用电能产生驱动转矩，作为电器或各种机械的动力源。按照电能不同又可分为直流电动机和交流电动机。交流电动机大多运用在电力系统中，直流电动机主要应用在需要高转速的场合，以及对速度精确度要求高的场合等。

通常，飞机上有三种不同的直流电来源：直流发电机、变压整流器（或 TR 装置）和蓄电池。直流发电机是将机械能转换为直流电能的电磁设备。低压直流电源的额定电压为 28 V，飞机上常用的低压直流发电机有两种，一种是传统的整流子式直流发电机，一种是晶体管整流式直流发电机。这两种发电机各有特点，下面就这两种发电机展开介绍。

知识点 2　整流子式直流发电机

1. 整流子式直流发电机的基本结构

如图 2.2.2 所示，整流子式直流发电机（DC generator）的结构由定子（stator）和转子（rotor）两大部分组成。直流发电机运行时静止不动的部分称为定子，定子的主要作用是产生磁场，并为磁力线提供回路。它包括机壳、主磁极、换向极、电刷装置以及端盖等。运行时转动的部分称为转子，是直流发电机进行能量转换的枢纽，所以又称为电枢，其主要作用是产生电磁转矩和感应电动势，它包括转轴、电枢铁心、电枢绕组、换向器和风扇等。

1）定　子

定子是直流电机的静止部分，它主要由机座、主磁极、换向极、端盖和电刷装置等部件组成。

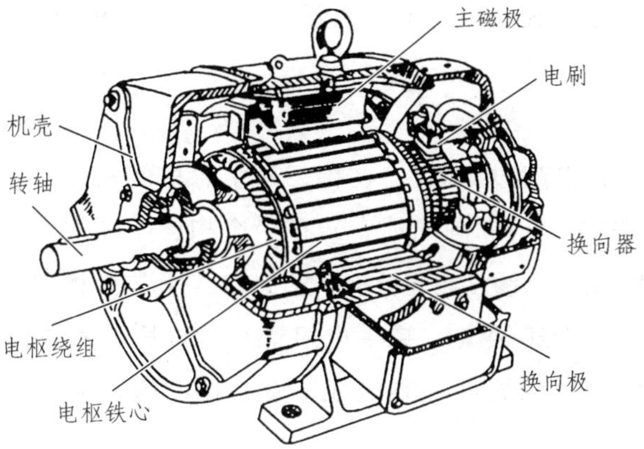

图 2.2.2　整流子式直流发电机的基本结构

（1）机座。

电机定子的外壳称为机座，机座一般由铸钢件制成。机座的作用有两个：一是用来安装主磁极、换向极，并起整个电机的支撑和固定作用；二是机座本身也是磁路的一部分，借以构成磁极之间磁的通路，磁通通过的部分称为磁轭。为保证足够的机械强度和良好的导磁性能，机座一般为铸钢件或钢板焊接而成。

（2）主磁极。

直流发电机的磁极一般不用永久磁铁，而是一种电磁铁。主磁极由磁极铁心和励磁绕组两部分组成，由励磁绕组通以直流电流建立磁场。为降低发电机运行过程中磁场变化可能导致的涡流损耗，磁极铁心一般用 0.5 ~ 1.5 mm 厚的硅钢板冲片叠压而成。铁心分为极身和极靴两部分，上面套励磁绕组的部分称为极身，下面扩宽的部分称为极靴，极靴宽于极身，既可调整气隙中磁场的分布，又便于固定励磁绕组。励磁绕组用绝缘铜线绕制而成，套在主磁极铁心上。整个主磁极用螺钉固定在机座上，如图 2.2.3 所示。

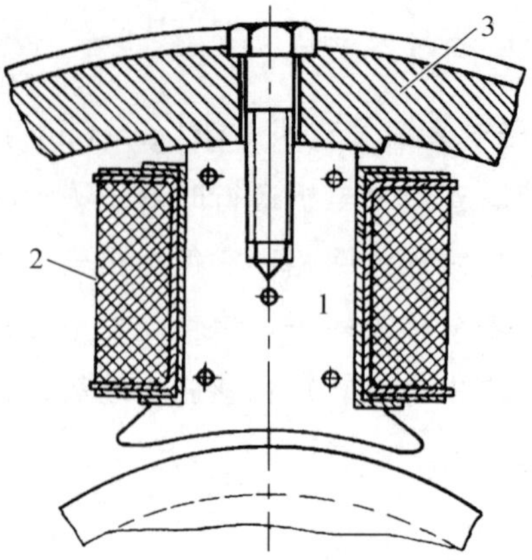

1—磁极铁心；2—励磁绕组；3—机壳。

图 2.2.3　主磁极

电机中磁极的 N 极和 S 极只能成对出现，因此磁极的极数一定是偶数，并且要以交替极性方式均匀排列。

（3）换向极。

当直流发电机的容量超过 1 kW，在相邻两主磁极间常装有换向极（又称附加极或间极）。它一般用整块钢板刨削而成，装在两个相邻主磁极之间。换向极由换向极铁心和换向极绕组组成，如图 2.2.4 所示。换向极绕组与电枢绕组串联，换向极的作用是产生附加磁场，以改善换向，减少电机运行时电刷与换向器之间可能产生的换向火花。换向极绕组用绝缘导线绕制而成，套在换向极铁心上，换向极的数目与主磁极相等。

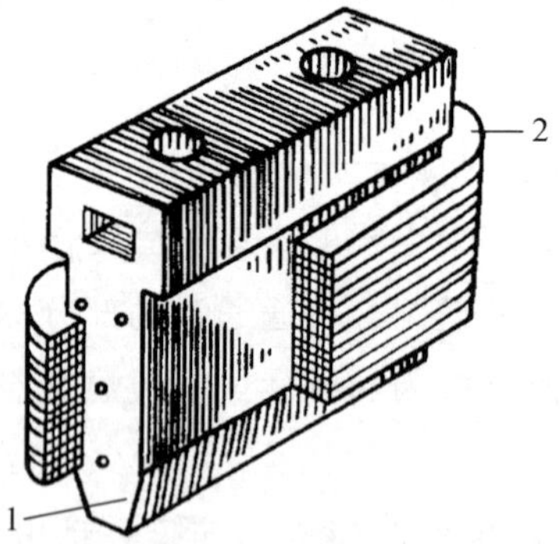

1—换向极铁心；2—换向极绕组。

图 2.2.4　换向极

（4）电刷装置。

电刷装置的作用是把电枢与外电路相连接，与换向器配合作用，引入或引出直流电压和直流电流。电刷装置由电刷、刷握、压紧弹簧和铜丝辫等组成，如图 2.2.5 所示。电刷放在刷握内，用弹簧压紧，使电刷与换向器之间有良好的滑动接触。

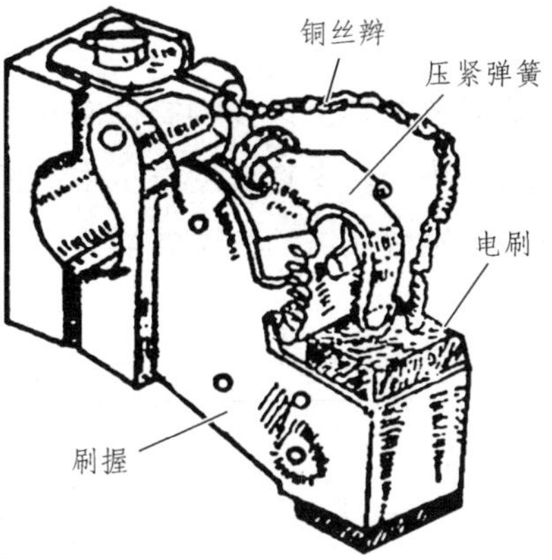

图 2.2.5　电刷装置

（5）端盖。

在机座的两边各有一个端盖，端盖的中心处装有轴承，用来支撑转子的转轴，端盖上还固定有电刷架。

2）转　子

转子是电机的旋转部分，又称为电枢。它主要由电枢铁心、电枢绕组、换向器、转轴和风扇等部件组成。

（1）电枢铁心。

电枢铁心有两个作用：一是作为主磁路的主要部分，二是嵌放电枢绕组。电枢铁心一般采用由 0.5 mm 厚硅钢片冲制的冲片叠压而成，以降低电机运行时电枢铁心中产生的涡流损耗和磁滞损耗。其表面有许多均匀分布的槽，用来嵌放电枢绕组，如图 2.2.6 所示。

图 2.2.6　电枢铁心

（2）电枢绕组。

电枢绕组是直流发电机进行能量变换的关键部件。电枢绕组是由许多线圈按一定规律连接而成，并与换向器相连，线圈采用高强度漆包线或玻璃丝包扁铜线绕成。它是直流电机的主要电路部分，是通过电流和感应电动势实现机电能量转换的关键部分。电枢绕组的作用是产生电磁转矩和感应电动势。

（3）换向器。

换向器是直流发电机的重要部分，它由许多铜制换向片组成，外形呈圆柱形，片与片之间用云母绝缘，如图 2.2.7 所示。在直流发电机中，换向器配以电刷，能将电枢绕组中感应产生的交变电动势用机械换接的方法转换为正、负电刷上引出的直流电动势。

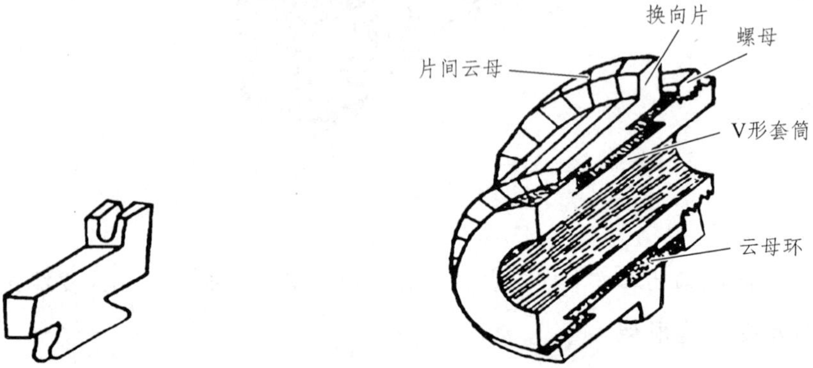

（a）换向片　　（b）换向器

图 2.2.7　换向器

（4）转轴。

转轴一般用合金钢锻压加工而成，其作用是支撑转子和传递转矩。为减少发电机扭转振动引起的疲劳和破坏，飞机直流发电机常采用复合轴，即电枢铁心和换向器压装在空心轴上，空心轴内装有软轴，用于传递扭矩和吸收扭转振动能量，如图 2.2.8 所示。

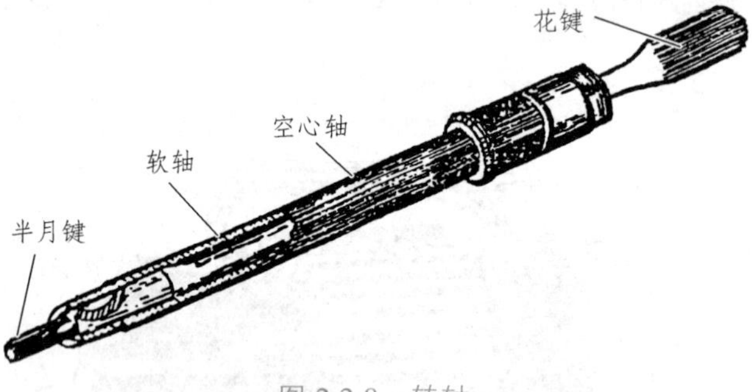

图 2.2.8　转轴

2. 整流子式直流发电机的工作原理

如图 2.2.9 所示，是一个最简单的直流发电机物理模型。N、S 极是一对固定的磁极，可以是电磁铁或永久磁铁。两磁极间装有一个可转动的圆柱形导磁体，称为电枢铁心。圆柱体表面固定一个线圈 *abcd*，称为电枢绕组。线圈的首端和末端分别接到两个互相绝缘的瓦形导电体上，称之为换向片。换向片与转轴连在一起，可与电枢铁心及绕组一起转动，统称为转子。与两片换向片滑动接触的电刷 *A*、*B* 固定不动，可使电枢绕组与外电路接通。

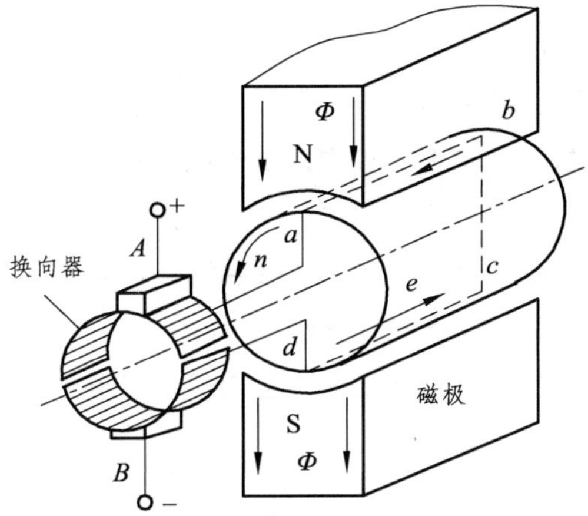

图 2.2.9　直流发电机物理模型

当电枢由原动机（飞机上是发动机）驱动按逆时针方向旋转时，电枢线圈的两根有效边（切割磁力线的部分导线）便切割磁力线，产生感应电动势。显然，每根有效边中的电动势是交变的，即在 N 极下是一个方向，当它转到 S 极下时则是另一个方向。由于电刷 A 接触的导体永远位于 N 极下，而电刷 B 接触的导体永远位于 S 极下，因此，电刷 A 始终有正极性，电刷 B 始终有负极性，所以电刷端能引出方向不变但大小变化的脉振电动势。电刷 A、B 之间的电动势 e_{AB} 为直流电动势，其波形如图 2.2.10 所示。

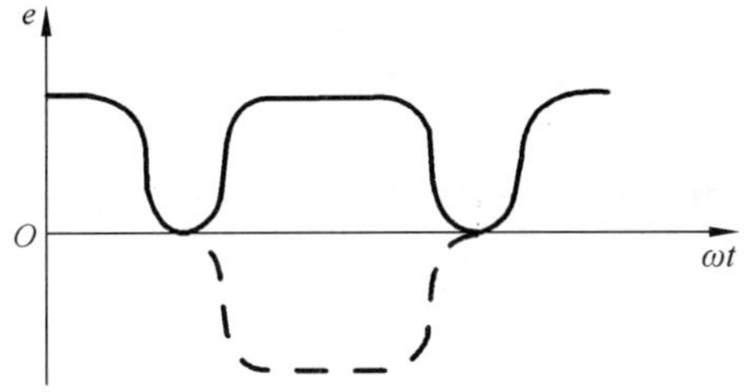

图 2.2.10　电刷 A、B 之间的电动势

图中所示，因为只有一个线圈，所以这个直流电机的供电电压和电流波形的脉动都会比较大，为使电刷端电动势的脉动程度降低，实际发电机中的电枢上不只敷设一个线圈，而是合理设计了多个线圈均匀分布，并按一定规律连接起来组成电枢绕组。一般情况下，若每极下均匀分布的导体数大于 8，则电动势脉动幅度将小于 1%。总之，电刷和换向器的功能相当于一个机械式的单相全波整流器。如果电枢上线圈数增多，并按照一定的规律把它们连接起来，可使脉振程度减小，就可获得直流电动势。这就是直流发电机的工作原理，它把原动机输入的机械能转换成了电能供给负载。

直流发电机的电动势是因导线切割磁感线而产生的，故两电刷间电动势 E 的大小，就与发电机的转速 n 以及一个磁极下的磁通 Φ 的乘积成正比，即

$$E = C\Phi n$$

式中　C——与电机结构有关的常数。

直流发电机故障
研究分析

3. 直流发电机的励磁方式

励磁方式是指励磁绕组的供电方式。工作磁场可以由线圈通过通电的方式产生，也可以由永磁体自身提供。为发电机等提供工作磁场的过程称为励磁，产生励磁的绕组称为励磁绕组，发出电能的绕组称为电枢绕组。由于永磁体的磁场是不可控的，因此一般情况下较少采用永磁体励磁，多采用线圈通直流电的方式励磁。励磁电流可以由外电源提供，也可由自身发出的电能提供。

按照励磁绕组与电枢的不同连接方法，直流发电机可分为他励和自励，自励发电机又分为并励、串励、复励，如图 2.2.11 所示。

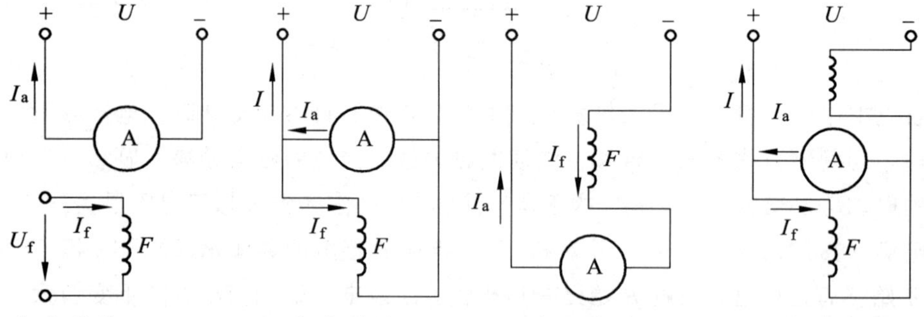

图 2.2.11　励磁方式

1）他　励

励磁绕组由其他直流电源单独供电，如图 2.2.11（a）所示。由于需要单独的励磁电源，应用场合受限，飞机上一般不采用。

2）并　励

励磁绕组与电枢绕组并联，电枢电压即励磁电压，如图 2.2.11（b）所示。飞机的直流发电机一般采用并励式直流发电机。

3）串　励

励磁绕组与电枢绕组串联，电枢电流即励磁电流，如图 2.2.11（c）所示。

4）复　励

励磁绕组分为两部分，一部分与电枢绕组串联，另一部分与电枢绕组并联，如图 2.2.11（d）所示。

4. 并励式直流发电机的自励发电

飞机上一般采用并励式直流发电机。并励式直流发电机的励磁电流是由发电机自身的端电压产生的，而端电压又是由励磁电流产生的。可见，这种发电机有一个自己建立电压的过程，称为自励。

并励式直流发电机电压建立的过程：发电机以额定转速 n 旋转，由于主磁极有剩磁，电枢绕组切割剩磁通，产生的电势为 E_r；E_r 在励磁回路产生励磁电流 I_{f1}。如果极性正确，I_{f1} 会在磁路里产生与剩磁方向相同的磁通，使主磁路里磁通增加。于是电枢电势增大为 E_1。E_1 又产生 I_{f2} 的励磁电流。如此逐渐增长，互相促进，直到达到工作点，建立额定电压为止。如果励磁绕组接法不正确，即励磁绕组中有电流，它产生的磁通与剩磁磁通方向相反，励磁的结果使感应电势比剩磁电势还小，故电机不能自励。另外，励磁回路的电阻大于某一临界电阻值时，发电机也不能自励。因此，在发电机运行以前，必须满足一定的条件才能实现自励发电。并励式直流发电机自励发电的条件如下：

（1）电机的主磁路要有剩磁；如电机没有剩磁，可用其他直流电源先给主磁极充磁。

（2）励磁电流产生的磁场方向与剩磁场的方向相同。

（3）励磁回路的总电阻必须小于该转速下的临界电阻，以保证产生足够励磁。

（4）对飞机发电机来说，其转速是经常变化的，但最低转速不得低于某临界值，否则，发电机不能正常发电。

其中，条件（1）和（2）是直流发电机能够发电的必要条件，而（3）和（4）是发电机产生直流电，能够达到供电要求的条件。

5. 整流子式直流发电机的特点

飞机低压直流发电机的标称电压一般为 30 V（对应电网电压为 28 V），额定容量有 3 kW、6 kW、9 kW、12 kW、18 kW 和 24 kW 等，相应的额定电流分别为 100 A、200 A、300 A、400 A、600 A 和 800 A。现代飞机上的大多数有刷直流发电机均可用于起动航空发动机，即起动发电机。起动发电机作为起动发动机时工作于电动机状态，此时允许电机在过载状态下工作，而且应能在短时间内多次起动发动机。QF-12 起动发电机主要性能参数，请扫描二维码查看。

QF-12 起动发电机主要性能指标

提高发电机最低工作转速是减轻电机质量的有效方法，目前飞机直流发电机的最低工作转速在 9 000 r/min，有的可达到 15 000 r/min。飞机直流发电机采用通风冷却，有两种通风方式：自带风扇冷却和借飞机飞行时的迎面气流或发动机压气机压缩的空气冷却。自带风扇冷却的发电机主要用于直升机，利用迎面气流冷却的发电机主要用于固定翼飞机。由于飞机停于地面时也要由发电机供电，利用迎面气流冷却的发电机内也自带风扇。

整流子式直流发电机主要优点：

（1）现代飞机上的大多数有刷直流发电机均可用作起动发电机。起动发动机时，工作在电动机状态，发动机起动后转为发电机状态，一机两用，从而减轻机载设备重量。

（2）改变励磁方式可成为不同特性的发电机或电动机；

（3）过载能力强。

整流子式直流发电机主要缺点：

（1）高空换向困难，电刷磨损严重。

（2）换向时产生火花，对机载电子设备产生干扰。

（3）换向器和电刷磨损大，维护工作量大。

直流起动发电机的维护特点

知识点 3　晶体管整流式直流发电机

从上述整流子式直流发电机的结构和工作原理可知，其定子为磁场，在转子的电枢绕组中产生感应电动势，负载电流从转子电枢绕组通过换向器和电刷提供给负载，因此电刷和换向器接触处容易产生换向火花，导致发电机的可靠性下降，并且还容易产生电磁干扰。为了克服高空换向困难、维护工作量大、产生火花等问题，晶体管整流式直流发电机可以有效地克服这些缺点。晶体管整流式直流发电机又分为交流-直流发电机和无刷直流发电机。

1. 交流-直流发电机

交流-直流发电机又称为硅整流发电机，这种发电机的本体是一台旋转磁极式交流发电机，发电机定子电枢绕组上发出的交流电经过二极管整流后变成直流电，再输送到飞机电网供给负载使用。虽然仍采用电刷，但是它仅仅为电流较小的励磁电路供电，省去了整流子和电枢电路中的电刷，重量大幅减轻，可靠性大大提高，因而在小型飞机和直升机中得到广泛使用。

1）基本结构

交流-直流发电机由旋转磁极式交流发电机和二极管整流器组成。与有刷直流发电机不一样，交流-直流发电机的转子是磁场部分，其作用是产生恒定磁场。转子由磁极、磁轭、转子轴、滑环等部件组成，如图 2.2.12 所示。

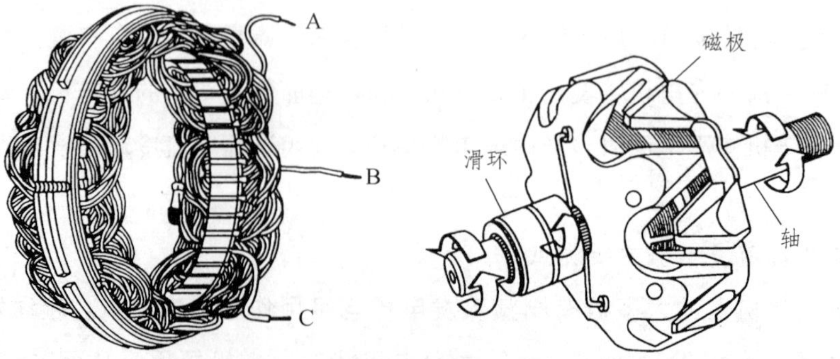

图 2.2.12　交流-直流发电机的基本结构

2）工作原理

当通过电刷和滑环给励磁绕组通入直流电，在励磁绕组中就产生了轴向磁通，使铁心一块被磁化为 N 极，一块被磁化为 S 极，从而形成相互交错的磁极，转子转动时，就形成了旋转磁场。值得注意的是，这里的滑环是一个整体的导电环，换向器则是由几十片互相绝缘的导体组成；其次，从电刷经过滑环导入到转子励磁绕组中的直流电没有换向问题，没有火花产生，而连接在换向器上的电枢绕组经过电刷时，内部电流方向发生了变化。总之，交流-直流发电机虽然有电刷，但是没有换向问题，这是它的优势。

如图 2.2.13 所示，交流-直流发电机的定子铁心内安放有三相绕组，三相绕组可以采用星形接法或者三角形接法连接。当转子旋转时，定子三相绕组切割磁力线，就可以发出三相交流电。三相交流电通过 6 只整流二极管全波整流成直流电后输出。

3）交流-直流发电机的特点

交流-直流发电机有以下优点：

（1）结构简单、重量轻。

（2）无机械换向问题，高空性能较好，工作可靠，维护工作量小。

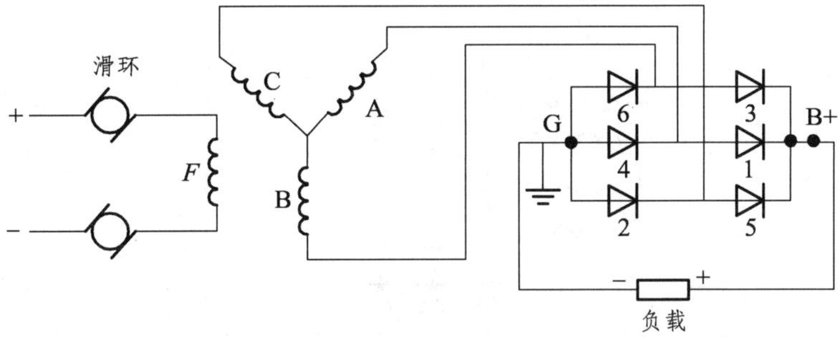

图 2.2.13　交流-直流发电机的工作原理

交流-直流发电机有以下缺点：

1）不能用作起动发电机。

2）过载能力较差。

2. 无刷直流发电机

由于上述电机仍有电刷，其可靠性和维修性方面受到一定限制，而无刷直流发电机可以解决这个问题。无刷直流发电机有两种形式：电磁式无刷直流发电机和永磁式无刷直流发电机。

1）电磁式无刷直流发电机

图 2.2.14 所示为电磁式无刷直流发电机的结构原理，它主要由副励磁机、励磁机、主发电机、旋转整流器和输出整流滤波器组成。其中直流发电机的输出整流器采用三相桥式整流电路，装在发电机空心轴内，故称旋转整流器，该发电机先发出的其实是

三相交流电。三相交流电经三相桥式整流电路整流后滤波输出平滑的直流电。交流励磁机的电枢在转子上，产生的三相交流电经旋转整流器整流后供给主发电机的励磁绕组，从而可以省去电刷和滑环。

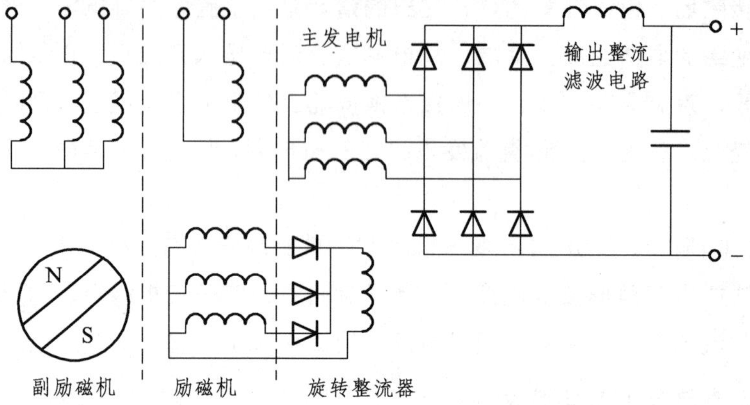

图 2.2.14　电磁式无刷直流发电机结构原理

2）永磁式无刷直流发电机

永磁式无刷直流发电机是永磁式交流发电机和整流装置的组合，其结构原理如图 2.2.15 所示。

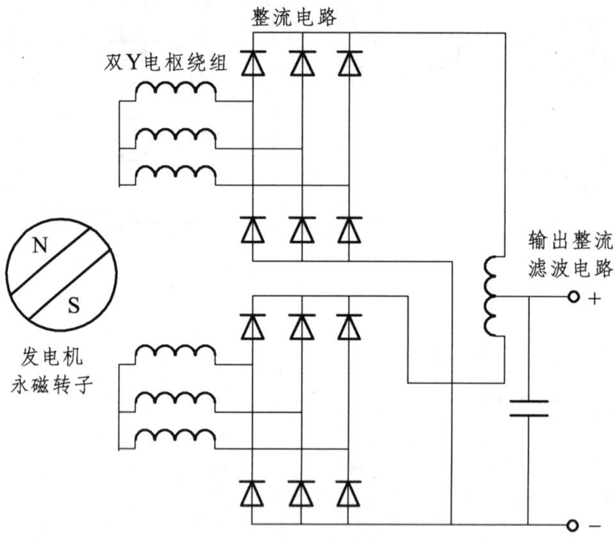

图 2.2.15　永磁式无刷直流发电机结构原理

永磁式无刷直流发电机的转子部分是永磁材料，因此其励磁不需要外加电源，结构简单、工作可靠。定子部分为三相电枢绕组。

永磁转子转动后将在双 Y 电枢绕组上感应出三相交流电动势，后经整流电路整流后滤波输出平滑的直流电。由于永磁发电机不能进行励磁调节（励磁不可控），三相电枢绕组输出的电压会随着转速变化而变化，因此需要采用功率变换器，才能实现电压调节。

功率变换器由 AC/DC 变换器组成，其中 AC/DC 变换器采用不控整流器，将电压变化的三相交流电变换为电压变化的直流电，再由变化的直流电经 DC/DC 变换器变为稳定的直流电，实现电压调节。能够实现电压调节的 DC/DC 变换器，可根据不同的功率等级采用不同的变换器拓扑结构，由于电源变换器的功率大，常采用桥式电路作为主电路进行变换，如图 2.2.16 所示。

高频变压器 T 的原边绕组 N1 接到 VT1 ~ VT4 构成的全桥电路上，副边绕组有 N_{21}、N_{22}、…、N_{2n} 多路全波整流后并联输出，再经 LC 滤波电路得到直流输出电压 U_O。

总之，直流发电机不管是整流子式直流发电机还是晶体管式直流发电机都是作为直流电的输出装置，都是利用电磁感应原理工作，将机械能转换为电能，在电枢线圈中产生交流电。

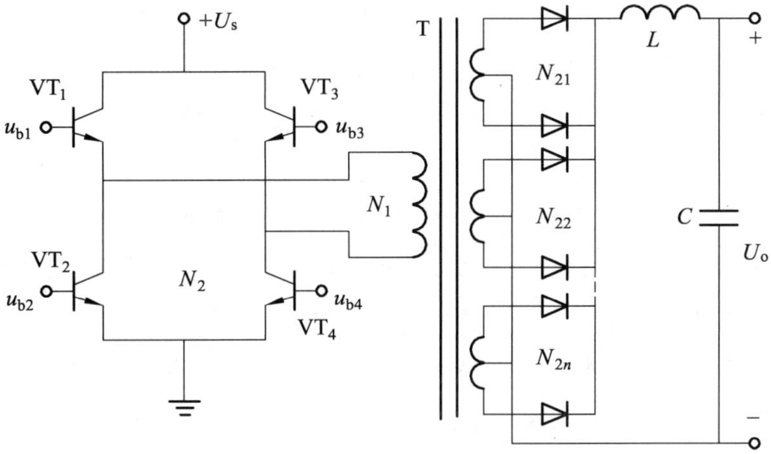

图 2.2.16　电子式变压整流器

3）无刷直流发电机的特点

无刷交流发电机与整流滤波器构成的无刷直流发电机用于某些中大型固定翼无人机、F-22 飞机以及 B737-500 飞机的 VSCF 电源中，湾流 Ⅲ 和Ⅳ行政机的 VSCF 电源、MD-90-30 飞机的 VSCF 电源也是用这种无刷直流发电机。飞机无刷直流发电机的主要特点，请扫描二维码查看。

无刷直流发电机的特点

【学习体会】

通过本任务的学习，你都学到了什么？请写在下面。

____

____

【任务测评】

请根据所学知识，完成以下任务：

1. 直流发电机为什么能产生直流电动势。
2. 试述整流子式直流发电机的基本工作过程。
3. 试述电磁式无刷直流发电机的结构和工作原理。

【课程思政】

用一生熔铸“中国心”——吴大观

1916 年 11 月 13 日，吴大观生于江苏镇江，家境贫寒的他省吃俭用、勤奋学习，坚持完成学业。1938 年，在目睹抗日战争中的日寇飞机狂轰滥炸后，吴大观毅然从西南联大机械系转入航空系，立志航空救国，并用一生坚守这一信念。

1942 年，吴大观从西南联合大学航空系毕业，毅然选择到贵州大定航空发动机厂工作。在这里，吴大观用两年时间潜心研究，掌握了当时世界上先进的航空发动机工艺技术。

1944 年，吴大观被选送到美国深造。毕业后，吴大观拒绝了美国企业高薪聘任，于 1947 年 3 月毅然回国，和家人来到位于解放区的石家庄，走上了创建与发展祖国航空发动机事业的道路。

吴大观受命于国家困难之时，航空发动机研制一切从零起步。面对国家资金短缺、国外技术封锁、技术力量薄弱等重重困难，吴大观千方百计克服阻碍，带领年轻的发动机设计队伍，开始了自力更生研制发动机的奋斗历程。在条件极其艰苦的情况下，吴大观受命在沈阳筹备组建新中国的第一个航空发动机设计室，在毫无设计基础和经验的情况下，完成了我国第一台喷气教练机发动机研制并试飞成功。靠着一点一滴的攻关，他带领研制人员不断突破，组织了多型航空发动机的研制工作。吴大观深深体会到，研制先进发动机必须有先进的试验手段，他提出要建设航空发动机试验基地，同时边做科学研究，边搞基础设施建设，不遗余力地推进型号研制和基础条件建设。他主持建立了航空发动机研制第一套有效的规章制度，制定了比较完整的发动机设计、试验标准“八大本”，领导建立了第一部航空发动机研制国军标，为研制可靠、管用的发动机提供了技术基础。这一系列开创性的工作，不仅为当时的科研工作拼出了一条出路，更为后来“昆仑”“太行”等发动机的成功研制奠定了坚实基础。

为探索出中国人自行设计航空发动机的道路，在发动机人才奇缺的情况下，吴大观建起了新中国第一支航空发动机设计研制队伍，忘我拼搏，以设计室为家，全身心推动发动机研制工作。饱含“航空报国”情怀的吴大观对航空工业有着强烈的责任心和对祖国的赤胆忠诚。

1982 年，离开一线岗位的吴大观仍追踪航空发动机的最新动态，他主持完成了我国第一部军用航空发动机通用标准规范的编制。80 多岁高龄，他归纳总结了 11 条“我国航空工业需要统一的认识”问题。

1985 年，国内航空发动机界围绕是否启动第三代发动机的研制，产生了严重分歧。吴大观深知，没有自己的发动机，就会受制于人，军用飞机的“心脏病”就永远解决不了。“航空报国”就是把国家利益摆在最高的位置，这种使命感驱使他带头签名，联合了八位专家上书中央领导。1986 年，邓小平同志明确批示支持。“太行”发动机起死回生，得以立项研制。

吴大观一生的奋斗，就是要为中国的飞机安上“中国心”。其实，吴大观胸中跳动的正是一颗“中国心”，他把自己的命运与祖国的命运紧密联系在一起，把祖国的需要作为自己的需要，把改变中国航空事业的落后作为毕生的追求。喷发 1A、涡喷 7 甲、昆仑、太行，这些中国航空工业最重要的发动机无不与他紧密联系在一起。

吴大观被称为“中国航空发动机之父”，他的奋斗历程和新中国航空发动机事业的许多个“第一”联系在一起：组建了新中国第一个航空发动机设计机构，领导研制了我国第一型喷气发动机，创建了我国第一个航空发动机试验基地，主持建立了航空发动机研制第一套有效的规章制度，建立起了新中国第一支航空发动机设计研制队伍，主持编制了我国第一部航空发动机研制通用规范……

吴大观对航空发动机事业的卓越贡献，为航空发动机研制的后来者树起了一座永远的精神丰碑。他用坚定的理想信念、高尚的品德情操、毕生的拼搏奋斗，忠诚践行了中国航发人“国为重、家为轻”的家国情怀和“择一事、终一生”的价值追求。

引自 https://www.xuexi.cn/lgpage/detail/index.html?id=17622447341811979274

任务 3　飞机交流发电机

知识目标

1. 掌握交流发电机产生电流的基本原理。
2. 掌握交流发电机的功用、组成和特性。
3. 掌握无刷交流发电机的基本工作过程。
4. 了解定期维修、修理、排故的基本工作内容。

能力目标

1. 能通过电磁感应原理，分析发电机产生电流的基本原理。

2. 能描述交流发电机的功用、组成和特性。
3. 能分析无刷交流发电机的基本工作过程。
4. 能根据工作单进行无刷交流发电机的维护检查。

思政目标

1. 养成“严慎细实”的机务作风，懂得“机务工作无小事”的道理。
2. 树立航空安全意识，具备团队合作精神。
3. 培养分析问题和解决问题的能力。
4. 培养吃苦耐劳的精神，树立认真负责的工作态度。

【情境创设】

以某型飞机的无刷交流发电机为例，进行交流发电机检查介绍，其外形如图 2.3.1 所示。

图 2.3.1　某型飞机的无刷交流发电机

因空中断电导致机毁人亡的事例很多，总结以往的事故案例，教训很深刻。希望同学们在实训过程中，养成“严慎细实”的机务作风，懂得“机务工作无小事”的道理，熟悉交流发电机的功用、组成以及工作原理等，为今后实际工作奠定基础。

【任务实施】

教师带领学生到停机坪进行参观，观察飞机上交流发电机的分布情况。教师请学生就交流发电机功用、组成及工作原理等进行分组讨论，培养学生在实训工作中，严格遵循工作程序，确保机务维修工作质量。理解交流发电机的检查维护与拆装程序，掌握交流发电机的功用、组成、工作原理等，为实际机务维修工作奠定扎实的理论基础。

知识点 1　认识航空同步发电机

交流电机是飞机上最常用的一种电机。与直流电机相比，交流电机没有换向器，结构简单，制造方便，比较牢固，容易做成高转速、高电压、大电流、大容量的电机。交流电机可以分为同步电机和异步电机两大类。同步电机转子转速与旋转磁场的转速相同，称为同步转速，转子转速与所接交流电的频率及电机的磁极对数之间有严格的关系。因此，对于交流电机而言，其调速要通过改变频率的方式来实现。按照相数不同，交流电机又可以分为单相电机和三相电机两大类。飞机上的交流电机一般为三相交流电机，单相交流电机因需要移相起动，应用相对较少。

一台同步发电机由定子、转子及壳体端盖等部分组成。定子和转子中，有一个是磁极而另一个则为电枢，电枢主要由电枢铁心和电枢绕组组成。磁极则是由磁极铁心和励磁绕组组成，当励磁绕组通直流电后，就建立磁场。同步发电机按磁极特点可分为凸极式和隐极式，其转子结构截面如图 2.3.2 所示。

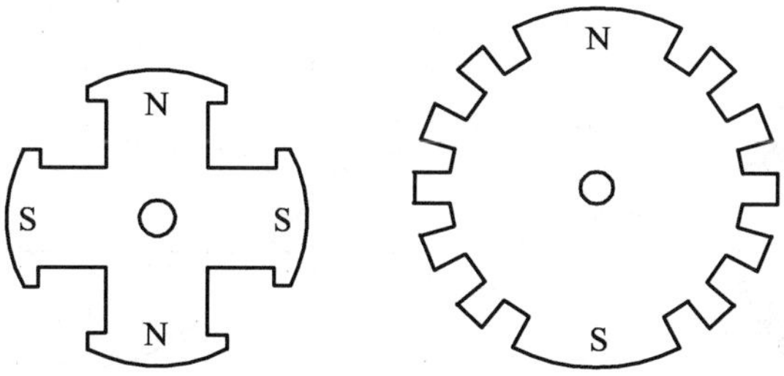

（a）凸极　　（b）隐极

图 2.3.2　转子结构截面示意图

图 2.3.2（a）所示为凸极结构，它有着明显的磁极外形，励磁绕组通直流电后，相邻磁极交替出现 N 极和 S 极。航空同步发电机的磁极几乎都是凸极结构，这种结构在电力工业中的小容量发电机及大容量低转速发电机（如水轮发电机）中也被广泛采用。图 2.3.2（b）所示为隐极结构的截面。这种结构承受离心能力较强，故主要在大型和高速的汽轮发电机中应用。

按旋转部件不同，同步电机可分为旋转磁极式和旋转电枢式两类。对于旋转磁极式电机（又称为内极式），转子是磁极，定子是电枢，一般情况下磁极在电枢之内，如图 2.3.3（a）所示。对于旋转电枢式电机（又称为内枢式），它的定子是磁极，转子是电枢，如图 2.3.3（b）所示。这两种电机的结构形式虽不同，但工作原理没有本质差别，都是基于电磁感应原理。

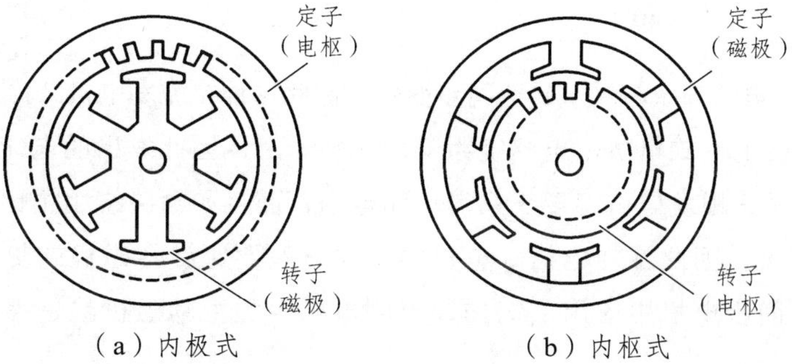

（a）内极式　　（b）内枢式

图 2.3.3　电机结构截面示意图

当导体在磁场中做切割磁力线运动时，导体中就产生感应电动势。基于上述基本原理，所有的交流发电机都由两大部分组成：一是产生感应电动势的导体，二是产生磁场的磁极。只要两者之间有相对运动，就能在电枢绕组中感应出交流电。

如图 2.3.4（a）所示，对于旋转磁极式交流发电机，转子磁极上的励磁绕组的电流要通过两个滑环和电刷引入，磁极铁心被磁化后产生恒定磁场。发电机定子铁心的内圆周有槽，槽里安放电枢绕组，三相绕组匝数相等，在空间互差 120°。当转子由原动机带动旋转时，定子三相电枢绕组中就产生三相交流电，三相交流电压在时间上互差 120°，其波形如图 2.3.4（b）所示。

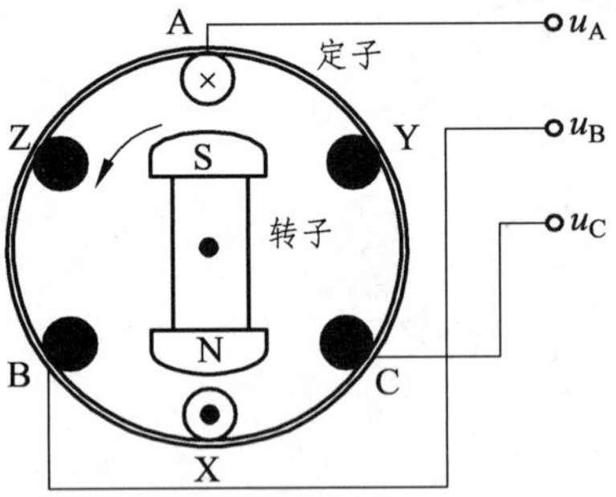

（a）结构图

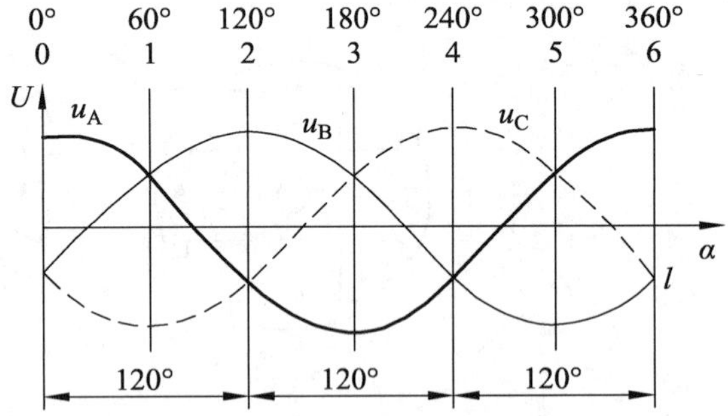

（b）波形图

图 2.3.4　旋转磁极（一对磁极）式三相交流发电机的结构和波形

交流发电机每相电枢绕组产生的感应电动势 E_a 的有效值为

$$E_a = 4.44fN\Phi$$

式中　f——感应电动势的频率；

N——每相绕组匝数；

Φ——每极磁通。

交流发电机发出的感应电动势的频率 f 与转子转速 n 和磁极对数 P 之间有固定的关系：

$$f = \frac{Pn}{60}$$

可见，交流电的频率与转子转速同步变化，因此这种交流发电机又称为同步发电机。

而对于旋转电枢式电机，电枢绕组安装在转子上，因此发出的电能必须由滑环和电刷引出。若是三相发电机就要 3 只滑环和电刷，而且和励磁绕组相比，电枢绕组的电压高、电流大，因此旋转电枢式电机的结构一般要比旋转磁极式复杂，只宜在小容量或特殊的同步电机中应用。例如，无刷电机中的主励磁机就是采用旋转电枢式结构。

无论是旋转电枢式还是旋转磁极式交流发电机，都需要通过电刷和滑环将励磁电流送入到转子或将交流电能从转子中引出。与有刷直流发电机类似，电刷的存在使得发电机的可靠性变差，同时也增加了维护工作量，因此飞机上大多采用旋转整流器式无刷交流发电机。

旋转整流器式无刷交流发电机可分为二级式和三级式两大类。无论采用哪一种无刷交流发电机，都要满足以下的基本要求:

（1）发电机要起励可靠，即发电机的输出电压要能随转速的升高迅速建立起来。

（2）电网中有大负载起动或当发电机电枢绕组短路时，发电机的励磁能迅速增大，以确保可靠供电或短路保护装置可靠动作，这种能力称为强行励磁能力，简称强励磁能力。

知识点 2　二级式无刷交流发电机的结构与工作原理

二级式无刷交流同步发电机主要由交流励磁机、主交流发电机和旋转整流器组成，这种发电机的外壳里同轴安装着两台交流发电机，其结构如图 2.3.5 所示。

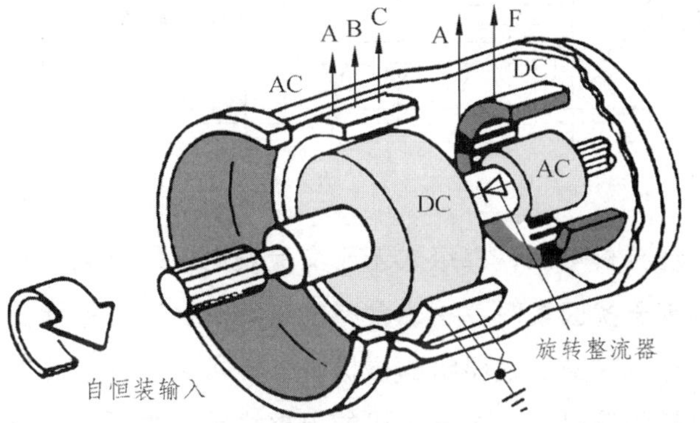

图 2.3.5　二级式无刷交流发电机结构示意

二级式无刷交流同步发电机，左侧部分为一台大功率旋转磁极式交流发电机，其中转子上的 DC 表示直流磁场（包含磁极和励磁绕组），定子上的三根线 A、B、C 表示三相电枢绕组输出端，发出的交流电为飞机电网供电，该电机称为主发电机。右侧部分为一台小功率旋转电枢式交流发电机，定子上的 DC 表示励磁磁场，从 A、F 端子处输入直流电源，该直流电源来自主发电机发出的三相交流电，经过整流、调压后得到直流电，因此属于自励方式（即励磁电流由自身发出的电能提供）。转子上的 AC 表示转子电枢绕组发出的交流电，该交流电经过安装在转轴上的整流二极管转换成直流电后，提供给主发电机的转子励磁绕组。由于整流二极管随转轴旋转，因此称之为旋转整流器。右侧旋转电枢式交流发电机的作用主要是为主发电机提供励磁，因此称其为交流励磁机。二级无刷交流发电机的电路原理如图 2.3.6 所示。

图 2.3.6 中点画线上面部件安装在定子上，点画线下面部分安装在转子上。主交流发电机的三相电枢绕组接成 Y 形，中性点 N 就近接到机体上。当发动机带动发电机

转子转动后，交流励磁机的转子电枢绕组切割剩磁产生剩磁电压，经旋转整流器整流后输送到主交流发电机的转子励磁线圈上，从而产生磁场。主交流发电机的定子电枢绕组切割磁力线，也产生一个 15 V 左右的剩磁电压。该电压通过调压器使交流励磁机的磁场增大，则交流励磁机的电枢电压随之增加，主发电机的电枢电压也随之增加。当电网电压增加到额定电压时，调压器限制交流励磁机的励磁电流，使主发电机输出电压保持恒定。

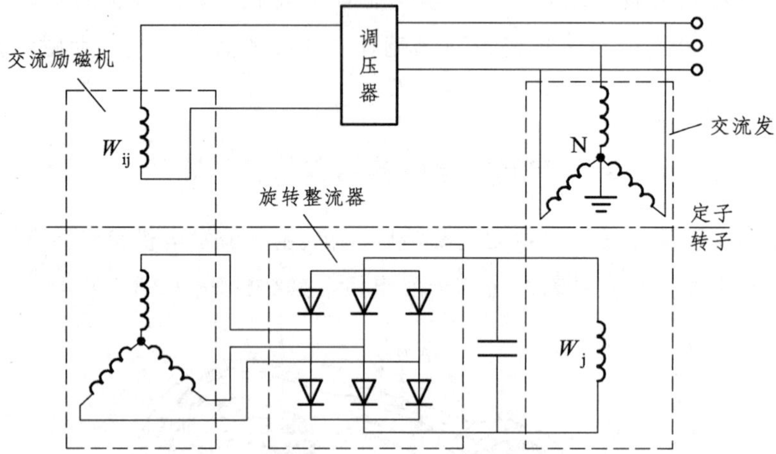

图 2.3.6　二级无刷交流发电机的电路原理

由上述工作原理分析可知，二级式无刷交流发电机是靠剩磁起励发电的。当发电机遭受振动、高温等干扰因素时，剩磁会减小或消失，这时就需要为发电机充磁。为了保证起励可靠，可以在交流励磁机的磁极中嵌入永久磁铁。此外，自励发电机的励磁电源来自主发电机的输出，当主发电机的电枢绕组发生短路或电网中有大负载起动时，发电机的输出电压会下降，则加在交流励磁机励磁绕组上的励磁电压也将下降或消失，因此这种发电机不能提供强励磁能力。为了克服这个缺点，可以采用复励或相复励电路。在这两种励磁电路中，励磁电压不仅与主发电机的输出电压有关，还与负载电流有关。交流发电机相复励电路相关内容请扫描二维码查看。

交流发电机的相复励电路

知识点 3　三级无刷交流发电机的结构与工作原理

在二级式无刷交流发电机基础上，三级式无刷交流发电机增加了永磁式副励磁机（Permanent Magnet Generator，PMG），PMG 的定子电枢电压给交流励磁机的励磁绕组供电，而与主发电机的输出无关，因此这种结构属他励方式。他励发电机的起励不依赖剩磁电压，因此可以保证发电机可靠起励。三级无刷交流发电机的其余部分与二级式无刷交流发电机基本相同，其电路组成原理如图 2.3.7 所示。

永磁式副励磁机是一台旋转磁极式发电机，其定子电枢绕组上发出的交流电经过整流后给调压器和控制保护装置供电，该电源与飞机电网无关，因此飞机电网的故障（包括短路等）不会影响调压器的工作，提高了电源系统的可靠性。此外，当主发电机输出馈线发生短路故障时，也不会影响交流励磁机的励磁电流，在调压器的作用下，该励磁电流还可以增大，为发电机提供强励磁能力。目前的飞机交流电源系统大都采用这种结构的发电机。总之，无论三级式还是两级式无刷交流发电机都具备以下特点：

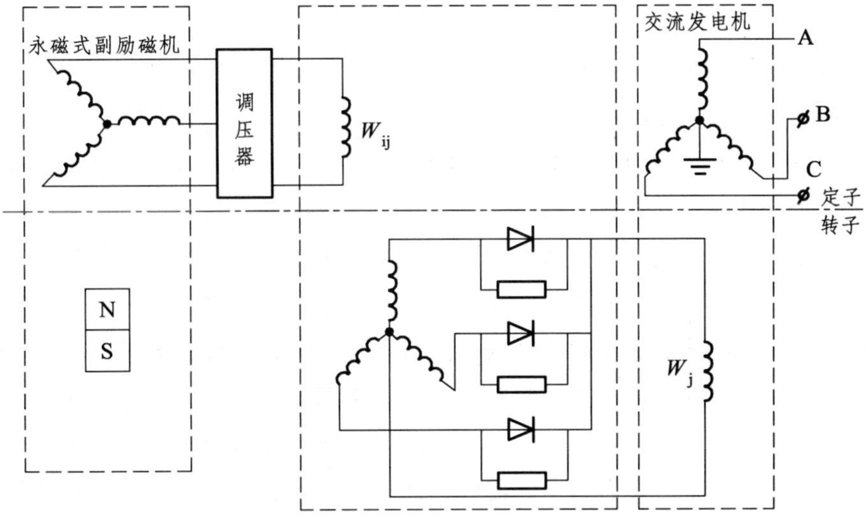

图 2.3.7　三级无刷交流发电机的电路原理

（1）在定子（电枢）上输出电能。

（2）都采用了旋转整流器，且主发电机都采用了旋转磁极式结构。

（3）发电机的频率通过其转速变化来调节。

（4）通过改变发电机励磁磁场强度来调节发电机电压。

技能点 1　交流供电的主要指标及技术性能

1. 主要指标

交流供电质量有两个主要的指标：电压和频率。其稳定性、调制量及精度等直接影响机载设备的工作性能和使用寿命，因此必须对电源系统、配电系统和用电设备之间的参数进行协调。1987 年，航空无线电委员会的 ARINC-609，即《飞机供电系统设计指南》对 115 V/400 Hz 系统提出了如下要求：

电压指标：

（1）空载到额定负载：（115 ± 1.0）V。

（2）100%到 125%额定负载：（115 ± 1.5）V。

（3）125%到 150%额定负载：（115 ± 2.0）V。

（4）非正常稳态电压极限：（115 ± 15/ – 10）V。

（5）对称负载时三相电压不平衡：小于 0.6 V、相移小于 0.6°。

（6）不对称负载时三相电压不平衡：小于 3 V、相移小于 1.5° 。

频率指标：（400 ± 4）Hz。

2. 主要技术性能

（1）额定电压：交流电网为 115/200 V，对应发电机为 120 /208 V。

（2）额定容量：交流发电机三相总的视在功率。

（3）单位：千伏安（kV·A）。

（4）功率因数：额定负载时的功率因数（一般为 0.75，感性）。

（5）频率：一般为 400 Hz

（6）转速：常见转速为 6 000 r/min、8 000 r/min、12 000 r/min、24 000 r/min。

飞机交流电源系统的主要参数是 115 /200 V、400 Hz，从电压方面考虑，增加电压能够有效减轻发电和输配电系统重量，所以电压不能过低，如同样功率的交流电源系统仅为 28 V 直流电源系统重量的 30%。但是电压也不能过高，一方面电压增高则电流下降，从而使传输导线变细，导线电阻将增加，线路压降将上升，并且导线强度下降，所以通过过度提高电压来减轻飞机电网重量不可取。另一方面，从安全性方面考虑，电压越高，安全性越差。综合考虑上述因素选择 115/200 V 的电压比较合适。从频率方面考虑，频率增高后，电磁器件的体积和质量都能降低，但是提高频率就需要提高发电机转速，这受到轴承和机械强度的限制；另外，如果频率过高，由于集肤效应，导线电阻和电抗增大，电压降和损耗也随之增加，当频率超过千赫兹数量级后，为防止电磁干扰需要使用屏蔽导线，这又增加了电网重量。因此，飞机主交流电源的频率选为 400 Hz。

知识点 4　交流起动发电机

交流起动发电机的相关内容请扫描二维码查看。

交流起动发电机

【学习体会】

通过本任务的学习，你都学到了什么？请写在下面。

____

____

【任务测评】

请根据所学知识，完成以下任务：

1. 写出二级式无刷交流发电机的基本组成。
2. 试述二级式无刷交流发电机的工作原理。
3. 试述三级式无刷交流发电机的工作原理。

【课程思政】

飞机制造专家——陆颂善

陆颂善，飞机制造技术专家，从事飞机制造技术管理工作近 40 年，先后参加组织和主持歼-5、歼教-1、轰-6、运-7、运-8 工程等多种飞机的试制生产技术工作。主持轰-6、运-7 飞机的改进改型，组织攻关解决了技术关键，发挥了技术决策作用。20 世纪 60 年代初，从英国引进用明胶板绘制模线及用光学望远镜安装型架技术用于轰-6，并很快在全行业推广。坚持“航空为本，飞机为主”，积极开拓国外民用飞机零部件转包生产，对推动企业技术改造、质量管理、技术进步，起到积极作用，取得显著技术经济效益，为航空工业的发展做出了重要贡献。

在轰-6、运-7 等飞机的试制生产中，陆颂善应用了多种新工艺、新技术、新材料，突破了多项关键技术。

轰-6 垂直尾翼的翼尖，原为木质结构，对材质要求苛刻、结构复杂、成形困难、工艺方法落后、生产效率低。在试制第一架时，从大量的木材中才勉强选取了一架份材料，取材率很低。我国木材资源并不丰富，在批量生产中，材料供应将成为关键问题，必须另找出路，陆颂善决定用玻璃钢代替木材。经过一年多时间，他设计制出了玻璃钢翼尖，强度、电性能均满足设计要求，证明这一结构改进设计是成功的。

轰-6 天窗骨架零件，由 GC-4 高强度钢制成，是一项结构复杂、协调关系多、成形难度大的关键零件，陆颂善采用热成形工艺方法，解决了该项技术关键。运-7 整体油箱的制造，关键是解决密封工艺问题，同时要有适合的密封材料，陆颂善在制造中采用了干涉配合自封铆接技术，解决了该项技术难题。

在几十年的工作中，陆颂善主持过多种运输机、轰炸机的试制、改型和生产工作。他对工作严肃认真，一丝不苟，兢兢业业，任劳任怨，数十年如一日，把自己的聪明才智和宝贵年华，无私地奉献给了祖国的航空事业，以自己的杰出业绩，为我国航空科技发展史写下了光辉的一页。

任务 4　交流电源系统基本形式

知识目标

1. 掌握交流电源系统基本形式和主要技术指标。
2. 掌握恒速恒频（CSCF）交流电源系统的功用和特点。
3. 掌握变速恒频（VSCF）交流电源系统的功用和特点。
4. 掌握变速变频（VSVF）交流电源系统的功用和特点。

能力目标

1. 能区分变速变频、变速恒频和恒速恒频的概念。
2. 能描述恒速恒频（CSCF）交流电源系统的功用和特点。
3. 能描述变速恒频（VSCF）交流电源系统的功用和特点
4. 能描述变速变频（VSVF）交流电源系统的功用和特点。

思政目标

1. 养成“严慎细实”的机务作风，懂得“机务工作无小事”的道理。
2. 培养团队协作意识，强化职业素养。
3. 培养吃苦耐劳的精神，树立认真负责的工作态度。

【情境创设】

随着飞机的不断发展，用电设备不断增加，机上用电量大幅增加，而且对供电质量要求有所提高，低压直流电源系统已不能满足所有飞机的用电需求，从而促进了飞机交流电源系统的发展。而由于飞机发动机的类型不同，可得到恒频或变频交流电。

【任务实施】

教师带领学生到停机坪进行参观，观察飞机上交流电源的类型。教师请学生对交流电源系统基本形式进行分组讨论，告诉学生飞机交流电源系统发电的形式取决于发电机的传动方式，可分为变频交流电源和恒频交流电源。早期，一些装有涡轮螺旋桨发动机的飞机上，一般采用变速变频交流电源系统；而在现代大型运输机上，广泛采用恒速恒频交流电源。随着科学技术的发展和新产品的出现，变速恒频交流电源也已在 B737-400、MD-82、F-18 等飞机上使用，而 A380 和 B787 则以多种电压品种的混合供电形式出现，其中主电源为变速变频交流电源，与早期的变速变频交流电源有本质的区别。

知识点 1　恒速恒频交流电源系统

1. 恒速恒频交流电源

交流电源系统可分为恒频交流电源和变频交流电源。为了在飞机上获得恒频交流电，可通过在发动机传动机匣与发电机之间增加一个恒速传动装置来实现。带有恒速传动装置的恒速恒频（Constant Speed Constant Frequency，CSCF）交流电源，其传动结构如图 2.4.1 所示。由恒速传动装置（简称 CSD）传动，可以把发动机变化的转速转变为恒定的转速，使发电机发出 115/200 V、400 Hz 的恒频交流电，称为恒速恒频电源，简称 CSCF 电源。

图 2.4.1　恒速恒频交流电源结构示意图

由于发动机从起动到正常工作，甚至正常工作时，它的转速会变化，这种变化的转速经过减速器后仍然是变化的，使得输出的交流电压始终变化着（因为交流发电机的空载电动势 $E=4.44Nk_{w}f\Phi$，其中，Φ为每极下总磁通，N 为每相绕组串联匝数，k_{w}为绕组系数），存在恒速传动装置，可先将转速恒定在一定的范围内，从而使输出电压稳定。

CSCF 电源经历了几个发展阶段。1946 年，美国发明了液压恒速传动装置。液压恒速传动装置、有刷同步发电机和机电式控制保护器构成的 CSCF 电源为第一阶段。20 世纪 50 年代后期，液压恒速动装置发展为齿轮差动液压恒速传动装置，有刷同步电机发展为具有旋转整流器的无刷同步发电机，机电式控制保护器发展为磁放大器的电磁式控制保护器，CSCF 电源进入发展的第二阶段。由于恒速传动装置及发电机和控制技术的发展，交流电源系统的技术性能、可靠性和维修性均得到了大幅度提高。

20 世纪 60 年代后期、70 年代初开启 CSCF 电源发展的第三阶段，组合传动发电机（Integrated Drive Generator，IDG）诞生了，IDG 将恒速传动装置和发电机组合在一起，从而进一步简化了结构，提高了电源的功率密度。如图 2.4.2 所示，是一种典型的组合传动发电机。

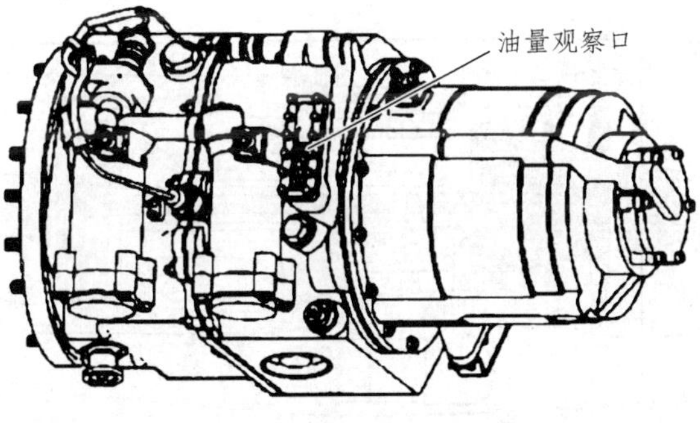

图 2.4.2　组合传动发电机

IDG 中的发电机采用了以下技术：

（1）采用铁钴钒高导磁软磁材料，其饱和磁感应强度为 2.4 T，比硅钢片的 1.8 T 高很多。

（2）电机由风冷转为借用 CSD 中的滑油冷却，冷却方式为喷油，油雾直接将导体和铁心的热量带走。

（3）油雾同时润滑与冷却了轴承，电机转速从 6 000 r/min、8 000 r/min 增加到 12 000 r/min 或 24 000 r/min。

（4）采用聚酰亚胺绝缘线、绝缘纸和绝缘套管。由于电机冷却效率提高，CSCF 电源的技术指标也得以改善。如第一、二代 CSCF 电源额定容量为 30 kV·A，过载容量为 60 kV·A，IDG 则常将额定容量标为 30/45 kV·A，表示额定容量为 30 kV·A 的发电机可在 45 kV·A 时长期工作，过载容量为 2×30 kV·A=60 kV·A。表明喷油冷却比强迫风冷效果好得多。

IDG 发电系统的控制保护器最初为晶体管式，后来改为集成电路式，之后发展到具有微型计算机的发电机控制组件（GCU），GCU 具有机内自检测（简称 BIT）、运行状态信息存储和与上级计算机通信等新的功能，进一步提高了发电系统的可靠性和维修性。

恒速恒频电源系统的优点：恒频交流电对飞机上的各种负载都适用，配电简单；恒频交流电源系统可以单台运行，也可以并联运行。其缺点是恒装增加了电源系统的重量和成本，其功率/重量比小于不带 CSD 的变速变频电源系统。为了进一步减轻重量，提高可靠性，可以将恒装和发电机组合在一起，组成 IDG。

2. 恒速传动装置（CSD）

恒速传动装置（简称恒装，CSD）是 CSCF 交流电源的重要组成部分。1946 年，美国发明了恒速传动装置，开辟了恒速恒频交流电源的新时代。恒速传动装置将发动机的能量传递给发电机，其安装位置如图 2.4.3 所示。发动机 N_2 通过塔轴、附件齿轮箱、恒速传动装置，然后带动交流发电机转动。恒装可以保证在发动机转速变化时输出较恒定的转速。

恒速传动装置

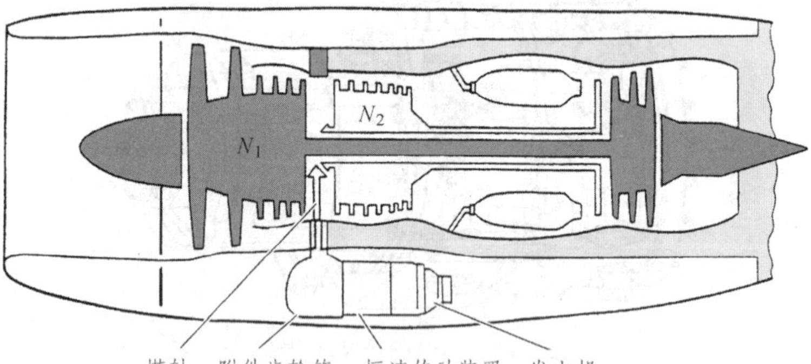

图 2.4.3　恒装的安装位置

恒装的输出转速一般有 6 000 r/min、8 000 r/min、12 000 r/min 等，少数输出转速能达到 24 000 r/min。按照能量传递的方式恒装分为液压式、电磁式、气压式、液压机械式等。使用最广泛的是液压机械式，下面简单介绍其基本组成。

液压机械式恒装主要是由差动游星齿轮系、液压泵-液压马达组件、调速系统、滑油系统和保护装置等部分组成，其结构如图 2.4.4 所示。

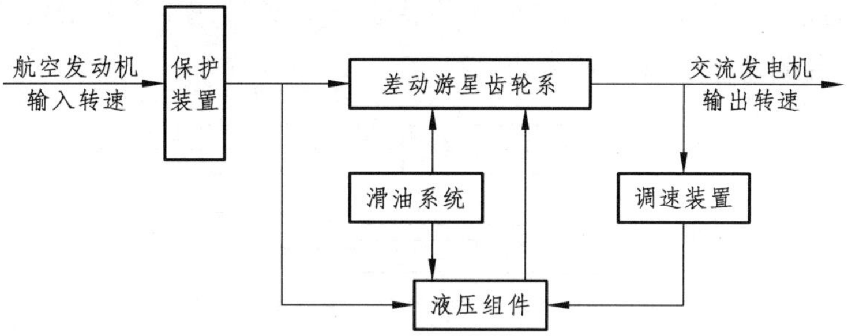

图 2.4.4　液压机械式恒装的结构框图

1）差动游星齿轮系

差动游星齿轮系的主要功用：一是传递发动机的转速，二是传递由液压马达输出的补偿转速，并使两个转速进行叠加，从而保持输出转速不变。

2）液压泵-液压马达组件

液压泵-液压马达组件是调速系统的执行机构，液压泵输出大小和方向可控的液压能，该液压能驱动液压马达转动，马达转速的大小和方向都受液压泵输出液压能的控制。液压马达的转速叠加在游星齿轮系上，用于补偿发动机转速的变化。

3）调速装置

调速装置的作用是敏感恒装的输出转速，并改变液压泵可变斜盘的偏转角度和方向，从而改变液压马达的转速和转向，以补偿发动机转速的偏离。调速装置主要分为离心飞重式机械调速器和电子式调速器。

4）滑油系统

滑油系统对齿轮系统进行润滑和散热，同时作为液压泵-液压马达组件传递功率的介质。

5）保护装置

保护装置的作用是当恒装故障时，如滑油压力低或温度高时，人工或自动脱开恒装与发动机的连接，以保护恒装和附件齿轮箱的安全。

使用恒速恒频交流电源的飞机实例

由于恒频交流电所具有的优点及恒速传动装置在设计制造上取得了较大的进展，恒速恒频交流电源系统在现代飞机上得到了广泛的应用。使用恒速恒频电源的部分飞机的相关内容请扫描二维码查看。

技能点 1　分析恒速传动装置的工作过程

1. 恒速传动装置的工作原理

图 2.4.5 所示为恒装的转速构成示意，恒装的输出转速由两个转速决定：一是发

动机经游星齿轮架直接传递过来的转速 n_1，该转速随发动机转速的变化而变化；二是液压泵-液压马达组件通过环形齿轮传递的转速 n_2，该转速用来补偿发动机转速的变化，以保持恒装的输出转速 n_3 不变。

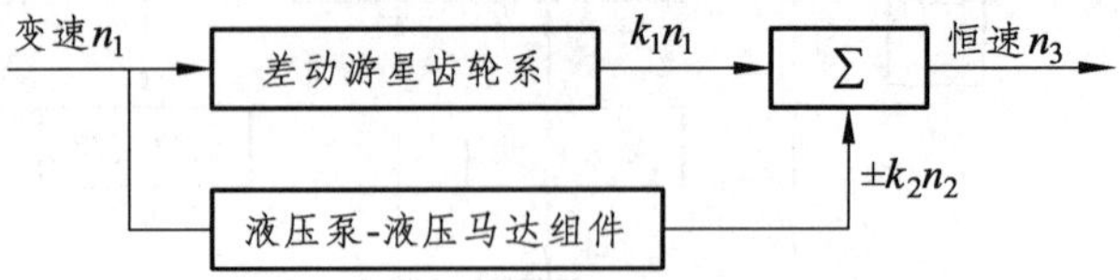

图 2.4.5 恒装的转速构成

该传动装置中，发电机所需功率大部分由游星差动齿轮机构直接传递，而液压泵和液压马达只传递小部分功率，所以泵和马达的重量及体积都比较小，因而整个恒装的体积和重量都不大，使其工作可靠性相对较高。

设恒装的输入转速为 n_1，输出转速为 n_3，液压马达的转速为 n_2，则输出转速 n_3 可以表示为

$$n_3 = k_1n_1 \pm k_2n_2$$

式中 k_1、k_2——游星齿轮系的传动比。

液压马达转速前面的“±”由 CSD 的输入转速 n_1 的大小决定，并与马达的转向相对应。两个转速的叠加由差动游星齿轮系完成。

1）零差动方式

此状态下，恒装输入轴转速等于制动点转速。液压马达不转动，整个系统类似于固定传动轴，恒装输入转速等于发电机额定转速。

2）正差动方式

此状态下，恒装输入轴转速低于制动点转速。此时，转速调节系统会使液压泵可动斜盘向左倾斜，柱塞行程改变，泵向马达打油，对中心盘压力增加。发动机转速越低，液压泵的可动斜盘倾斜角越大，液压马达转速越高。液压马达起加速作用，恒装的这种工作方式称为正差动方式。

3）负差动方式

此状态下，恒装输入轴转速高于制动点转速。与正差动工作状态相反，可动斜盘向右倾斜，发动机转速越高，可动斜盘向右倾斜越大，液压马达逆时针转速越快。恒装的这种工作方式称为负差动方式。

2. 恒速传动装置调速系统的工作原理

恒装调速器的作用是敏感输出转速的变化，调整液压泵可变斜盘倾角的大小和方向，使液压泵输出液压能的大小和方向随之改变，从而使马达的转速及转向随之改变，以补偿发动机转速的变化，维持输出转速不变。恒装调速器主要分为离心飞重式机械

调速器和电子式调速器两种。下面分别介绍两者的基本工作原理。

1）离心飞重式机械调速器

离心飞重式机械调速器是目前广泛采用的一种调速器，它利用离心飞重来测量 CSD 的输出转速，其原理如图 2.4.6 所示。

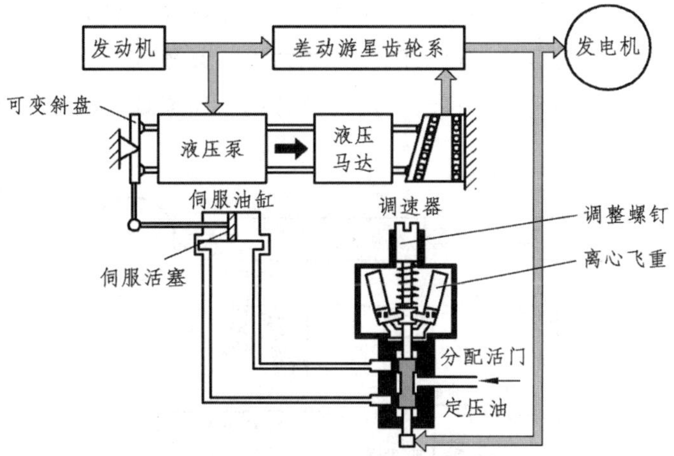

图 2.4.6　离心飞重式机械调速器的原理

离心飞重随 CSD 输出轴而旋转，离心飞重离心力的大小反映转速的大小。分配活门受离心力和弹簧弹力的控制。当输出转速偏离额定值时，分配活门将上下移动，驱动伺服活塞左右运动。而伺服活塞的运动将带动液压泵可变斜盘的倾角改变，使液压泵输出液压能的大小和方向发生变化，从而驱动液压马达的转速大小和方向随之改变，最终使 CSD 的输出转速恢复到额定值上。图 2.4.6 所示为恒装工作于零差动方式的状态，这时的液压泵可变斜盘保持垂直，液压马达不转动。

当发动机转速增加时，离心飞重的离心力增加，离心飞重向外运动，控制油路中的液压油驱动伺服活塞向左运动，可变斜盘向右倾斜，使液压马达反方向转动，抵消发动机转速的增加。可见，经过伺服活塞、可变斜盘和液压马达输出齿轮等部件的一系列动作后，输出转速将恢复到额定值，这时离心飞重的离心力与弹簧弹力达到平衡，CSD 工作于新的稳定状态（负差动方式）。

当发动机转速减小时，离心飞重因离心力减小而向内运动。液压油使伺服活塞向右运动，可变斜盘将向左倾斜，使液压马达正方向转动，抵消发动机转速的减小，从而使 CSD 的输出转速上升，直到离心飞重的离心力与弹簧弹力又一次达到平衡，CSD 工作于新的稳定状态（正差动方式）。

当发电机的稳态输出频率偏差在 ± 20Hz 以内时，可以通过调速器中的调整螺钉来改变弹簧的弹力，从而调整发电机的频率。调整一整圈大约相当于 3Hz。在调整时，首先应根据频率的偏差计算出必要的螺钉旋转圈数，然后关闭发动机再进行调节。注意：只有在发动机停转时，才能在 CSD 上进行调整。

当发电机的稳态输出频率偏差在 ± 20Hz 以外时，需要更换恒速传动装置并送修理厂检修。

2）**电子式调速器**

电子式调速器的工作原理如图 2.4.7 所示。电子式调速器是利用发电机控制组件 GCU 中的频率检测电路，将发电机的输出频率与基准频率 400Hz 进行比较，将检测到的频率差信号转换为电流信号，该电流信号的大小与频差成正比。电流信号被放大后驱动伺服活门，控制作动筒左右移动。其他部分的工作原理与离心飞重式机械调速器相同。

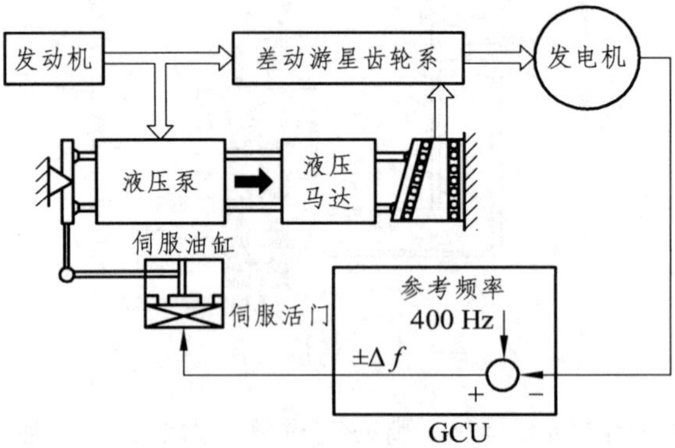

图 2.4.7　电子式调速器的原理示意图

3. 恒速传动装置的故障及保护

恒速传动装置在工作过程中可能出现油路系统堵塞或漏油、滑油温度过高、运动部件磨损或卡死、输出欠速或过速等故障。恒速传动装置的监控一般关注滑油压力和温度，一种典型的监控装置如图 2.4.8 所示。

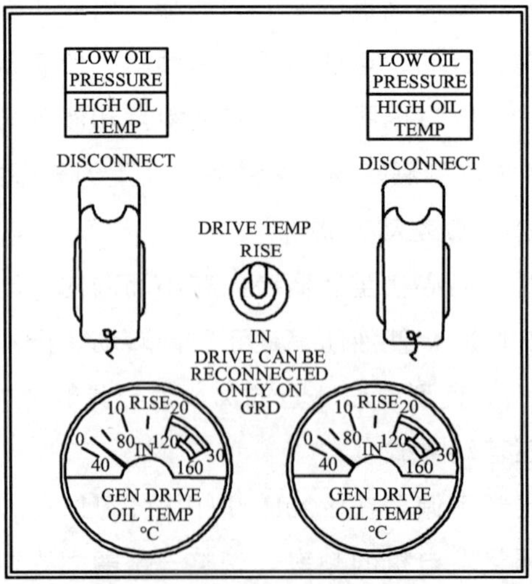

图 2.4.8　恒速传动装置的监控

恒速传动装置的输出齿轮和输出轴之间有单向离合器。当发动机转速高于恒速传动装置输出转速时，离合器脱开，以防止发电机反过来传动恒装，如图 2.4.9 所示。

恒速传动装置欠速时，发电机会从电网切除，若输出转速又恢复，则该发电机可重新投入电网。恒速传动装置输出过速时，使斜盘达到最大负倾角，若转速仍降不下来，则应将恒速传动装置与发动机传动轴脱开，因此恒速传动装置还装有手动脱开机构。

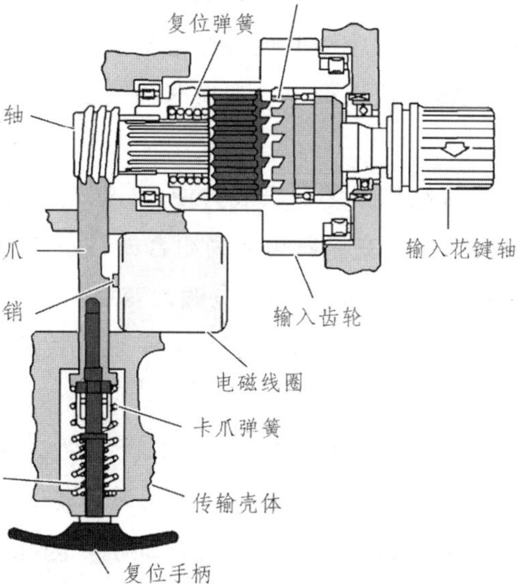

图 2.4.9　恒速传动装置脱开和复位机构

飞行员若发现恒速传动装置不正常时，应该手动断开恒速传动装置，恒速传动装置脱开电门有红色保护盖保护，不能随意操纵。

知识点 2　变速恒频交流电源

CSCF 交流电源的恒装是个精密的部件，生产、使用和维修都很复杂。因此在 20 世纪 60 年代固态功率电子器件产生后即开展了变速恒频电源（Variable Speed Constant Frequency，VSCF）的研究。VSCF 交流电源系统没有恒装，直接由航空发动机传动发电机，产生变频交流电，然后通过电子器件组成的频率转换器将变频交流电变换为 400 Hz 的恒频交流电。其结构如图 2.4.10 所示。

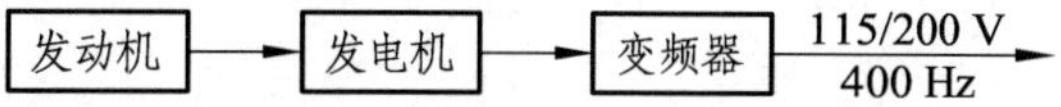

图 2.4.10　变速恒频交流电源结构示意

VSCF 交流电源系统经过多年研究，于 20 世纪 70 年代开始应用于飞机。目前，绝大多数的战斗机、轰炸机、运输机和干线客机，在采用交流电为主电源的场合，都在用恒速恒频交流电源。但是变速恒频交流电源是其有力的竞争者。CSCF 与 VSCF 交流电源的主要

CSCF 与 VSCF
主要性能比较

性能比较，相关内容请扫描二维码查看。

与 CSCF 电源比较，VSCF 电源的主要优点如下：

（1）CSCF 电源能量转换效率为 72%左右，而 VSCF 电源能达到 80%，效率高则损耗小，发热少，易散热，产生同样的电能所消耗的燃油少。

（2）VSCF 电源的电能质量高。CSCF 电源的电能质量主要由发电机的性能决定，频率由 CSD 的特性决定，CSD 调速系统的静态误差为 ±4 Hz（即误差大），动态响应慢，通常过渡过程时间达 1 s。VSCF 电源的电能质量仅决定于变换器，变换器输出电压的频率误差和电压误差都可以很小，变换器的输出阻抗小于同步发电机，故更适合于非线性用电设备。

（3）VSCF 发电系统结构灵活，安装方便。CSCF 电源的 CSD 和发电机必须装在一起。VSCF 电源的发电机和变换器可以为组合式，如 B737-500 型飞机的 VSCF 电源也可为分离式，如 MD-90 飞机的 VSCF 电源，变换器装于飞机上。

（4）VSCF 电源的运行参数易于检测，易于发现故障，找到故障地点，改善了维护性。

（5）VSCF 电源的发电机和变换器均有好的可逆性，和直流电源一样可构成起动/发电系统。CSCF 电源的可逆性差，至今尚未实现起动/发电双功能，装备 CSCF 电源的发动机必须配空气涡轮起动机或燃气涡轮起动机，因此加大了附件机匣，增加了飞机的迎风面积和飞行阻力。

但是，基于硅元件的 VSCF 电源变换器的过载能力和环境适应能力较差，其允许的环境工作温度比较低，同时结构也很复杂，可靠性相对较低，维护比较困难，VSCF 电源的应用范围没有 CSCF 电源广。

知识点 3　变速变频交流电源

变速变频交流电源（Variable Speed Variable Frequency，VSVF）是由飞机发动机经减速器直接带动交流发电机，发出变频交流电。早在 20 世纪 40 年代，由航空发动机直接传动的变频交流发电机开始在飞机上应用，向加温、防冰、照明和光信号设备供电，因为这些用电设备对频率不敏感。其他用电设备由 28 V 直流电源供电，构成飞机混合电源。变速变频交流电源系统通常又分为窄变频交流电源系统和宽变频交流电源系统。

1. 窄变频交流电源系统

窄变频交流电源系统的交流发电机由发动机通过减速器直接传动，因而输出交流电的频率随发电机转速的变化而变化，其结构如图 2.4.11 所示。传动装置简单、重量轻而可靠性好。主要缺点在于发电机间不能并联供电。这种电源系统适用于装有涡轮螺旋桨发动机的飞机或直升机，如安-24、运-7、肖特-360 等型号飞机均采用了这种电源系统。因为这种发动机的转速变化范围很小，所以发电机输出频率变化范围不大。

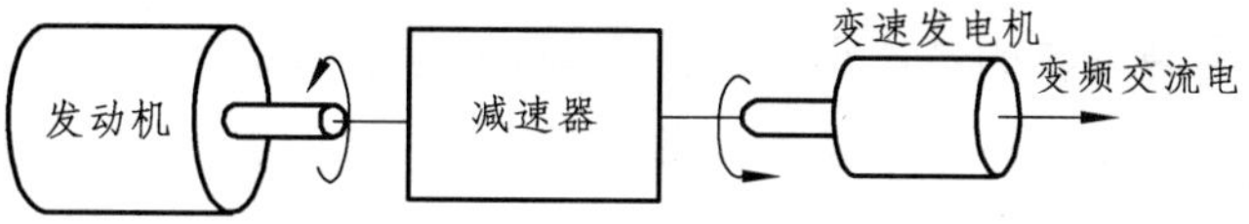

图 2.4.11　变频交流电源结构

2. 宽变频交流电源系统

宽变频交流电源系统由交流发电机和控制器构成，交流发电机直接由发动机附件传动机匣驱动，因为没有了恒速传动装置，输出电能的频率无法控制，形成频率随着发动机转速变化的变频电源。其结构和原理如图 2.4.12 所示。

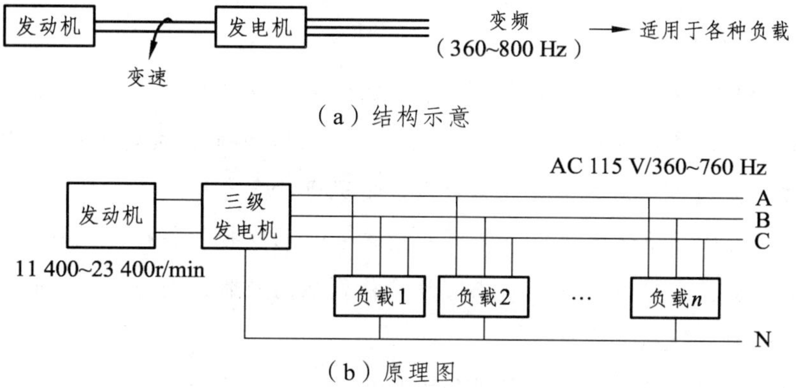

图 2.4.12　变频交流电源结构示意图和原理

变频交流电源系统只有一次变换过程，该系统不需要恒装，结构简单，可靠性高，维护工作量小，重量轻，体积小，能量转换效率高，易于构成起动发电机系统。对于飞机上发动机数量有限，导致发电机数量有限的情况，增加发电机单机容量是提供飞机整体性能指标的关键技术之一。由于配电系统、用电设备的变换器可以不安装在发动机及发电机附近，而可以安装在电子设备舱或飞机机体的其他部位，很好地解决了电子设备耐受恶劣环境的问题。因此宽变频交流发电机是最理想的模式。

但由于其输出频率取决于发动机减速器输出转速，尤其是多数飞机均采用涡喷发动机或涡扇发动机，发动机转速变化范围大，因此这种变频交流电源系统具有频率变化大的缺点。常通过用电设备的二次电源来弥补这个缺点。

【学习体会】

通过本任务的学习，你都学到了什么？请写在下面。

【任务测评】

请根据所学知识，完成以下任务

1. 试述交流电源系统的基本形式。
2. 试述恒速恒频交流电源系统的工作原理。
3. 简述恒速传动装置的功用。

【课程思政】

挑战极限、勇争第一的试飞英雄——李中华

李中华从事试飞工作23年，先后经历空中特大险情5次、空中重大险情15次，最惊险的当属2005年的一次。

2005年5月20日，一次试飞任务中，意外在500米高度发生。报警灯乍亮。飞机猛然向右偏转，瞬间由大侧滑进入“倒扣”状态，向地面坠去。500米、400米、300米……地面的麦田、河沟等景物迎面扑来，情况万分危急！

“别动，我来！”后舱传来李中华沉稳的声音。选择挽救飞机，也就意味着放弃了弃机逃生的机会。悬在空中的李中华咬牙顶住剧烈的眩晕，全力操纵飞机。

蹬舵、压杆，飞机毫无反应。

按下退出变稳系统的按钮，飞机仍无反应。

按下操纵杆上的紧急按钮，飞机横向摆动却越来越大，飞速坠向地面。

李中华急中生智，果断地切断了飞机电传操纵系统的总电门。飞机瞬间平静下来，恢复了正常操纵。此时，飞机距地面的高度只有200多米。

“要不是李中华的惊天一搏，我们将痛失2名优秀的试飞员，我军某型航空武器的研制也将滞后8年到10年。”提起当时的情景，时任中国飞行试验研究院院长的沙长安至今仍心有余悸。

李中华曾经说：“我是个简单的人，我的追求也很简单：喜欢的工作、强健的身体、身边有爱人朋友。至于在‘李中华’前面加什么定语都不重要，最重要的是，能够有机会飞喜欢的飞机，做喜欢的事情，过平常、安稳的生活。”李中华非常喜欢列宁的一句话：什么是幸福？幸福就是一个人活着，并快乐地工作着。

中国要崛起，不能没有敢于探险的人；中华民族要复兴，不能没有挑战极限的英雄。李中华正是拥有敢于探险、勇于挑战的精神。中国空军要腾飞，也必须有一群甘愿用生命为代价去搏击风雨的雄鹰！

引自：https://www.xuexi.cn/352680c7c2155f2ac4abf23b8494ee11/e43e220633a65f9b6d8b53712cba9caa.html

任务 5　地面电源

知识目标

1. 掌握地面电源的功用和种类。
2. 掌握地面电源的控制。
3. 掌握地面电源插座的拆卸与安装。

能力目标

1. 能描述地面电源的功用和种类。
2. 能分析地面电源的控制。
3. 能根据工作单进行地面电源插座的维护检查与拆装。

思政目标

1. 养成“严慎细实”的机务作风，懂得“机务工作无小事”的道理。
2. 树立航空安全意识，具备团队合作精神。
3. 培养分析问题和解决问题的能力。
4. 培养吃苦耐劳的精神，树立认真负责的工作态度。

【情境创设】

航空器地面电源在飞机的日常使用维护过程中起着不可或缺的作用，飞机在地面工作期间，大部分时间都需要电源。地面电源可以通过机上不同类型的地面电源插座向飞机电网提供 28 V 直流电或 115 V 交流电，供飞机地面检查、维护、照明以及起动发动机用电。在地面时，当地面电源插头和机上地面电源插座对接后，如果地面电源品质符合要求，地面电源便可接入飞机电网。如果地面电源出现过压、欠压等情况，则不符合要求而进行故障保护并自锁。将地面电源故障上报机电管理计算机（UMC）地面电源一旦出现故障，轻则延误保障工作，延长飞机出动准备时间，重则可能造成飞机及人员的损伤。

【任务实施】

教师带领学生到停机坪进行参观，观察飞机上的地面电源。教师请学生就航空器地面电源典型故障进行讨论。

故障现象：按照地面电源使用流程完成飞机上电工作，在接通地面电源上电开关后，机上地面电源插座周边有轻烟冒出，并伴有焦煳味，机组工作人员立即按压应急停止按钮并拔下地面电源插头，检查发现机上地面电源控制盒及其相关线路有不同程度的烧伤。

原因分析：经过对机上线路和地面电源的分解检查，发现在地面电源出线口的接线处交流接线和直流控制线固定点有接触现象，进一步检查此交流接线端子的保护套因长期使用拉扯产生磨损，造成一个约 2 mm 的裂口，导致金属端子露出，搭接到旁边直流控制线上，造成交流电串入直流电线路产生短路烧蚀现象。

故障排除：此故障发生后，对机上所有产生烧蚀的线路进行了更换，地面电源接线端子磨损的保护套拆除后重新进行绝缘处理，接线端子以最大间距进行固定并对连接电缆在引出部位进行了二次固定。

知识点 1　地面电源的功用和种类

1. 地面电源的功用

当飞机在地面进行检查、维护、照明以及起动发动机等作业时，可以使用地面电源、蓄电池、APU 发电机等。为了降低成本，减少对环境的污染，常常使用地面电源。

2. 地面电源的种类

根据电源的性质，地面电源可以分为直流电源和交流电源，交流电源又分为单相交流电源和三相交流电源。地面电源通常通过两种方法获得，一是利用地面柴油发电机产生与飞机上相同的交直流电源，俗称“电源车”，如图 2.5.1 所示。另一种是将地面 220/380 V、50 Hz 的工频交流电通过变压整流器整流成 28 V 直流电，为飞机提供直流电源；或通过逆变器变成 115/200 V、400 Hz 的航空交流电，为飞机提供恒频交流电。目前，大中型机场使用的廊桥电源也是逆变电源，逆变电源的工作原理与飞机上的静变流器基本相同。由于柴油发电机组噪声大、效率低、使用不方便等原因，已很少采用。

图 2.5.1　电源车

技能点 1　地面电源的控制

1. 地面直流电源插座及其控制

为了能在飞机上使用地面电源，每架飞机的机身下方都有一个地面电源插座，与地面电源上的插头配套使用。图 2.5.2 所示为一个典型的三针插座，用于地面直流电源。插钉由一个外盖盖住，整个装置通常设置在飞机机体结构适当部位的凹槽内。

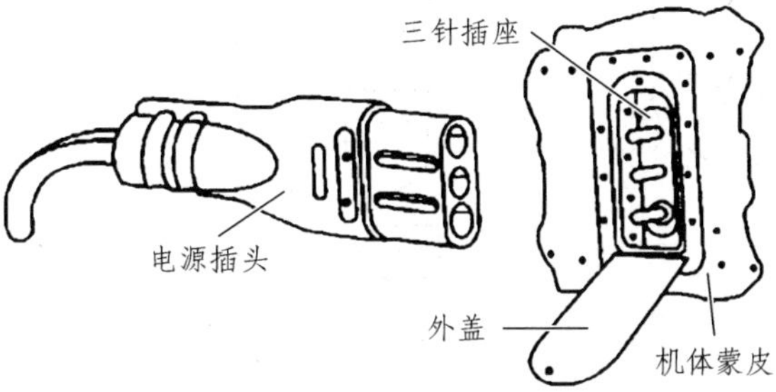

图 2.5.2　地面直流电源插头与插座

如图 2.5.3 所示，插座上的两个大插钉分别为直流电源的“+”“－”端，另一个细而短的插钉是控制插钉，也是直流电源的“+”端，主要用于控制外电源接触器 EPC 的通断。由于控制插钉比较短，在插上电源时，只有插紧且开关控制盒地面电源开关接通，由配电装置检测地面电源品质符合要求后，才能控制配电装置内部的 EPC 接通；拔出插头时，保证先断开 EPC，以避免产生火花或电弧。当地面电源出现过压、欠压等不符合要求情况，配电装置控制 EPC 断开进行故障保护并自锁，并将地面电源故障上报机电管理计算机。

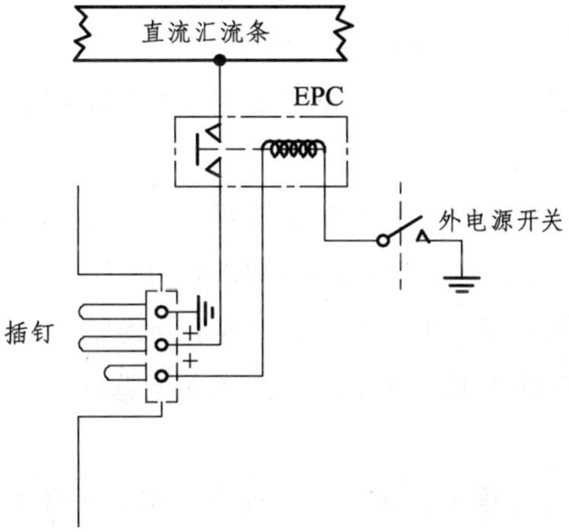

图 2.5.3　地面直流电源控制原理

2. 地面交流电源插座及其控制

地面交流电源通常采用三相交流电，地面交流电源控制原理如图 2.5.4 所示。地面交流电源的插座上有 6 个插钉，其中 4 个大插钉分别为三相四线制电源的 ABC 三相火线和零线 N，两个小插钉 E、F 起控制作用。E、F 插钉比主插钉细而短，只有当插头插紧后，E、F 插钉才能和地面电源插头形成通路，使 EPC 闭合。

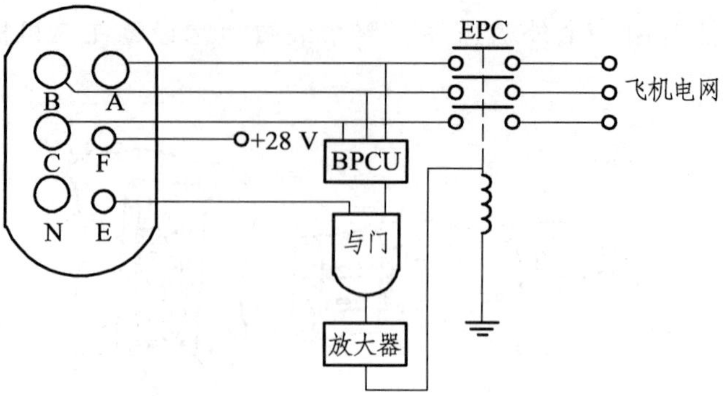

图 2.5.4　地面交流电源控制原理

在地面电源插头中，E、F 是短接的。拔出插头时，由于 E、F 插钉比主插钉短，因此 E、F 插钉先断开，使 EPC 跳开，保证主插钉拔出时外电源空载，从而防止产生火花和电弧。

有的飞机上装有外电源控制组件 EPCU，用于检测外部电源的相序、电压、电流及频率等是否符合要求，如果符合要求，则 EPCU 发出信号，允许 EPC 接通。有的飞机 EPCU 的功能由汇流条控制组件 BPCU 完成，不同的是 E、F 不直接接在外部接触器工作线圈回路中，而是提供一个逻辑信号。EPC 吸合需满足以下条件：

（1）E、F 已插好并形成通路。

（2）外电源质量合格，电压、频率等参数都符合要求。

（3）机上所有发电机的 GCB 都处于“OFF”位。

当上述条件全部满足时，由 BPCU 发出使能信号，使 EPC 吸合，外电源即可向飞机上的汇流条供电。

一般在飞机的地面电源插座上有两个指示灯，分别是“AC CONNECT”灯和“NOT IN USE”灯。当地面电源插好后，“AC CONNECT”灯亮。当“NOT IN USE”灯亮时，表明地面电源没有向飞机电网供电，允许拔下地面电源插头。当“NOT IN USE”灯灭时，表明飞机正在使用地面电源，必须先断开地面电源开关，方可允许拔下地面电源插头。

地面电源向飞机供电过程中，BPCU 监控地面电源的质量，当出现过压、欠压、过频、欠频等故障时，BPCU 就会断开 EPC，停止向飞机供电，以免损坏机载用电设备。

技能点 2　地面电源通电检查要求

在使用地面电源过程中必须注意以下几点：

（1）地面电源车的操作，应由经过专门培训的人员担任，严格遵守电源车的有关使用规定。

（2）要尽量避免电源长时间在潮湿的环境暴露或使用，不使用时应该储藏在房屋内。

（3）在不使用地面电源车时应及时为蓄电池充电，使之处于随时可用状态。

（4）保持地面电源车的插座和外壳清洁，防止异物进入电源车或污染插座。

（5）在停机坪发生溢油时，不准起动地面电源车。

（6）使用过程中注意对电源车电缆的防护，避免用力牵拉、划伤或碾压等。

（7）当电源车向飞机供电时，司机不得离开岗位。

（8）地面电源车驶离飞机时，必须确认电源插头已断开。

（9）在飞机通电前，确认飞机已经接地。

（10）当连接地面电源装置的电接头接到飞机上时，必须用带钩子的吊带将馈电线吊好，以防损坏飞机外接电源插座。

（11）在连接电接头前，先检查外接电源电线和电源插座是否有腐蚀或损伤现象。

（12）在将地面电源装置的电接头接到飞机外电源插座上前，确认外接电源未接通。如果已接通，则可能会出现电弧。

（13）在给飞机上电前，确认所有维护用的电路已经隔离。

（14）在脱开地面电插头前，必须先断开电源，避免产生电火花。

（15）在外电源不能正常向机上供电时，可以考虑外电源接头接触是否良好，检查插紧性，接头以及插座有无腐蚀、污物等现象。

（16）外电源参数不符合要求时，应检查频率、电压、相序是否正确。

飞机的电源系统既有 24 V、12 V 的低压直流供电系统，也有 115/200 V、400 Hz 交流供电系统。因此，在连接外电源之前必须对外电源的供电电压进行确认，避免损坏机载电子设备。与外电源继电器线圈串联的二极管虽然可以起到反极性保护的作用，但对于过电压、欠电压的保护无能为力。

【学习体会】

通过本任务的学习，你都学到了什么？请写在下面。

____

____

【任务测评】

请根据所学知识，完成以下任务：

1. 地面电源的作用是什么？
2. 地面直流和交流电源中的插钉有几根，各有什么作用？
3. 如何进行地面电源和机载电源选择工作？

【课程思政】

用生命托起战鹰的翅膀——罗阳

歼-15从空中俯冲急下，瞬间降速至0，稳稳停在辽宁舰上——2012年11月24日，中国首批舰载机全部完成航母起降训练，圆了几代航空人让战机从陆地跨向海洋的梦想。

一天之后，辽宁舰返航。罗阳，这位舰载机研制现场总指挥、中航工业沈飞公司董事长，突发心梗，以身殉职，年仅51岁。

这是他最后的行程——11月17日22时，参加完珠海航展的他返回沈阳，没来得及回家看看，就连夜赶到舰载机所在基地。在那里，他把应急保障团队成员召集起来，对舰载机进行了又一轮细致检查，直至18日凌晨3时。早上，同事们起床，发现他已在岸边观察天气。

11月18日早上8时许，罗阳上舰。他把行李扔到床上，坐都没坐一下，转身便上了塔台。这一天，他对相关环节全面监测，几乎不曾停下脚步。同事劝他："别着急，反正白天黑夜都在舰上，慢慢看。"他摇头："我上舰晚，不了解的东西太多了，必须抓紧。"

舰上7天，每个深夜，罗阳房间里的灯都要到近凌晨3时才熄。他留下的最后一本笔记里，记满了数据和规划。舰载机降落，外人看到的是雄健的身影，航母上的人所感受到的，则是巨大的振动和难以忍受的轰鸣。测试人员以外的人，通常会选择站在一个声音相对小的地方，但罗阳不是。他总想离得近些，再近些，零距离观察舰载机着舰的落点和状况。谁也不知道，他的心脏一次次承受着怎样的冲击，他是拼了命在干。

罗阳不是只会工作。他是排球健将，爱下围棋，喜欢音乐；他有个和睦的家庭，年轻时，工作任务没那么重，每到周末他常带着家人出去游玩。他更知身体重要。在沈飞，他确定了员工每年体检一次的计划，重要岗位员工一年体检两次。

但这些年，现实真的不允许。

搞航空太难了，不下功夫苦干，只能是一无所获。

舰载机项目启动时，国内完全是空白。获取国外现成的技术，想都别想，即使是资料也搞不到。造出来、飞起来、落得下，成千上万个环节，都是未知领域，都要绞尽脑汁去钻研。

许多行业，搞不出精品，可以降低标准搞个普通的。航空不行，要么是满分，要么就是零分。作为总指挥的他必须"接招"。调集资源、组织攻关、寻求兄弟单位帮助，不知调了多少次、试了多少次，终于拿下核心工艺！那段日子，他吃住在厂部，常常就站在员工身后。

一个歼-15 累不垮罗阳，这只是近年罗阳作为研制现场总指挥多个重点型号中的一个。

任务太紧迫，不抓紧时间、倾力投入，就会拖后腿。

从接到舰载机任务那天起，他一直奋战在研制现场、试验一线。工作节奏最初是“711”，每周干 7 天，每天干 11 个小时；在最后冲刺的 1 个月，他也冲到了极限，变成“720”，几乎每天工作达到 20 个小时。

人们形容罗阳“是在以冲刺的速度跑马拉松”。在生命的最后阶段，他想必感到了疲惫。但他挂在嘴边的，还是航空人爱说的那句——“既做航空人，就知责任重；既做新装备，就得多辛苦”。

引自：https://www.xuexi.cn/lgpage/detail/index.html?id=2486726958785661753&item_id=2486726958785661753

任务 6 专用电源

知识目标

1. 理解专用电源的概念。
2. 掌握专用电源的功用及特点。

能力目标

（1）能描述专用电源的概念。

（2）能描述专用电源的功用及特点。

思政目标

（1）培养团队协作意识，强化职业素养。

（2）培养分析问题和解决问题的能力。

（3）培养吃苦耐劳的精神，树立认真负责的工作态度。

【情境创设】

目前，在一些飞机上，特别是先进的飞机上，还装备有专用电源，如不中断供电电源、飞行控制系统的专用电源和全权发动机数字控制系统的专用电源等。

【任务实施】

课前，教师请学生通过网络或图书馆查阅有关专用电源的资料，从中了解哪些飞机上采用了专用电源，专用电源的功用以及特点等，并填写表 2.6.1。

表 2.6.1　专用电源任务实施

序号	飞机型号	功用	特点
1			
2			
3			

知识点 1　专用电源组成和工作原理

1. 概　述

对飞行控制系统、全权发动机数字控制系统和航空电子系统来讲，采用专用电源往往具有以下优点：

（1）可靠性高。

（2）重量轻、体积小。

（3）提供可调压的直流电，不受供电系统负载变化的影响。

（4）能在发动机慢车转速到最大转速的整个范围内，提供恒定的功率。

（5）与变压整流器相比，瞬态特性更好。

不中断供电电源是专门为一些数字式航空电子设备设置的，以确保这些设备供电不中断。例如，飞机通过飞管电源控制盒实现飞管计算机多个通道的全时连续多余度不间断供电，控制机上电源给飞管计算机供电，并可为飞管蓄电池提供充电电源，完成对专用电源的状态检测、告警。不中断供电电源往往就是一台小型密封蓄电池，如果要求交流供电则是蓄电池和静止变流器的组合体。通常，在不中断供电电源中还装有蓄电池充电器、供电逻辑电路、状态指示电路和自检测电路。

飞行控制系统的专用电源可能有两种形式：一是借用无刷发电机中的永磁发电机（如 F-16 战斗机），永磁发电机是一个多输出绕组的电机，除了向无刷发电机提供励磁绕组外，还有多个独立的三相输出绕组。每个三相输出绕组向一个飞行控制通道供电，从而满足余度飞行控制系统的供电要求。一般这种专用电源也是飞行控制系统的主电源装置，如在 F-16 战斗机上，应急直流汇流条、蓄电池汇流条和应急发电机的永磁发电机分别向每个飞行控制通道供电，从而组成一个余度供电布局。在飞行中，每个飞行控制通道只接受输入电压最高的那个电源装置的电力。二是采用独立的永磁发电机作为专用电源，如 B777 型干线飞机上，发动机将驱动 4 台永磁发电机，组成一个独立的 3 通道发电系统，向具有 3 台飞行控制计算机的电传操纵系统供电。

全权发动机数字控制系统用的专用电源一般由一台钐钴永磁发电机和三相全波整流器组成。为了调压，应配上饱和电抗器式调压电路、分路调压电路或脉宽调制式调压电路。

2. 工作原理

以某型飞机的专用电源为例，飞管电源控制盒的工作电源和主充电电源来自重要汇流条和蓄电池汇流条，通过飞管电源控制盒的转换逻辑向飞管计算机供电。飞管电源控制盒内部蓄电池也向飞管计算机供电，它的作用是在飞管通道的电源输入端覆盖电压瞬态，以实现飞管的全时连续供电。当开关控制盒上的飞管上电开关置于上电位时，飞管电源控制盒控制重要汇流条、蓄电池汇流条、飞控蓄电池以及向飞管计算机供电，当开关控制盒上的飞管上电开关置于下电位时，飞管电源控制盒控制重要汇流条、蓄电池汇流条、飞控蓄电池同时断开向飞管计算机供电。飞管电源控制盒完成对自身机内自检（Built in Test，BIT）功能，并将结果通过总线上传给机电管理系统。飞管电源控制盒连接框图如图 2.6.1 所示

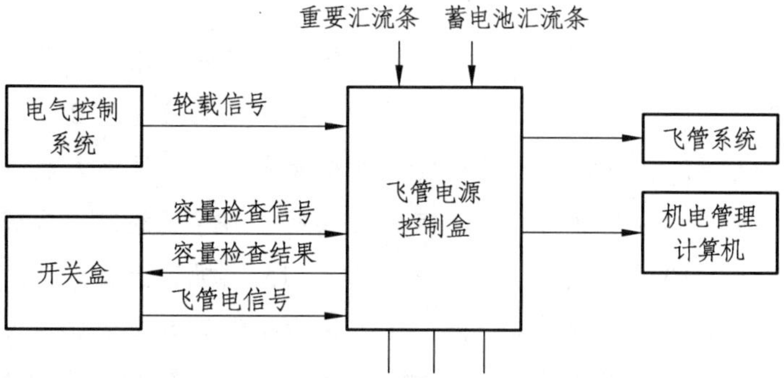

图 2.6.1　飞管电源控制盒连接框图

技能点 1　专用电源的选择考虑

由于电传操纵系统和全权发动机数字控制系统是一种余度系统，因而在选择专用电源时，不但需要满足功率和供电质量的要求，而且必须满足余度供电的要求。一般来讲，全权发动机数字控制系统往往要求双余度供电，也有要求三余度供电的，而电传操纵系统则要求三或四余度供电。另外，对电传操纵系统、全权发动机控制系统、飞行管理系统、任务电子系统和组合舵机来讲，还需满足不间断供电的要求。

专用电源的技术指标与主电源的基本相同，但向电气参数不同的特殊负载供电的专用电源例外。只有不中断供电电源，由于采用了蓄电池或静止变流器，因而其技术指标往往与蓄电池或静止变流器的相同。下面以一些机种和专用发电机为例，专用电源的技术指标请扫描二维码查看。

专用电源技术指标

【学习体会】

通过本任务的学习，你都学到了什么？请写在下面。

【任务测评】

请根据所学知识，完成以下任务：

1. 采用专用电源具有哪些优点？
2. 请简述专用电源的功能。

【课程思政】

逐梦海天的强军先锋——张超

2015 年 3 月，张超以优异成绩被选拔进入舰载机部队，成为中国海军最年轻的舰载战斗机飞行员。

实际上，张超是作为“插班生”加入舰载航空兵部队。来到部队时，同班的飞行员已经进行了 2 年时间的学习训练，他必须在 1 年内赶上战友们 2 年多的训练量。如果他能做到，说明新的训练方案是可行的，这将大大加快人民海军航母舰载战斗机飞行员培训进程。除了加倍努力，张超没有捷径可走。加入舰载战斗机部队 6 个月时，他追平了训练进度；10 个月时，他第一次驾驶歼-15 飞机飞上蓝天。所有的课目考核成绩都是优等。一个从零开始的新尝试，在张超的超常努力中变成现实。

2016 年 4 月 27 日，在连续完成两架次海上超低空飞行后，张超驾驶歼-15 舰载战斗机执行当天最后一个架次飞行任务。当他近乎完美地操纵飞机精准着陆时，已经接地的飞机突报电传故障——这是歼-15 舰载战斗机最高等级的故障。危急关头，他果断处置，尽最大努力挽救战机，全力推杆到底，却错过了最佳跳伞时机。由于弹射的高度过低、角度不好，张超跳伞后从空中重重落下，经抢救无效壮烈牺牲，年仅 29 岁。

张超荣获“全国优秀共产党员”“最美奋斗者”“时代楷模”称号，被中央军委追授“逐梦海天的强军先锋”荣誉称号，是全军挂像英模。2019 年被授予“人民英雄”国家荣誉称号。

引自：https://www.xuexi.cn/lgpage/detail/index.html?id=16658390721891855750&item_ id=16658390721891855750

任务 7　飞机电能变换设备

知识目标

1. 掌握电能变换设备的功用和种类。
2. 掌握电能变换设备的结构和工作原理。

能力目标

1. 能描述电能变换设备的功用和种类。
2. 能分析电能变换设备的工作过程。

思政目标

1. 树立航空安全意识，具备团队合作精神。
2. 培养分析问题和解决问题的能力。
3. 培养吃苦耐劳的精神，树立认真负责的工作态度。

【情境创设】

飞机上的主电源一般只有一种，或为 28 V 的低压直流电，或为 115/200 V、400Hz 的交流电，但是飞机上用电设备种类很多，直流电源系统的飞机可能用到交流电，交流电源系统的飞机也可能需要用到直流电。同时，不同用电设备对于电源电压、频率有不同的要求。因此，不是所有的飞机用电设备都能够直接采用飞机电网的电压和频率。要解决这一问题，就需要用到飞机电能变换设备。

【任务实施】

教师带领学生到停机坪进行参观，观察飞机上的电能变换设备。告诉学生电能变换设备是飞机上二次电源、备用电源等设备的主要组成部分。飞机上的电能变换设备很多，按照设备有无旋转部件可以分为旋转型和静止型两类。老式飞机上的直流升压器和旋转变流机等都属于旋转型电能变换设备，而变压器、静变流机和变压整流器则属于静止型。

知识点 1　旋转变流机

图 2.7.1 所示为旋转变流机外形。旋转变流机实际上是将直流电变换成交流电的电动机-发电机组，在低压直流电源系统中作为二次电源，为交流用电设备供电，它又分为单相变流机和三相变流机两大类。

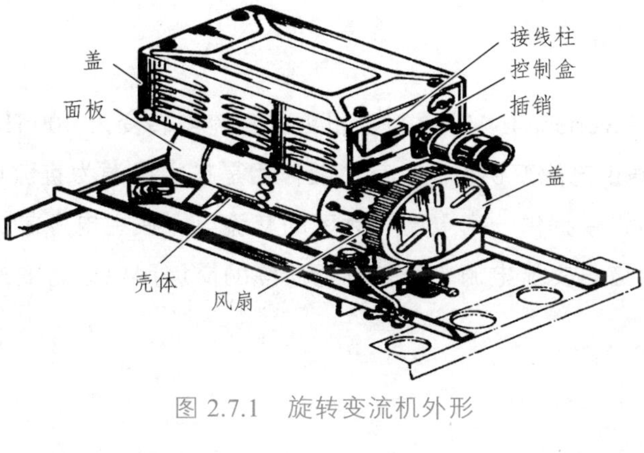

图 2.7.1　旋转变流机外形

单相旋转变流机可将飞机上的低压直流电转变为 115/200 V、400Hz 的单相交流电。它通常由一个并励式或复励式的直流电动机和一个旋转电枢式的单相交流发电机组成。当旋转变流机通直流电时，直流电动机开始旋转，并带动交流发电机的电枢旋转，产生 115/200 V、400 Hz 的单相交流电，通过滑环和电刷向外输出，如图 2.7.2 所示。

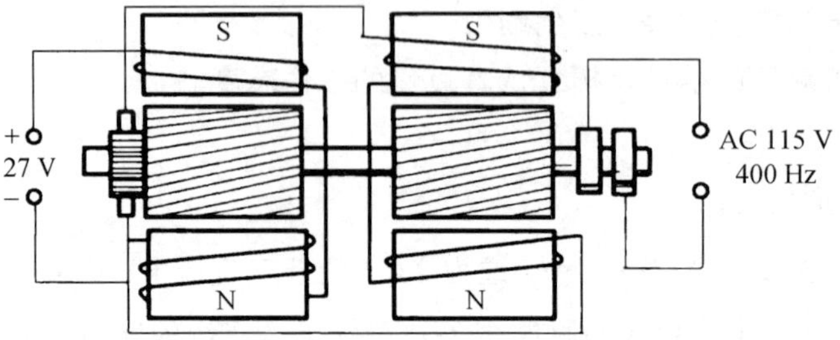

图 2.7.2　单相旋转变流机

三相变流机和单相变流机的原理类似，通常由一个直流复励式的电动机和一个具有永磁转子的三相交流发电机组成，如图 2.7.3 所示。直流电动机带动三相交流发电机旋转输出三相交流电。

旋转变流机工作效率普遍较低，约为 47%～51%，并且体积、重量大，噪声高，质量功率比大，可靠性差，随着电力电子技术的发展，目前正逐步被静止变流器所取代。

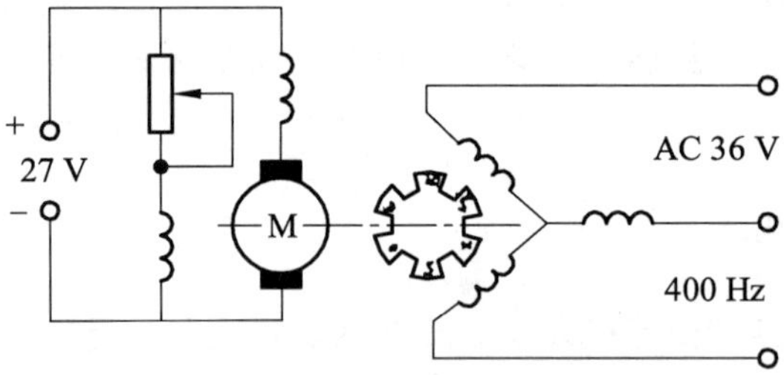

图 2.7.3　三相旋转变流机

知识点 2　静止变流器

静止变流器（Inverter，INV）是将飞机上的直流电转变为 400 Hz 或其他频率的单相/三相交流电的静止电能变换设备。其主要作用是在主电源为直流电源的系统中，作为二次电源为用电设备提供一定电压和频率的交流电。在主电源是交流电的系统中，与蓄电池配合作为应急交流电源，维持飞行所需的交流用电设备的运行。其外形如图 2.7.4 所示。

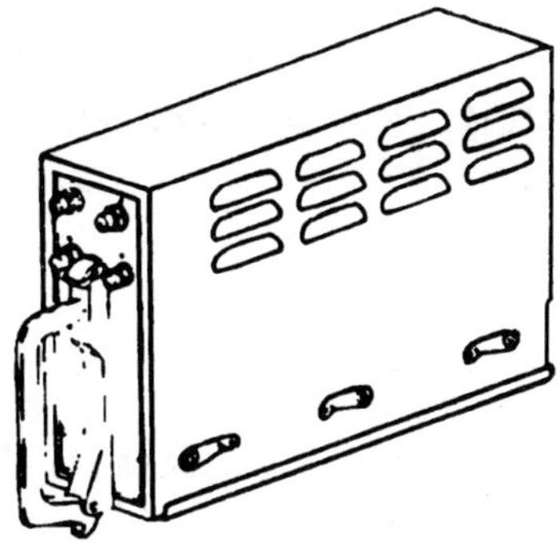

图 2.7.4　静止变流器外形

静止变流器主要由输入滤波器、逆变器、输出滤波器、稳压电源、振荡器、激励电路和控制电路等组成，如图 2.7.5 所示。

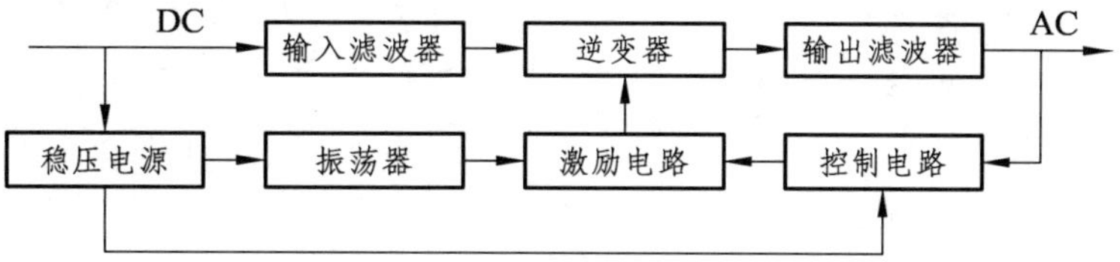

图 2.7.5　静止变流器原理框图

输入滤波器：连接在输入直流电源和逆变器之间，主要作用是消除逆变器产生的波纹电压对直流电源的影响。

逆变器：静止变流器的核心部件，通过它将直流电转变为一定频率的交流电。逆变器的种类很多，按照输出交流电相数的不同可以分为单相逆变器和三相逆变器。在飞机上使用较多的单相逆变器有矩形波逆变器、正弦脉宽调制逆变器、阶梯波合成逆变器等。其中，正弦脉宽调制逆变器在体积、重量及性能方面都有优势，目前应用较为广泛。

输出滤波器：消除逆变器输出中的高次谐波电压，以获得理想的正弦波，满足用电设备对电能质量的要求。

稳压电源：为振荡器和控制电路提供稳定的直流电压，以便提高系统工作的精确度和可靠性。

激励电路：将振荡器输出的交流电压脉冲信号经过整形放大成逆变器功率开关器件的控制信号，控制逆变器的正常工作。

控制电路：用于在输出电压变化或负载变化时，保持输出电压不变。

知识点 3　变压整流器

变压整流器（Transformer Rectifier Unit，TRU 或 TR）的作用是将 115/220 V、400 Hz 或变频交流电转换为 28 V 的低压直流电。变压整流器主要用在以交流电源为主电源的大中型飞机上。典型的变压整流器由变压器和二极管整流桥组成。由于其自身没有输出电压调节作用，因此输出电压受负载和电源电压影响较大，并且因其具有变压器，体积和重量也较大。目前，先进飞机大多采用电子式变压整流器，它实际上是一种具有隔离作用的直流变换器，在其输入端还有将三相交流电整流为直流电的整流电路，可以克服普通变压整流器的不足。

1. 普通变压整流器

普通变压整流器一般由输入滤波器、变压器、二极管整流电路和输出滤波器等组成，如图 2.7.6 所示。有些变压整流器还有冷却风扇和过热保护装置等。

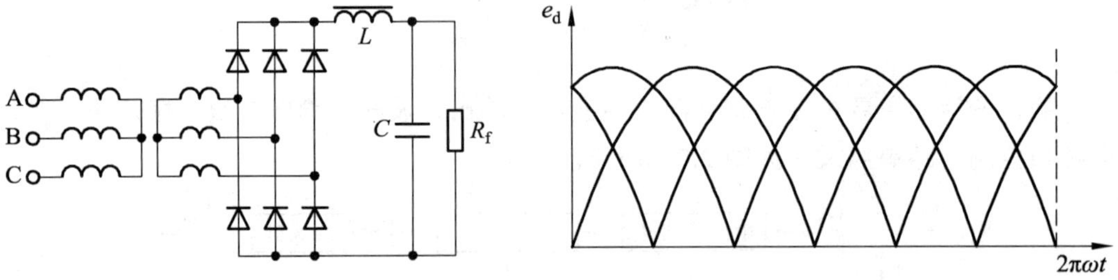

（a）电路图　　（b）输出电压波形图

图 2.7.6　三相全波整流电路及其输出电压波形

输入滤波器通常为 L 或π型 *LC* 滤波器，其作用是减小变压器工作时对交流电源的影响。

变压器的作用是将 115/200 V、400 Hz 交流电变换成低压交流电，其重量占到了整个变压整流器重量的一半。为了降低重量，铁心通常采用高饱和磁感应和低损耗的铁磁材料。

二极管整流电路的作用是将低压交流电整流成 28 V 直流电，根据变压器和整流器的线路连接方式，整流电路可以分为三相半波整流、三相全波整流和六相全波整流等类型。

输出滤波器的作用是对输出的脉动直流电进行滤波，以减小脉动，获得理想的直流电。

三相全波整流电路的输出电压波形会有 2 400 Hz 的交流成分，需要较大的滤波器。

2. 电子式变压整流器

电子式变压整流器是一种具有隔离功能的直流变换器，由输入 *LC* 滤波器、输入桥式整流电路、直流滤波电路、高频逆变器、降压变压器和输出整流滤波电路及控制和保护电路等组成。

其原理是先将高压交流电转变成高压直流电，然后逆变成高频交流电，通过降压变压器降压成低压交流电，然后通过整流及滤波电路输出低压直流电。

知识点 4　变压器

在航空配电系统中，有时需要改变交流电的电压、电流或阻抗，这项任务通常由航空变压器来完成。变压器通过磁路把交流电从原边输送到副边，利用绕制在同一铁心上的原绕组和副绕组匝数的不同，把原绕组的电压和电流从某种电压等级改变为副绕组的另外一种等级。现代飞机采用交流供电时，主电网为 115/200 V、400 Hz。但飞机上的用电设备种类繁多，所需的电源电压也各不相同，如陀螺仪、机上照明、通信、雷达、控制保护等设备所用的电压种类多样。

变压器是用来改变交流电电压大小或电流的电气设备。变压器连接输入端的部分称为初级，连接输出端的部分称为次级。变压器由线圈和铁心组成。常见的变压器有两个或两个以上的线圈，一个线圈连接输入端，叫作初级线圈，其余连接输出端的线圈称为次级线圈。另外，还有的变压器只有一个线圈，比如自耦变压器，自耦变压器的初级、次级线圈之间除了磁的耦合，还有电的直接联系。为了提高电路的导磁性能，线圈中间设有铁心。铁心通常由含硅量较高，表面涂有绝缘漆的热轧或冷轧硅钢片叠装而成。

变压器主要应用电磁感应原理来工作，如图 2.7.7 所示为变压器的基本原理图。

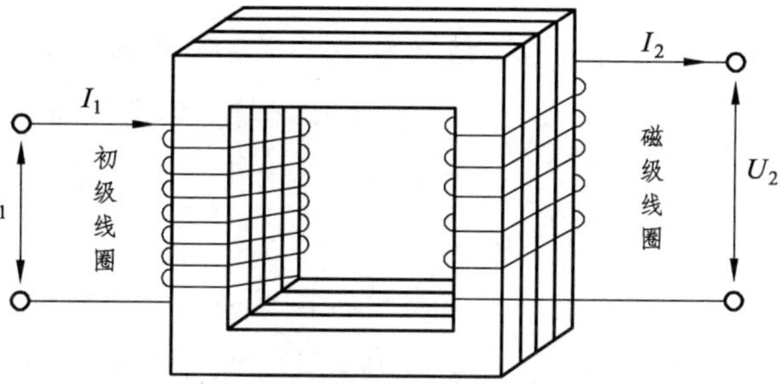

图 2.7.7　变压器的基本原理

假设初级线圈匝数为 N_1，次级线圈匝数为 N_2，当变压器初级线圈一侧施加交流电压 U_1，流过初级线圈的电流为 I_1，则该电流在铁心中会产生交变磁通，使初级线圈和次级线圈发生电磁联系。根据电磁感应原理，交变磁通穿过次级线圈就会感应出电动势 U_2，其大小与线圈匝数以及主磁通的最大值成正比，线圈匝数多的一侧电压高，线圈匝数少的一侧电压低，当变压器次级线圈开路时，初级电压与次级电压之比（称为变压比）等于初级线圈匝数和次级线圈匝数之比，即 $U_1/U_2 = N_1/N_2$，从而实现电压的变化。变压器输入和输出的功率相同，功率计算公式为 $P = U \times I$，可以得出 $U_1 \times I_1 = U_2 \times I_2$，继而可以算出 $I_1/I_2 = N_2/N_1$，即初级电流与次级电流之比等于次级线圈匝数和初级线圈匝数之比。另外，变压器的初级与次级频率保持一致。

【学习体会】

通过本任务的学习，你都学到了什么？请写在下面。

____

____

【任务评测】

请根据所学知识，完成以下任务：

1. 飞机上常用的电能变换设备有哪些？
2. 请简述单相变流机和三相变流机的异同。
3. 静止变流机有哪些优点？
4. 试述变压器的工作原理。

【课程思政】

敬业至毫厘，护航远万里——孙红梅

二十二年如一日，孙红梅凭借一颗匠心扎根鄂西北老“三线”工厂，专攻航空发动机焊修技术，破解62项修理难题，形成12项核心修理技术，创造经济效益近2亿元。她似傲霜斗雪的红梅，敬业专注，精益创新，绽放出大国工匠的光彩。

1999年，孙红梅从西安理工大学毕业，义无反顾地选择了位于深山中的军工厂。焊工师傅带领的一次技术创新试验，给她种下了“在平凡岗位做出不凡”的信念。她迅速调整状态，苦练技术本领。白天穿行在生产现场，熟悉产品性能，钻研产品原理，晚上则捡起专业书本为自己充电，一天工作学习十几个小时。凭着一股勤学苦干的劲儿，孙红梅用两年时间成长为技术骨干。

2002年，孙红梅被抽调至襄樊航空发动机修理公司，承担整个工厂的焊接维修工作，刚来不久就遇到难啃的“硬骨头”。在历经上百次查资料、分析、试验，最终通过控制电流参数攻克氩弧焊堆焊修理的难题。

2008年，工厂修理某型发动机高导内机匣时，遇到焊接变形超差的难题，她再次从零开始，反复试验，带领团队掌握了激光焊技术，使许多采用传统方式无法修复的产品获得新生。

2013年，一批某型军用飞机发动机机匣损坏，国内没有成功修复先例。眼瞅着30架飞机就要“趴窝”，孙红梅主动请缨。她带领团队通过先在机匣外壳上切割出一个小“窗口”，利用镜面反射查找故障点，用自制的焊接定位夹具定位，再采用仰焊将漏气部位修复，最后将“窗口”补片焊牢。整个过程中，她严格控制参数，修复后的变形量仅有0.003毫米——一根头发丝的1/25。

孙红梅在自己的领域埋头深耕，扎根大山，不问收获、只问耕耘，最终获得她事业上的成就。以后我们的工作岗位有可能在城市，也有可能在深山，不论工作地点如何艰苦，都要沉下心，做好本职工作，为祖国航空事业保驾护航！

引自：https://www.xuexi.cn/lgpage/detail/index.html?id=13522336500607286413&item_id=13522336500607286413

模块 3　飞机配电系统

模块 3 微课

飞机配电系统的主要功能是将飞机电源系统的电能传输并分配至机载用电设备，它还具有保证配电系统出现故障时，防止故障蔓延扩散的控制与保护功能。飞机配电系统由输电线路、供配电管理装置、保护设备和检测仪表等设施组成。随着电子技术的发展，在无人机电气系统中，供配电和管理技术得到显著发展，采用了微处理器、数据总线、固态功率控制器等技术，使得配电系统向智能化、自动化、数字化的方向发展。

任务 1　飞机电网的线制和配电方式

知识目标

1. 掌握飞机电网的线制。
2. 掌握飞机电网的配电方式及各自特点。
3. 掌握飞机电网的控制方式及各自特点。

能力目标

1. 能描述飞机电网的线制。
2. 能描述飞机电网的配电方式及各自特点。
3. 能描述飞机电网的控制方式及各自特点。

思政目标

1. 培养团队协作意识，强化职业素养。
2. 培养分析问题和解决问题的能力
3. 培养吃苦耐劳的精神，树立认真负责的工作态度。

【情境创设】

按常规电网概念，供电系统除电源外，还由输电和配电两部分组成，如果输电路径比较短，在讨论供电技术问题时，常将两者合在一起考虑，称为输配电系统，而在飞机领域统称为配电系统。其中，电网中电能的汇集处称为汇流条，不同类型的飞机设计的汇流条各不相同，即电网的结构各有特点。

【任务实施】

教师带领学生到停机坪进行参观，观察飞机电网形式、配电方式及控制方式。教师请学生对不同电网形式、配电方式及控制方式进行分组讨论。

知识点 1　飞机电网的线制

飞机配电系统又称为飞机电网。飞机电网的布局取决于飞机上用电设备的位置，它几乎分布于飞机全身。飞机电网非常复杂，较容易发生故障，特别是军用飞机发生电网导线短路、断路或其他故障的可能性更大。为了保证安全飞行和完成战斗任务，对飞机电网的要求相当高。飞机电网的布局应满足以下要求：

（1）飞机电网具有高可靠性和强生命力，即在飞机正常和应急工作状态下，都能保证关键负载连续可靠的供电。

（2）供电质量要高。供电质量的高低直接影响用电设备的性能和仪表设备的精确度，特别要保证电网在局部故障状态下仍能向用电设备提供较高质量的电能。

（3）电网重量轻。在特定的电源电压和功率条件下，合理布局尽量减轻电网总重。

（4）维护性好。飞机电网布线应该易于检查、维护和改装。

（5）减少电磁干扰。要采取必要的屏蔽措施，减少对通信电子设备的干扰。

1. 直流电网的线制

直流电网的构成较为简单，通常采用单线制或者双线制，如图 3.1.1 所示。对于全金属结构的飞机，多采用单线制，即利用飞机机体作为负回路；对于采用复合材料的飞机，则多采用双线制。

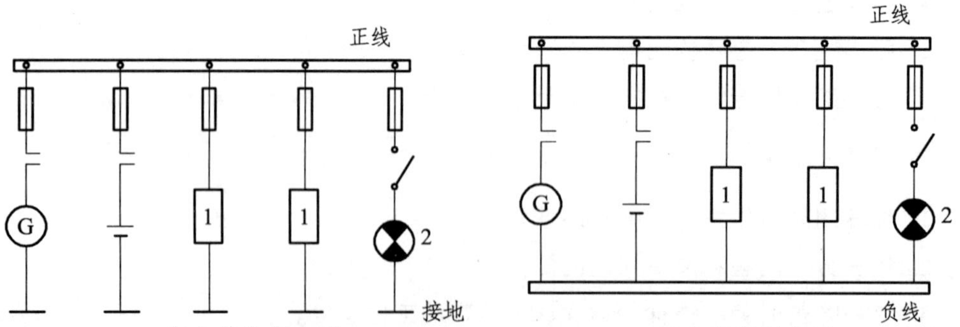

（a）单线制电网　　（b）双线制电网

图 3.1.1　直流电网的线制

单线制是将电源和用电设备的负极接线柱用一根导线就近接在机体上，利用飞机的金属机体作为负线，单线制的优点是能够大大减轻电网重量，而且机体负线回路电阻小，电压损失少，便于连接和维护。其缺点是易发生短路故障，利用机体作为负线对磁罗盘和无线电接收机造成较大电磁干扰。

双线制是通过一根导线将电源正极接线柱与用电设备正极接线柱相连，作为正线；另一根导线将电源负极接线柱和用电设备负极接线柱相连，作为负线。正线和负线之间彼此绝缘。与单线制供电相比，其可靠性较高，不易发生短路故障，即一根导线和机体发生短路也不会影响整个系统供电。此外，一般正线与负线均平行敷设，距离较近，通过电流时它们产生的磁场会相互抵消，对磁罗盘和无线电接收机的影响较小。其缺点是重量较大，维护较复杂。

在以直流电为主电源的飞机上，其供电简图如图 3.1.2 所示。直流发电机的输出通过反流割断器与航空蓄电池并联，两者的电能都输送到汇流条上。电能从汇流条通过跳开关（起过载和短路保护作用）、继电器（完成负载的通断控制）等送到负载。直流电源的并联相对交流电源来说，较为容易实现，多发电机直流供电系统一般都采用并联供电方式，电网容量增大的同时，还可以提高供电可靠性和质量。

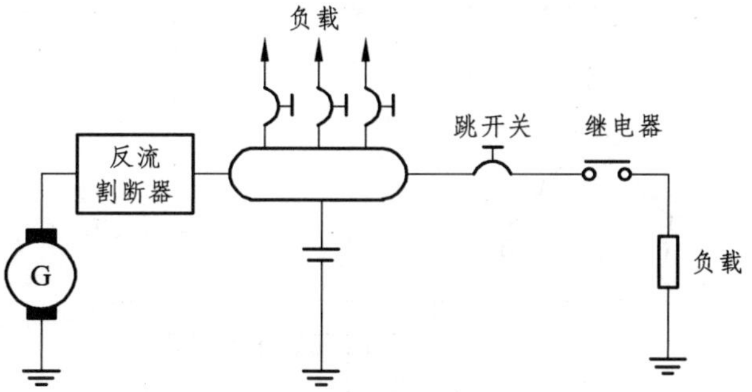

图 3.1.2　直流电源系统供电简图

2. 交流电网的线制

在交流电源系统中，由于发电机和供电馈线连接方式不同，形成了单相交流供电系统和三相交流供电系统。单相交流供电系统与直流系统类似，对于金属机身的飞机而言，一根馈线将电源连接到汇流条，另一根馈线则连接在飞机机体上形成回路。由于对发电机利用率不高，较少采用。目前，广泛采用的是三相供电系统，其主要连接形式如下：

1）以机体为中线的三相四线制供电系统

图 3.1.3 所示为以机体为中线的三相四线制交流供电系统。由于省掉了一根中线，电网质量相对较轻；用电设备可接于相与相或相与地之间，可以获得相电压和线电压两种电压；由于三相对称，因此控制保护设备较为简单。现代民航客机普遍采用这种供电形式，是因为对飞机壳体的电压只是相电压，对机上人员相对比较安全。

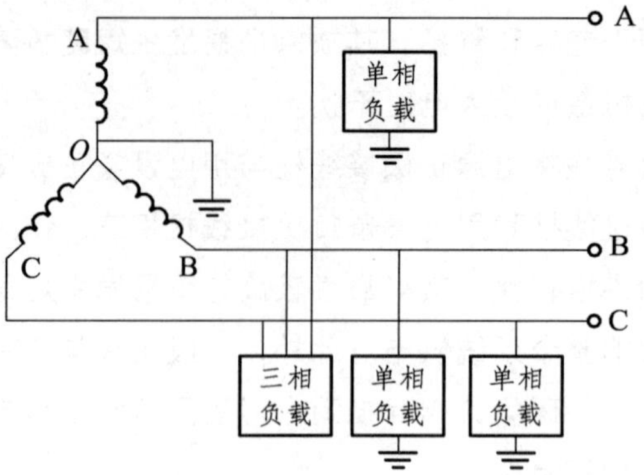

图 3.1.3　以机体为中线的三相四线制交流供电系统

2）不接中线的三相三线制供电系统

图 3.1.4 所示为不接中线的三相三线制供电系统。由于谐波补偿作用，其波形失真小。但对单相用电设备只能提供线电压，在某一相断路时，会发生单相用电设备串联现象，使设备不能正常工作。

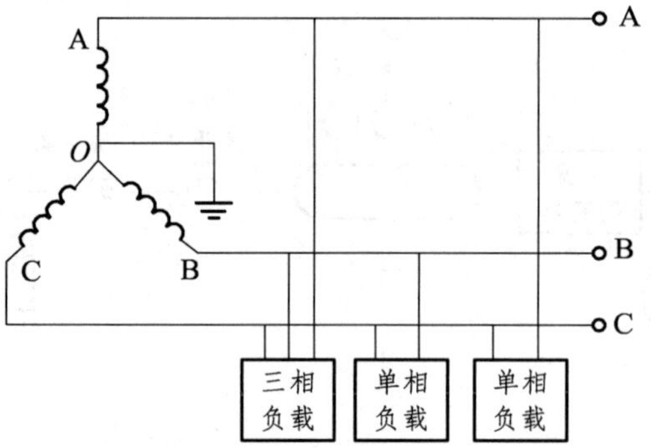

图 3.1.4　不接中线的三相三线制

3）以单相为主而兼有三相的供电系统

如图 3.1.5 所示，该交流供电方式是一种特例，应用于安-24 型飞机的交流电源系统中。这种飞机的电源系统装有两台 18 kW 的直流发电机和一台 16 kV · A（另一台备用）的交流发电机，分别提供直流和交流电源。其交流电源由连接成三角形的三相有刷交流同步发电机提供，但是主要使用其中的 A-C 相以提供交流电源，因此这部分是一个单相交流电源系统。除了连接有 B 相设备汇流条外，还输出 A 相到自动驾驶仪汇流条，向自动驾驶仪三相负载供电，自动驾驶仪的供电属于三相供电系统。

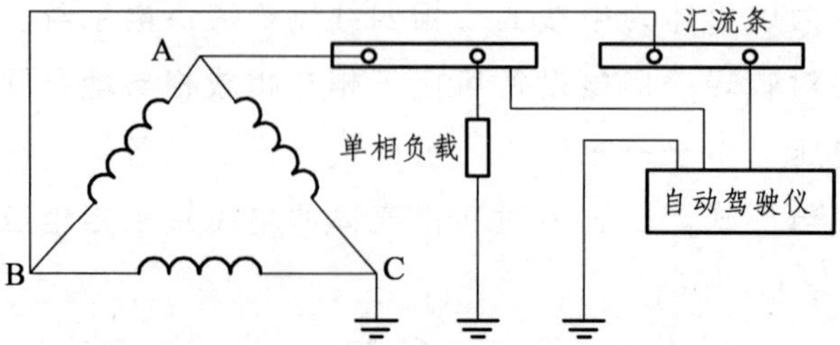

图 3.1.5　单相为主而兼有三相的供电系统

知识点 2　飞机的配电方式

飞机供电系统由电源系统和输配电系统构成。飞机输配电系统是实现电能到用电设备输送、分配和控制保护的系统，又称配电系统或飞机电网。它由导线或电缆、汇流条及配电器件等组成。输配电系统的作用是保证向飞机各部分可靠地输配电能，管理各类电气负载并保护用电设备。

飞机上用于把电能输送到各种负载的公共点称为汇流条（BUS），汇流条可以是直流汇流条，也可以是交流汇流条。而飞机配电系统就是以多个汇流条为基础，采用导线或电缆等将电能按照预定的路径分配到飞机的各个部位。从用电设备汇流条到用电设备之间的电网配电方式有三种：集中式配电、分散（独立）配电和混合配电。

1. 集中式配电

如图 3.1.6 所示，两台发电机（或蓄电池、地面电源）都接在中央汇流条上，然后由它直接将电能输送到用电设备。

集中式配电系统中，所有电源产生的电能都输送到中央配电装置，然后再由该配电装置将电能分配到不同的用电设备。也就是说飞机只有一个电源中心，用跳开关作为保护器件，用开关或接触器控制用电设备的工作，每个用电设备都有专用的供电导线和控制导线，电能从电源中心经过控制开关和保护跳开关向用电设备输送。电源和用电设备的控制和保护都设在电源汇流条的中央配电盘内。

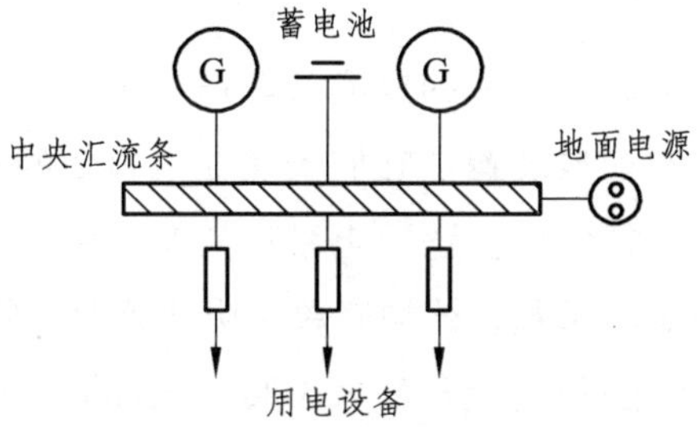

图 3.1.6　集中式配电

这种配电方式的优点：如果一台发电机故障，只要保护器能够及时切除故障电源，就能保证用电设备连续供电，所有用电设备端的电位等于电源汇流条电位与该设备线路压降之差，线路压降仅取决于该设备本身耗电情况。因此，设备端电压比较稳定，电网较为简单，易于检查和排除故障。不足之处是：一旦电网发生短路，所有用电设备都可能失去电力供应。因此这种配电方式仅适用于用电量不大的飞机。

2. 分散（独立）式配电

采用分散式配电方式时，各电源产生的电能分别输送到各自配电装置，然后由各配电装置给其靠近的用电设备供电。如图 3.1.7 所示，发电机（或蓄电池、地面电源）与各自的电源汇流条相连。在正常情况下，各供电通道相互不连通（即每个电源各自的电源汇流条和用电设备汇流条互不并联)，只有在一组电源故障后，其负载才会转到另一组电源供电。

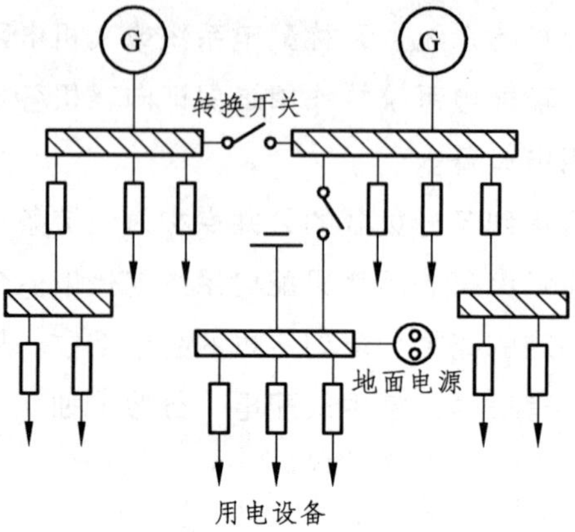

图 3.1.7　分散式配电

分散供电的优点是即使发生短路故障也只会对故障电网发生影响，提高了供电的可靠性，适用于电路分支多、用电设备连接导线截面较大的场合，尤其在两台发动机的飞机上广泛使用。主要缺点是如果每个独立系统的发电容量不够大，那么在起动大的负载时会导致系统电压的显著波动，同时当一组电源出现故障后，供电通道切换需要一定时间，可能导致供电中断，影响计算机等设备的正常使用。

3. 混合式配电

如图 3.1.8 所示，由电源所产生的电能都输送到中央配电装置，除了中心配电装置外，系统还有若干个二次配电装置，它们安装在飞机上的不同部位，各用电设备可分别就近由上述两种配电装置供电。该配电系统具有集中式与分散式配电的优点，可以大大减轻导线和配电装置的重量，结构简单，功能分散，易于检查维修，可靠性高。这种方式下用电设备端电压随用电设备的大小和个数而异，一般用于中大型飞机。

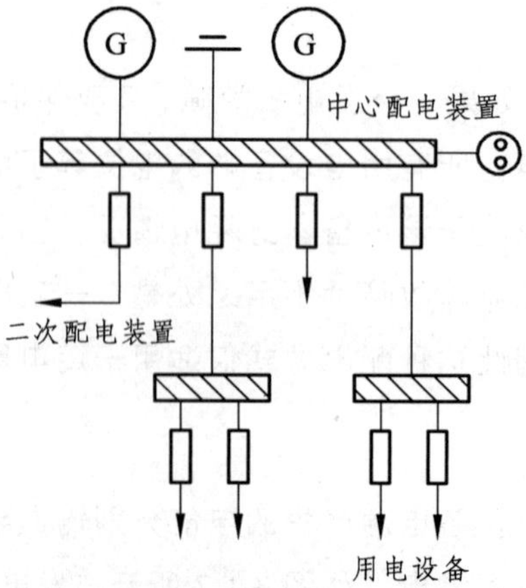

图 3.1.8　混合式配电

虽然常规配电系统在近几十年得到了充分的发展，但大型飞机的配电系统中仍存在电缆、继电器、断路器等数量多、质量大、使用维护困难等问题。从国内外的研究和实践来看，飞机配电系统发展的总趋势是采用分布式配电和负载自动化管理技术，相关内容请扫描二维码查看。

先进飞机的配电方式

知识点 3　电网的控制方式

配电系统按控制方式，可分为常规式、遥控式和固态式。

1. 常规式配电

目前，飞机配电系统绝大多数采用常规式配电控制。控制装置采用接触器、继电器、断路器、限流器等机电式配电设备。常规式配电的功率线全部引入配电中心或中心配电装置，二级配电中心或电气负载从中心配电装置获得电能，由断路器提供馈电线过载保护。电气负载的控制方式为继电器逻辑控制，这种配电方式电缆重量大，控制板占用面积大。如图 3.1.9 所示为双发电机构成的常规配电系统。

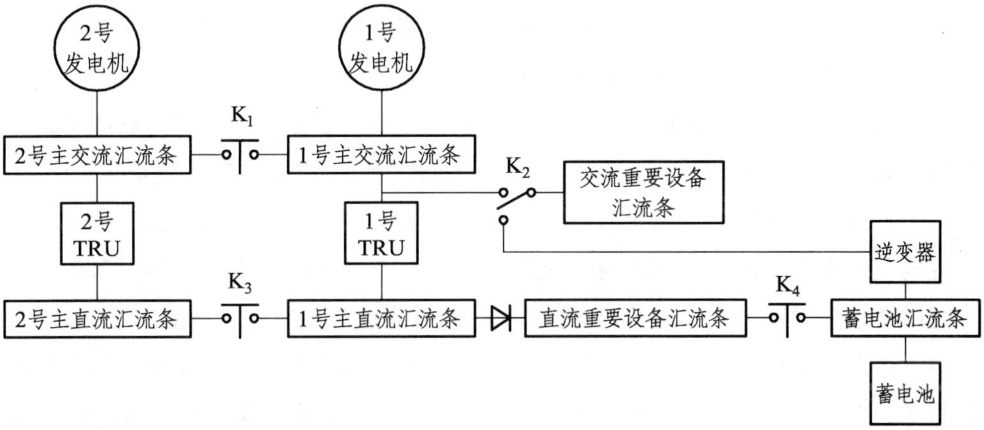

图 3.1.9　常规配电系统布局

1）在正常供电情况下，配电系统的功能

（1）非重要交流用电设备的供电控制。

非重要交流用电设备是指不影响飞行安全的一般用电设备。这类设备一般连接在主交流汇流条上。配电控制系统将两台发电机的输出功率分别加载到两条主交流汇流条上，并通过主交流汇流条向非重要交流用电设备提供 115/200 V 交流电，以及分别向两台变压整流器（TRU）供电。

（2）重要交流用电设备的供电控制

重要交流用电设备指保证安全飞行而必不可少的关键用电设备，如飞控系统和导航设备等。这类设备连接在交流重要设备汇流条上。配电控制系统将电能输送到交流重要设备汇流条或应急交流电源汇流条上，由该汇流条向重要交流用电设备提供交流电。

（3）非重要直流用电设备的供电控制。

非重要直流用电设备是指不影响飞行安全的一般直流用电设备，连接在主直流汇流条上。配电控制系统将两条主交流汇流条的电能分别加到两台变压整流器上，TRU进行整流变换后分别向两条主直流汇流条供电，再通过主直流汇流条向非重要直流用电设备提供 28 V 直流电。

（4）重要直流用电设备的供电控制。

重要直流用电设备指保证安全飞行而必不可少的关键直流用电设备，连接在直流重要设备汇流条上。配电控制系统将电能加到直流重要设备汇流条上，通过直流重要设备汇流条向连接在该汇流条上的关键直流用电设备提供直流电。

2）电源故障情况的控制功能

如图 3.1.9 所示，当电源发生故障时，配电控制管理中心按照飞机容错供电要求进行以下接触器的切换控制。

（1）当两台主发电机中的任意一台故障，发电机控制组件 GCU 会断开故障发电机与主交流汇流条之间的连接，配电控制系统控制接触器 K1 接通，使正常工作的发电机同时为 1 号和 2 号主交流汇流条供电。

（2）当两台变压整流器中的一台故障，配电控制系统断开变压整流器的输出，控制接触器 K3 接通，使正常的变压整流器为 1 号和 2 号主直流汇流条供电。

（3）当两台主发电机都发生故障，两台主交流汇流条均无电能输出，则停止为非重要用电设备供电。配电控制系统通过接触器 K2 将逆变器与交流重要设备汇流条接通，同时通过接触器 K4，接通蓄电池汇流条与直流重要设备汇流条。

（4）若主发电机至少有一台正常、两台变压整流器均故障时，配电控制系统通过接触器 K2 仍然将交流重要设备汇流条与主交流汇流条接通，同时通过接触器 K4 接通蓄电池汇流条与直流重要设备汇流条。

2. 遥控式配电

遥控式配电的配电中心接近用电设备，由遥控信号通过功率控制器操纵，由于主馈电线只需敷设到飞机中部，可大大减轻电网重量。飞行员通过接触器或继电器控制逻辑控制用电设备。采用这种配电方式大大减轻电网重量，遥控式配电系统多数没有电气负载自动管理功能，由飞行人员手动管理电气负载的工作，自动化程度不高，并且由于仍需要大量的电路断路器和馈电导线，体积重量也较大。

3. 固态式配电

固态式配电又称为全自动化配电，由于这种配电方式大量采用固态功率控制器件，因此被称为固态配电系统。这种配电系统的控制方式取消了众多的信号控制线，由计算机通过多路传输数据总线传递控制信号和状态信息，经固态功率控制器（Solid-State Power Controller，SSPC）对用电设备进行控制和保护，通过座舱内的综合显示装置显示系统状态。配电系统采用分布式汇流条配电方式，飞机座舱中无须设置中心配电装置，用电设备就近与配电汇流条相连，由固态功率控制器提供馈电保护功能。由于用电设备的重要性及其在飞行中各个阶段的作用各不相同，在起飞、巡航、着陆等阶段应有不同的负载管理方案，当出现故障时，管理方案应改变。在飞行中，需要综合考虑各种因素决定负载切换方式，或转换为应急供电等，以确保对飞行关键设备的可靠供电。其布局如图 3.1.10 所示。

由于采用了多路传输技术，导线长度和重量将进一步减少；由于采用微处理机来完成所要求的控制和监控功能，提高了配电系统的效率和可靠性；由于用键盘控制器和显示器取代了许多的指示/控制装置，缓解了控制板上设备的拥挤程度。在电气多路传输系统中，负载不直接接到汇流条上，由电气负载管理中心的固态功率控制器来控制负载的接通和断开。数据处理机和电气负载管理中心的转换装置确保电气负载管理中心内的电源汇流条每次仅接在一个用电设备汇流条上。数据处理机将按程序、飞行和供电状态来确定接通或断开相应的负载以及在故障情况下重新配置供电系统。为了提高向关键飞行负载供电的可靠性，可给电气负载管理中心配备备份电源（如蓄电池），或者由两个电气负载管理中心向同一个关键飞行负载供电。由于负载的按通与断开是直接由固态功率控制器来实现的，故称其为固态式配电控制。

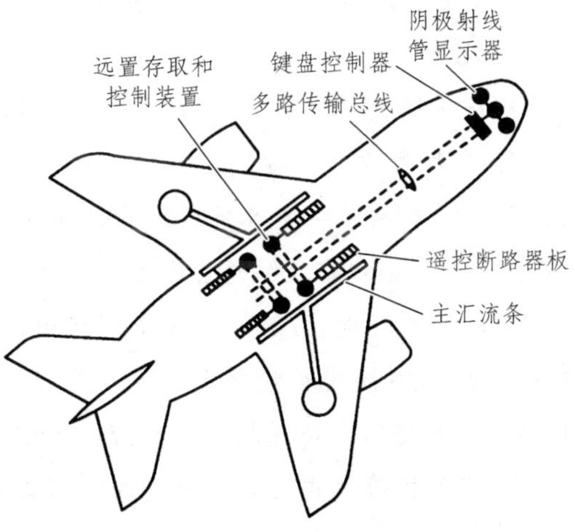

图 3.1.10　采用多路传输技术和微处理机的遥控配电布局

【学习体会】

通过本任务的学习，你都学到了什么？请写在下面。

____

____

【任务测评】

请根据所学知识，完成以下任务：

1. 飞机交流电网的线制有哪些？
2. 飞机配电方式按照结构配置有哪些类型，各自特点是什么？
3. 先进飞机自动配电系统有哪些特征？

【课程思政】

新中国航空蜕变之路

1949 年 10 月 1 日，在古老的北京天安门城楼上，共和国的建立者们仰首举目，注视人民空军 17 架飞机以整齐威武的队形飞过天安门上空，接受党和国家领导人的检阅。发动机的轰鸣声激荡在低云之下，昂扬了无数人的志气。人民空军的首次公开亮相震惊了世界，它向世界宣告：刚诞生的中华人民共和国从此拥有了自己的空军部队。

初建的人民空军当时共有 202 名飞行员，拥有缴获和起义人员使用的军用飞机 159 架，这些飞机来自美国、英国、日本等多个国家，使用维护都存在困难。当时能抽调出这 17 架状态良好的飞机已属不易，为了让编队看起来更加壮观，领队的 9 架“野马”在飞过天安门后，经天安门北部空域绕飞一圈后，又进行了第二次通场，所以那天通过天安门上空的飞机实际是 26 架次。

2021 年 7 月 1 日，在庆祝中国共产党成立 100 周年庆典活动上，中国人民解放军空中梯队亮相庆祝大会，71 架战鹰飞越天安门上空，进行飞行表演。其中，“明星战机歼-20 首次以 15 架机编队公开亮相，一组 5 机楔形队列呼啸而过，而其后还有第二组，第三组，沿着党旗指引的方向振翅奋飞，通过天安门广场，接受党和人民的检阅，意味着该战机的列装工作进入了新阶段。2019 年国庆阅兵中，歼击机梯队中的歼-20 数量为 5 架，此次庆典展示的歼-20 战机数量是上次的 3 倍。

从 1949 年到 2021 年，从天安门上空通场两次到 71 架大国重器飞行表演，短短 70 多年，彰显我国空军航空装备的跨越式发展，标志着国家力量的强大。

任务 2　直流发电机的电压调节

知识目标

1. 掌握调压器的功用和类型。
2. 掌握常用调压器的结构和工作原理。

能力目标

1. 能描述调压器的功用和类型。
2. 能分析常用调压器的工作过程。

思政目标

1. 树立航空安全意识，具备团队合作精神。
2. 培养分析问题和解决问题的能力。
3. 培养吃苦耐劳的精神，树立认真负责的工作态度。

【情境创设】

飞机低压直流电源的额定电压一般为 28 V，飞机直流发电机是由发动机带动，其转速取决于飞机类型以及飞行状态，变化范围很宽。但当负载变化或发电机转速改变时，电压将偏离额定值，端电压可高达 80 ~ 90 V。为了满足用电设备需求，必须由调压器来自动调节发电机的励磁电流，以保持输出电压恒定。如果增加发电机的励磁电流，发电机输出电压将升高。如果减小发电机的励磁电流，发电机输出电压将降低。

【任务实施】

带领学生到停机坪进行参观，观察飞机上不同类型的调压器。教师请学生就不同类型的调压器结构、工作原理及特点进行讨论。告诉学生飞机上的用电设备要求电源有一个基本恒定的电压，但是对于发电机而言，负载和转速等的变化都会引起发电机输出电压的变化。因此，为了满足飞机用电设备的需要，必须调节端电压使其保持在一定的范围之内，这称为发电机的电压调节。

知识点 1　直流发电机的电压调节器

由直流发电机端电压公式

$$U = C_e \Phi n - I\mathrm{R}$$

可知，在飞机直流发电机的转速和负载的全部工作范围内，端电压的变化是非常大的，如果希望在最低转速额定负载下获得额定数值（28 V）的电压，则在最高转速空载条件下，如果不调节电压，端电压则可能达到或超过 100 V，这是用电设备所不允许的。为使发电机的电压不随转速和负载的变化而变化，必须采用电压调节器来自动地调节电压，电压调节器的执行机构是串接于发电机励磁电路中的可变电阻，借以改变励磁电流来维持电压恒定。常用的调压器有振动式调压器、晶体管调压器和炭片调压器。

炭片式调压器的炭柱电阻是连续均匀变化的，因此，发电机的励磁电流是比较平稳的。振动式调压器的振动触点控制的电阻和晶体管调压器末级功率管控制的电阻都是以开关方式变化的，如图 3.2.1 所示。因此，励磁电流都存在不同程度的脉动。振动式调压器只用来调节小功率发电机的电压，这种调压器目前我国仅有极少数初级教练机上采用。对于功率较大的发电机采用炭片式调压器或晶体管式调压器来调节电压的。

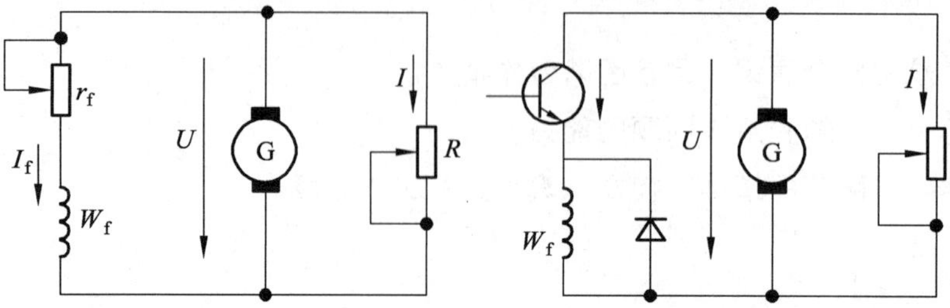

（a）振动式调压器　　（b）晶体管式调压器

图 3.2.1　调节励磁电流的方法

自动电压调节器的重要组成部分是电压检测和比较电路，它随时检测发电机的电压，并且与基准电压进行比较。一旦发电机电压偏离额定值，检测电路输出电压和基准电压不相等，就产生了电压偏差，此偏差电压经放大后用来改变发电机励磁电路外接电阻，如炭柱的电阻等，使励磁电流的数值能适应发电机调节特性的要求，从而维持电压恒定。

通常，调压器的检测电路不是直接接在发电机电枢两端，而是接在发电机馈电线的某一点与机体之间。因此，调压器实际上是使馈电线上检测电路所接的那一点的电压为额定值。这个点称为电压调节点（简称调节点）。

带有电压调节器的发电机外特性和发电机自然外特性不同，相关内容请扫描二维码查看。

发电机的外特性

知识点 2　振动式调压器

早期，振动式调压器用于直流发电机输出功率较低的小型通航飞机上。下面简要介绍振动式调压器的基本结构与工作原理。

1. 基本结构

振动式调压器主要由电磁铁、弹簧、触点、电阻等组成，其结构如图 3.2.2 所示。

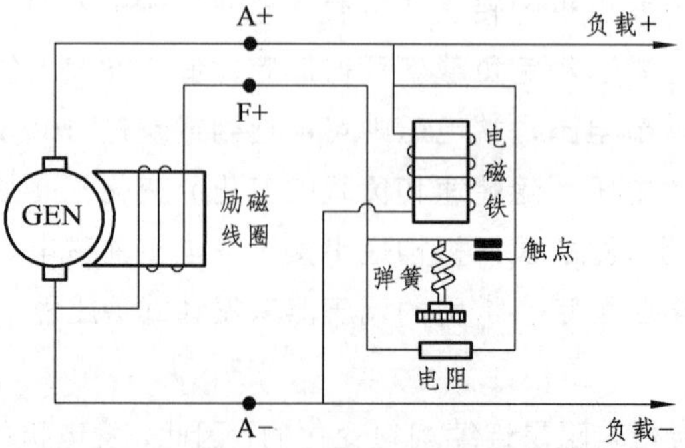

图 3.2.2　振动式调压器结构示意图

1）电磁铁

电磁铁的作用是用于敏感发电机的端电压，并起到拉开触点的作用。电磁线圈并联在发电机输出端，电压越高，电磁铁产生的电磁吸力越大。

2）弹 簧

弹簧的作用是使触点闭合。

3）触 点

触点是用于控制串联于励磁绕组中的电阻的接入或短路，当触点闭合时，电阻被短路，励磁电流增大，发电机电压升高。

4）电 阻

它用于调节励磁电流的大小，当触点断开时，将电阻串入励磁线圈，使励磁电流减小，发电机电压下降。

2. 工作原理

振动式调压器的工作原理如下：

（1）当发电机开始转动时，发电机自励发电。此时，由于发电机电压低，电磁铁吸力小，弹簧的拉力大于电磁铁的吸力，使触点闭合，将电阻短接，励磁电流上升，发电机输出电压上升。

（2）当发电机电压上升到一定值（大于额定电压）时，电磁铁吸力大于弹簧拉力，触点断开，这时电阻串入励磁线圈中，使励磁电流下降，发电机电压下降。当发电机输出电压下降到一定值（小于额定电压）时，弹簧拉力又大于电磁铁吸力，使触点合上，将电阻短路，发电机电压上升。

如此循环，使发电机电压在额定电压上下波动。调整弹簧拉力，就可以调整发电机的输出电压值。发电机输出电压波形如图 3.2.3 所示。这种调压器触点的通断频率在 50～200 次/秒，即 50～200 Hz，可以使调节点电压在（28±1）V 波动。

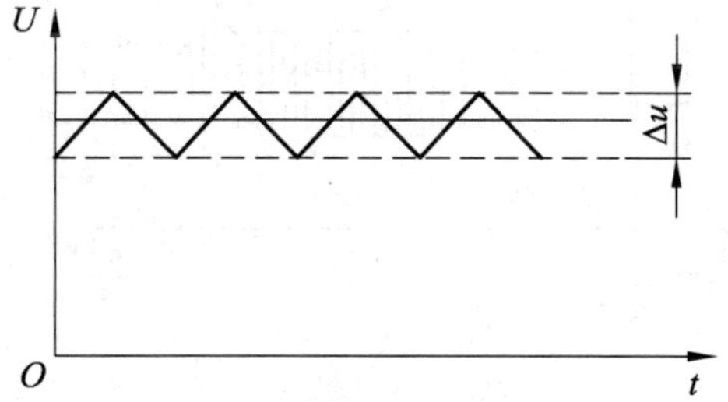

图 3.2.3　振动式调压器发电机的电枢电压波形

振动式调压器只能用于小功率直流发电机，此时的发电机励磁电流较小，否则调压器触点可能会产生电弧或造成熔焊。这种调压器的优点是结构简单，重量轻；缺点是触点频繁开合，容易产生磨损和电磁干扰，且发电机输出电压波动较大。

知识点 3　炭片电压调节器

炭片电压调节器（简称炭片调压器）是直流发电机曾广泛采用的调压装置。有的交流发电机也用炭片调压器调节电压，它们的基本工作原理是相似的。其外形图如图3.2.4所示。

图 3.2.4　炭片式调压器外形

1. 炭片调压器的组成

炭片调压器由炭柱、电磁铁和衔铁弹簧组合件等组成，其原理如图3.2.5所示。

1）炭　柱

炭柱由一片片炭片叠加而成，炭柱电阻由炭片电阻和接触电阻两部分组成。炭片电阻基本保持不变（不考虑温度影响），而炭片之间的接触电阻受炭柱上的压力控制，压力大接触电阻小，压力小接触电阻大。

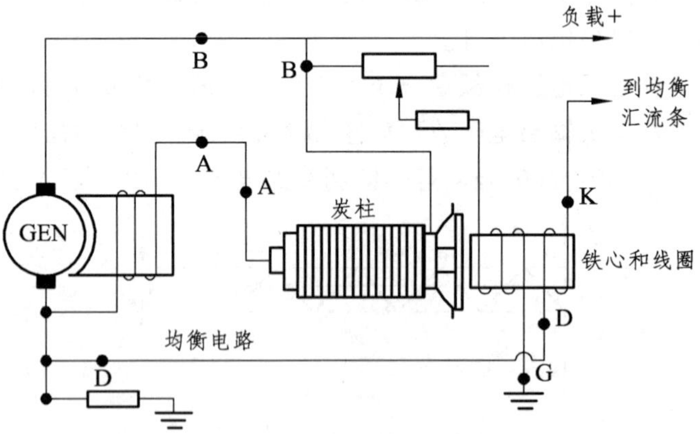

图 3.2.5　炭片调压器原理图

2）衔　铁

衔铁调压器的执行元件，其位移决定了炭柱的长度，也就确定了炭柱电阻的大小。

3）电磁铁

其上工作线圈是调压器的检测元件，电磁铁上的工作线圈通过电阻并联在发电机输出端，用于敏感电压的大小，电磁铁产生的电磁力的作用是拉松炭柱，使炭柱电阻增加。

4）**弹　簧**

弹簧的作用是压紧炭柱，使炭柱电阻减小。

2. 炭片调压器的工作原理

电压升高→电磁拉力增大→炭柱被拉松→电阻增大→励磁电流减小→电压下降；电压下降→电磁拉力下降→炭柱被压紧→电阻减小→励磁电流增大→电压升高。这样就可以使电压保持恒定。

如果工作线圈两端的电压等于零，则线圈中没有电流，弹簧将炭柱压紧，炭柱电阻最小，便于发电机自励。

炭片调压器由于有铁心和衔铁，因此在调节过程中存在调节滞后、调压误差大、稳定性差、体积大、功耗大等一系列缺点，目前已经很少采用，已基本被晶体管式调压器取代。

炭片调压器故障研究分析

知识点 4　晶体管电压调节器

1. 概　述

随着大功率电力电子器件与集成电路元件的出现，晶体管调压器得到了比较广泛的使用。晶体管调压器又称为电子式调压器，采用没有机械触点的固态开关，即用大功率晶体管代替机械触点。克服了振动式调压器机械触点频繁通断引起的问题。一种晶体管调压器的外形如图 3.2.6 所示。

图 3.2.6　晶体管电压调节器

与炭片电压调节器相比，其具有以下优点：

（1）体积小、重量轻、寿命长。

（2）性能稳定、工作可靠、维护简便。

（3）稳态误差小。

（4）动态品质高。

（5）电压调节范围大。

2. 基本组成和工作原理

一种典型的晶体管调压器原理电路如图 3.2.7 所示。

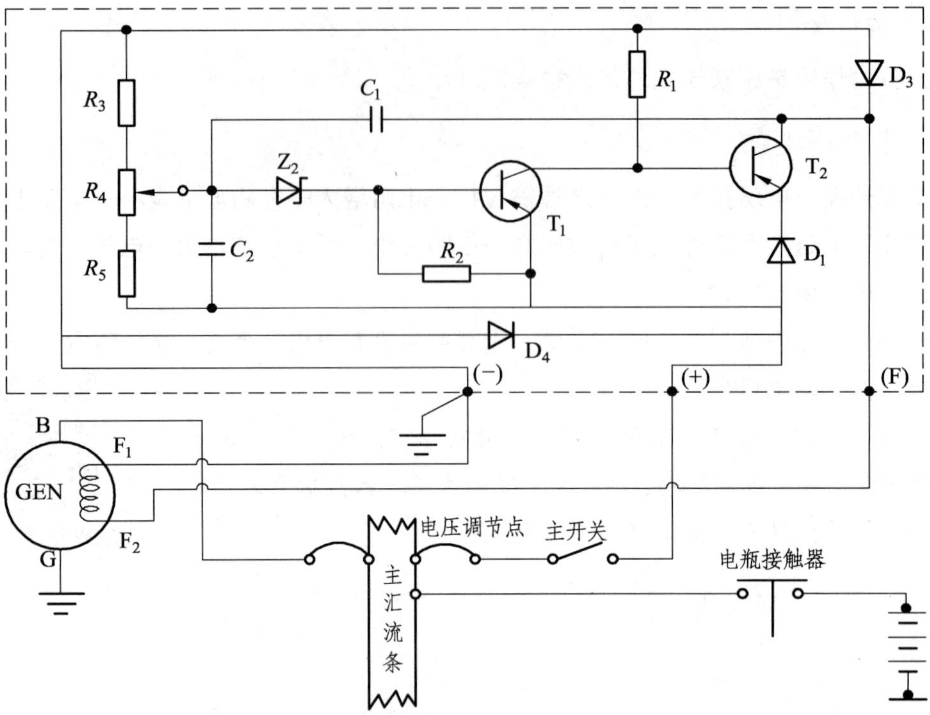

图 3.2.7　晶体管调压器电路

电路主要由以下几部分组成：

（1）电压敏感电路：由电阻 R_3、R_4、R_5 和电容器 C_2 组成，用于敏感发电机的输出电压。

（2）开关放大电路：由三极管 T_1、T_2 和二极管 D_1、稳压管 Z_2 及电阻 R_1、R_2 组成，用于功率放大，同时实现对励磁电流的调节。

当发电机电压低于一定电压时，稳压管 Z_2 截止→T_1 截止→T_2 导通，电源“+”端通过 D_1、T_2 加到励磁线圈的 F_2 端，再回到电源的“－”端，使发电机电压上升。当电压上升到一定值时，Z_2 击穿导通→T_1 导通→T_2 截止，励磁线圈断电，发电机输出电压下降。当电压下降到一定值时，Z_2 又截止，如此循环，使发电机输出电压保持在额定值上。当发电机的负载增大时，输出电压下降，因此 T_2 的导通时间变长，截止时间变短，励磁电流的平均值增大，以维持输出电压不变。调整电阻 R_4，就能调定发电机的输出电压值。

并联在励磁绕组两端的二极管 D_3 称为续流二极管，当晶体管 T_2 截止时，储存在励磁线圈中的磁场能量通过 D_3 释放，减小了励磁线圈上产生的感应电动势，以防止击穿晶体管 T_2。

图中的电容器 C_1 为负反馈电容，用于提高调压的稳定性。二极管 D_4 的作用是防止发电机极性接反，起到保护调压器的作用。

可见，晶体管调压器没有运动部件，不会产生电弧和火花，没有机械磨损及电磁干扰，且晶体管的开关频率高，可以有效减小发电机输出电压的波动，提高调压精度。

此外，晶体管调压器还具有体积小、重量轻、工作可靠等优点，目前已被广泛应用。

【学习体会】

通过本任务的学习，你都学到了什么？请写在下面。

____

____

【任务测评】

根据本任务知识点的学习，完成表 3.2.1 的内容，从而加深对直流发电机的电压调节器的认识。

表 3.2.1　几种电压调节器比较

类型	项目		
	功用	结构特点	工作原理
振动式电压调节器			
炭片电压调节器			
晶体管电压调节器			

【课程思政】

中国人民解放军空军的诞生

1949 年 11 月 11 日，中国人民解放军空军正式成立，人民空军从无到有，从有到精，在捍卫人民政权、保卫祖国领空、支援社会主义建设、抢险救灾等方面取得了骄人战绩、建立不朽功勋！

早在 1946 年，我党就建立了第一所航空学校——东北民主联军航空学校，也被亲切地称作“东北老航校”，用于培训飞行和航空工程机务干部，为人民空军的建立奠定了基础、准备了骨干。

航校正式建立时，有各种飞机 120 多架，但能飞的仅有 20 多架，还是用所有飞机上的零件拼凑而成的。缺少飞机机轮和螺旋桨，就采取轮换的办法，几架飞机合用；飞机加油，没有加油车，就用小铁桶一桶桶地灌；机轮充气，没有冷气瓶，就用自行车气筒，由许多人轮流打气；士兵们甚至用马拉着飞机走向跑道，一架教练机机身上就有 100 多个“补丁”，当时航校条件艰苦到难以想象……

航校没有初级、中级教练机，而高级教练机速度快、操纵技术复杂，直接上高级教练机训练，很可能出现机毁人亡的惨剧。但学员们说：“不入虎穴焉得虎子，我们甘愿冒风险！”就是在这样一穷二白的条件下，东北老航校培养出一大批飞行员和航空技术人员。

1949 年，第一个飞行中队成立。

1950 年，第一支航空兵部队成立。

1951 年，志愿军空军第一次空战。

1954 年，国产第一架飞机首飞成功……

如今，人民空军已经发展成为一支由多兵种、多机种组成的现代化高技术军种！

引自：https://www.xuexi.cn/lgpage/detail/index.html?id=7161093746521809364&item_id=7161093746521809364

任务 3　直流电源的并联运行及控制与保护

知识目标

1. 掌握直流电源并联运行的基本规律。
2. 掌握直流发电机并联运行的负载均衡概念及其条件。
3. 掌握低压直流电源实施控制保护的原理。

能力目标

1. 能描述直流电源的并联运行的基本规律。
2. 能分析直流发电机并联运行的负载均衡电路。
3. 能分析低压直流电源实施控制保护的原理。

思政目标

1. 培养团队协作意识，强化职业素养。
2. 培养分析问题和解决问题的能力。
3. 培养吃苦耐劳的精神，树立认真负责的工作态度。

【情境创设】

直流电源后并联运行包括单台发电机与蓄电池并联运行和两台直流发电机并联运行两种情况，如果发电机停车或发生故障不能发电，运用大家所学的知识，让我们一起分析吧

【任务实施】

带领学生到停机坪进行参观，教师请学生就不同飞机电源的并联运行与非并联运行及控制与保护进行分组讨论。

知识点 1　直流电源的并联运行

1. 直流发电机与蓄电池的并联运行

在装有单台发电机电源系统的飞机上，发电机常与蓄电池并联运行。它由发电机、蓄电池、电压调节器、发电机控制与反流保护器、过电压保护器和测量仪表及指示灯等构成。在装有单台发电机电源系统的飞机上，直流发电机作为主电源，航空蓄电池作为应急电源，发电机和蓄电池并联运行，发电机正常工作时，向蓄电池充电，保证蓄电池储备充足的电能。发电机停车或发生故障不能发电时，由蓄电池向负载供电，以保证不发生供电中断。

发电机与蓄电池并联运行需要满足两个条件：一是发电机的极性必须与电网极性相同；二是发电机电压必须稍微高于电网电压。若发电机电压低于电网电压时投入电网，投入就会马上出现反流，使发电机断开，断开后又投入，又断开，导致接触器处于震荡状态，可能损坏发电机或蓄电池。发电机与蓄电池并联原理如图 3.3.1 所示。

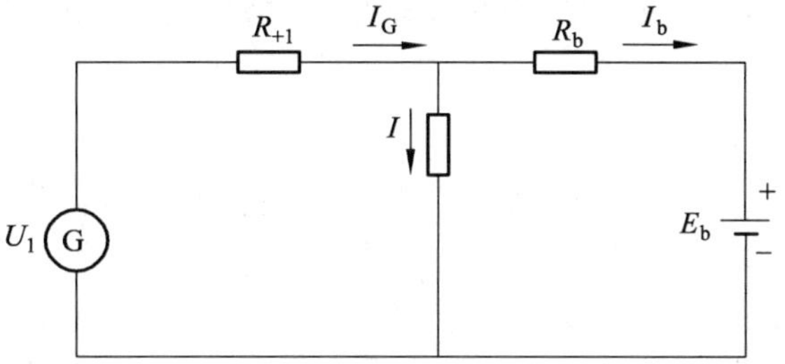

图 3.3.1　发电机与蓄电池并联原理

图中电阻 R_{+1} 是发电机主馈电线电阻，电阻 R_b 包含电池内电阻和外接线电阻。发电机与蓄电池并联时的负载分配决定于发电机与蓄电池本身的特性和馈电线电阻。

发电机与蓄电池的并联运行会出现 4 种情况：

（1）如果电网上没有接负载，则发电机仅对蓄电池充电，即发电机的输出电流 I_G 等于充电电流 I_b。

（2）如果电网上接负载，则发电机除继续向蓄电池充电外，还向用电设备供电，即充电电流 I_b 等于发电机的输出电流 I_G 和负载电流 I 之差。

（3）负载电流增加到一定值时，电网电压将降低到等于蓄电池的电动势，发电机向蓄电池充电电流为零，负载电流全部由发电机供给。

（4）负载电流超过上述值后，将由发电机和蓄电池共同承担负载电流，蓄电池由充电状态转为放电状态，电网电压将更低。

发电机与蓄电池并联运行需要注意的问题，请扫描二维码查看。

发电机与蓄电池并联运行

2. 两台发电机的并联运行

飞机上，多台发电机供电系统中，每台发电机可以单独向各自用电设备供电，也可以并联共同向用电设备供电。在单独供电情况下，如果某台发电机因故障被从电网上切除，原来由故障发电机供电的负载转换为正常发电机供电，需要一定的转换时间，会造成中断供电。在并联供电情况下，个别发电机因故障被从电网切除，电网上的负载仍可不中断获得电能，这样供电可靠性得到了提高。同时，并联供电时，电网总容量增大，可满足起动电流大的要求，在负载突然发生改变时，减小了电网电压波动，供电质量也得到提高。由于上述并联供电的优点，低压直流供电系统广泛采用并联供电方式。

1）并联运行条件与负载均衡

直流电源与电网并联的条件，主要有两方面：

（1）电源极性和电网极性相同。

（2）电源电压和电网电压相同。

并联供电时，供电质量高而且供电可靠性好。电网总容量增大，当负载突变时，对电网造成的扰动小；在并联供电系统中，各发电机互为备用，当其中一台发电机故障时，不会对电网上的用电设备造成影响，可以实现不间断供电。由于直流电源并联控制较为简单，两台及以上直流发电机多采用并联供电。图 3.3.2 所示为两台直流发电机并联运行原理。

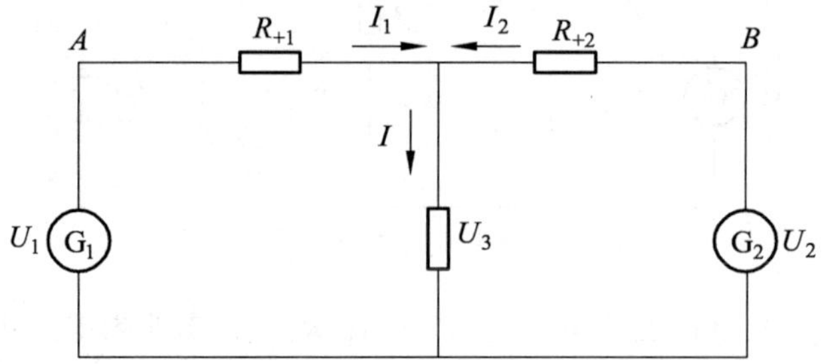

图 3.3.2　两台直流发电机并联运行

图中 A 和 B 两点为调节点，U_1 和 U_2 为 A、B 点电压，U_3 为并联汇流条电压，R_{+1} 和 R_{+2} 为电源到汇流条间的正线电阻，I_1 和 I_2 分别为发电机 G_1 和 G_2 的输出电流。可得方程组：

$$U_3 = U_1 - I_1 R_{+1}$$

$$U_3 = U_2 - I_2 R_{+2}$$

$$I = I_1 + I_2$$

推导可得：$\Delta I = I_1 - I_2 = \left(\dfrac{2(U_1 - U_2)}{R_{+1} + R_{+2}} + \dfrac{R_{+2} - R_{+1}}{R_{+1} + R_{+2}} \right) I$

由上式可知，想要两台发电机发出电流相同，必须满足：

（1）两个调压器所保持的电压相等，即 $U_1 = U_2$。

（2）两台发电机的正线电阻相等，即 $R_{+1} = R_{+2}$。

满足了上述的两个条件，则负载分配就是均衡的。因此，飞机上一般采用同容量的发电机并联，并联运行时要求各台发电机承担的负载相同，以防止有的发电机过载、有的发电机欠载的情况。虽然飞机上一般都采用同型号的发电机和调压器，但由于发电机及调压器的特性和安装不可避免地存在一定差异，因此并联供电时负载分配一般是不均衡的，这就需要采取措施来均衡负载。

2）**提高负载均衡的措施**

为了提高负载均衡性，可以通过调节发电机的励磁电流使负载均衡。在调压器中增设均衡电路，可以减小电流差值提高负载分配的均衡性。调压器不同，其均衡措施也各不相同。下面以炭片调压器和晶体管调压器为例，说明负载均衡的原理。

（1）炭片调压器的负载均衡电路。

均衡电路作为调压器的一个附加电路，常常和调压器组合在一起。配合炭片调压器，可以在调压器上附加均衡线圈，炭片调压器的负载均衡电路如图 3.3.3 所示。

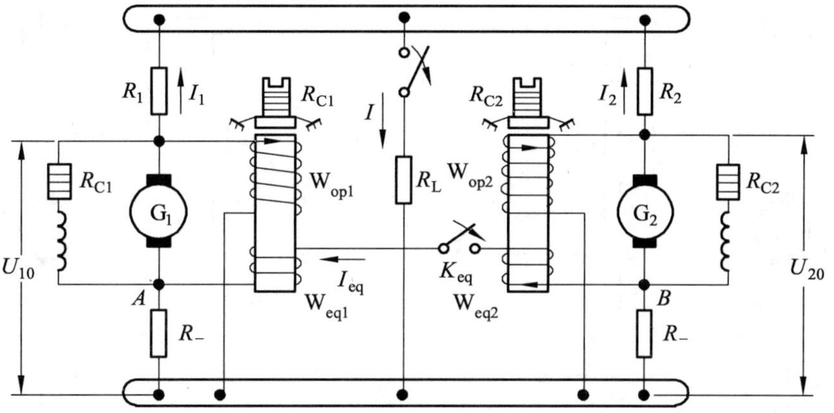

图 3.3.3　炭片调压器的负载均衡电路

图 3.3.3 表示两台直流发电机并联供电，在炭片调压器中，均衡线圈 Weq_1 和 Weq_2 分别绕在两个调压器的电磁铁上。为了测量发电机的输出电流，在发电机负极性端接入电阻 R_-（称为负极电阻），它是换向磁极的线圈电阻和接线电阻。R_1、R_2 为正线电阻，包括馈线电阻和接触电阻等。通过发电机负极性端 A、B 两点的电位高低，就可以反映两台发电机的负载是否均衡。当负载不均衡时，A、B 两点的电位不相等，均衡回路中有电流流过，则炭片调压器中电磁铁电磁力发生改变，衔铁动作，炭柱电阻变化。连接电路时要注意均衡线圈的绕向，应使承担负载多的发电机的励磁电流减小，使承担负载少的发电机的励磁电流增大，从而使负载趋于均衡。

设 1 号发电机 G_1 的输出电流大于 2 号发电机 G_2 的输出电流，即 $I_1>I_2$，这时，A 点电位小于 B 点电位（以地为参考点），电压 U_{BA} 使两个均衡线圈中有电流流动。根据右手螺旋定则，可以判断出各台发电机均衡线圈中产生的磁通方向也各不相同，因此其作用也不相同。

对于 G_1：均衡线圈 W_{eq1} 产生的磁通与 G_1 调压器工作线圈 W_{op1} 产生的磁通方向相同，因此对炭柱的拉伸力增大，使炭柱电阻 R_{C1} 增大，励磁电流下降，使 G_1 输出电压下降，输出电流 I_1 随之减小。

对于 G_2：均衡线圈 W_{eq2} 产生的磁通与 G_2 调压器工作线圈 W_{op2} 产生的磁通方向相反，因此对炭柱的拉伸力减小，炭柱电阻 R_{c2} 减小，励磁电流增大，使 G_2 发电机的输出电压上升，则其输出电流 I_2 随之增大。其中，总电流维持不变。

当 $I_1<I_2$ 时，可作同理分析。这样就使两台发电机的负载得到均衡。在均衡线圈之间必须装一个开关 Keq，便于发电机单独供电时调压器能正常工作。

（2）晶体管调压器的均衡电路。

晶体管调压器的均衡电路如图 3.3.4 所示。在调压器的敏感电路中接入均衡电阻 R_{24}，两个均衡电阻之间通过开关连接起来，便于发电机单独供电时调压器的正常工作。

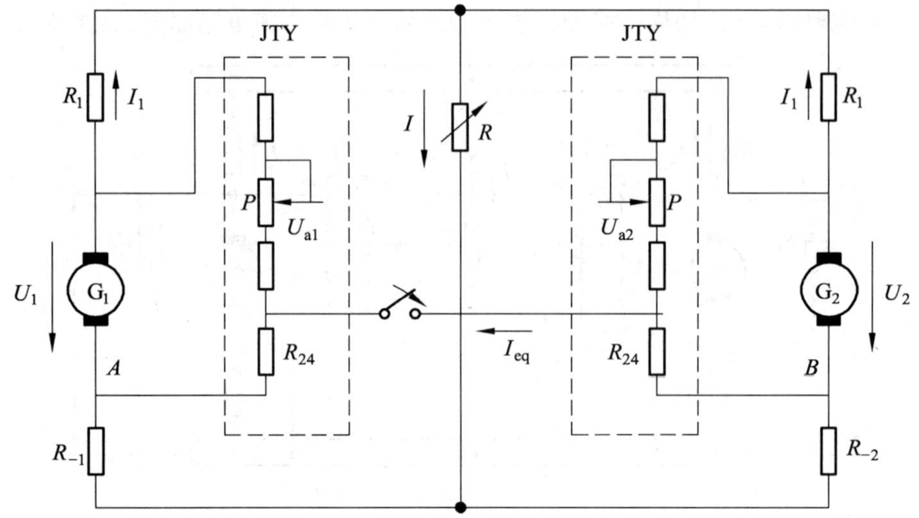

图 3.3.4　晶体管调压器的均衡电路

设 1 号发电机 G_1 的输出电流大于 2 号发电机 G_2 的输出电流，即 $I_1>I_2$，这时的 A 点电位小于 B 点电位（以地为参考点），电压 U_{BA} 使两个均衡电路中有电流流动。

对于 G_1，R_{24} 上的压降为上正下负，使 G_1 调压器敏感到的电压 U_{a1} 增加，调压器使 G_1 的输出电压减小，则 G_1 的输出电流 I_1 也随之减小。

对于 G_2，R_{24} 上的压降为下正上负，使 G_2 调压器敏感到的电压 U_{a2} 下降，调压器使 G_2 的输出电压增加，则 G_2 的输出电流 I_2 也增加。

当 $I_1<I_2$ 时，可作同样分析。这样就可以使两台发电机的负载得到均衡。

知识点 2　直流电源供电的控制与保护

电源的控制与保护是实现电源系统正常、安全供电的重要设备，用来保证发电机和汇流条可靠接通、断开以及转换，保证故障发电机与电网可靠隔离。飞机直流电源的控制主要包括：

（1）主电源的控制。

（2）应急电源的控制。

（3）地面电源的控制。

（4）起动发电机的控制。

直流电源的保护主要包括：

（1）发电机反流保护。

（2）过电压和过励磁保护。

（3）过载保护。

（4）短路保护。

（5）发电机反极性保护。

本知识点主要讨论直流发电机的控制与反流保护、发电机过电压和过励磁保护、短路及过载保护。

1. 直流电源系统供电概况

现代中大型固定翼无人机常采用直流主电源系统，它们的主电源是 28 V 直流电源，由发动机驱动直流起动发电机供电。飞机直流电源系统的供电和用电一般采用单线制，即以飞机机体的金属结构作为公共地线，这样可以减少设备重量。

直流电源系统的主要部件由直流起动发电机、无刷直流发电机、蓄电池、地面电源、专用电源、发电机控制组件（GCU）和直流继电器盒等组成。起动发电机首先可以作为电动机运行，用于起动发动机，发动机起动完成后转换成发电机运行，用于向机上直流电网供电。由电压调节器中的均衡电路均衡两台发电机的负载。当任一台发电机发生故障时，另一台发电机的功率足以承担机上的全部电负荷。在飞行中，若两台发电机均发生故障，则蓄电池为机载系统的运行提供应急直流电源，以保障无人机返航需要。

现代飞机直流电源中发电机电压调节、反流保护、过压和过励磁保护等控制保护功能已经由微型计算机管理的发电机控制组件（GCU）来完成。GCU 不仅提高了控制保护性能，还增加了其他功能。某些关系到安全的具有多余度供电的特别重要电路，除了直流起动发电机和无刷直流发电机供电外，还要由蓄电池来供电。因此这些电路可以在两个发电机系统都失效的情况下，仍可得到应急供电。

2. 直流发电机的控制与反流保护

发电机的控制装置通常是接触器，用以接通或断开发电机的输出电路。在供电系统各种设备正常工作的条件下，可以根据需要人为地使控制装置接通或断开；在供电系统有故障时，控制装置又可作为保护装置的执行机构使发电机脱离电网。

由于发电机的激磁故障及其他原因，发电机电压会低于电网电压，电网上其他电源将向发电机输出电流，称为反流。反流太大将损坏其他电源或发电机。此时，应使发电机控制装置断开，这就是反流保护装置的职能。在这里控制装置即为反流保护装置的执行机构。

在飞机上，发电机与应急电源、地面电源要配合协调地工作。因此，发电机控制装置 GC 动作，必须符合规定的逻辑关系。典型的发电机控制装置 GC 的动作逻辑如图 3.3.5 所示。图中，GC.S 为发电机控制装置的电门，G.S 为地面电源电门，U_g 为发电机电压，U_n 为电网电压，I_r 为发电机的反向电流。由图可知，使 GC 接通的所有条件为“与”逻辑，使其断开的各条件为“或”逻辑。由于各型飞机供电系统的设备和线路不尽相同，其控制装置的动作逻辑可能有所差异。反流保护装置通常有电磁式反流保护装置和晶体管式反流保护装置两类。

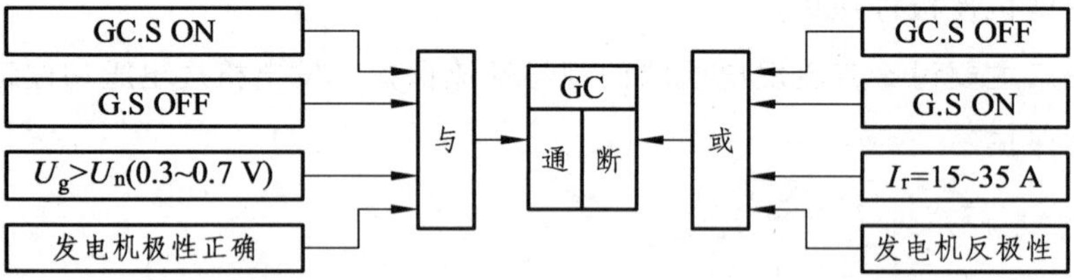

图 3.3.5　发电机控制装置 GC 的动作逻辑

1）电磁式反流保护装置

当有刷直流发电机与蓄电池并联工作时，发电机的输出电压应高于飞机蓄电池电压，这时发电机向负载供电的同时，为蓄电池充电。当由于某些原因造成发电机电压低于蓄电池电压时，蓄电池电流就会倒流入发电机，使发电机变成负载而吸收功率。这样会导致蓄电池电量在很短的时间内耗尽，失去应急电源的功能，给飞行安全带来隐患。因此，直流电源系统一般都安装有反流割断器，当出现反流时，及时将发电机输出端与电网隔离，此时由蓄电池为关键负载供电。

如图 3.3.6 所示，电磁式反流割断器主要由电磁铁和一个触点组成。电磁铁上绕有一个电压线圈和一个电流线圈。电流线圈中流过负载电流，用于检测电流的方向，导线粗而匝数少；电压线圈的作用是检测发电机的输出电压，电压线圈导线细而匝数多。

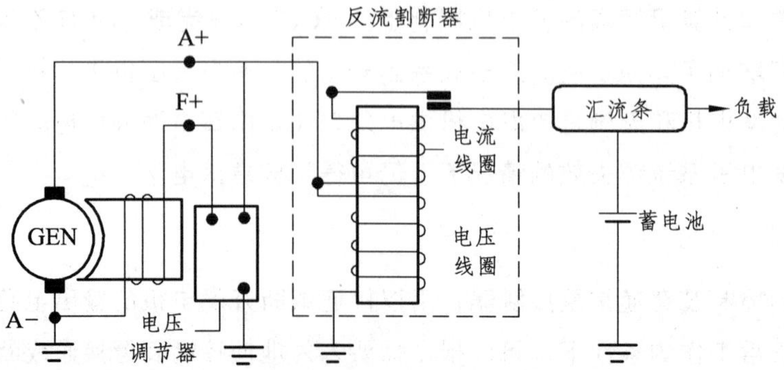

图 3.3.6　反流割断器原理

当发电机电压高于蓄电池电压时，电压线圈产生的电磁力使触点闭合，发电机通过电流线圈向负载输出电流，并向蓄电池充电。电流线圈中产生的磁通与电压线圈中的磁通方向相同，两个线圈的电磁合力使触点闭合更紧密。当发电机电压低于蓄电池电压时，电流反向流动，这时电流线圈中的磁通与电压线圈中的磁通方向相反，使电磁力相互抵消。当反流达到 30 A 时，触点在弹簧的作用下断开，从而实施反流保护。

一般情况下，发电机电压在 26.6 ~ 27 V 时触点闭合。若采用硅整流发电机与蓄电池并联，则由于整流二极管的单向导电性，无须设置反流保护。

2）**晶体管式反流保护装置**

现代以低压直流电源为主电源的飞机上常采用在发电机输出端串联二极管的方法来限制反向电流，从而减轻系统重量。

图 3.3.7 中，两台发电机并联供电时，在左右应急汇流条（LE BUS）的电源入口处安装了二极管，目的是防止应急汇流条以外电网的故障导致应急汇流条故障。例如，在右发电机汇流条（RG BUS）短路时，由于二极管（RG RED）作用，避免了 RE BUS 短路，提高了应急汇流条的供电可靠性。同时，在熔断器 GB-100 熔断前，任何一个应急汇流条都可由三个不同的电源供电。左发电机汇流条（LG BUS）和左蓄电池(L BAT)之间的二极管 LG LBD 可防止左蓄电池向左发电机供电而产生反流，使左蓄电池只能向左应急汇流条供电。右蓄电池电路中没有这种二极管，所以可以作为起动电源。

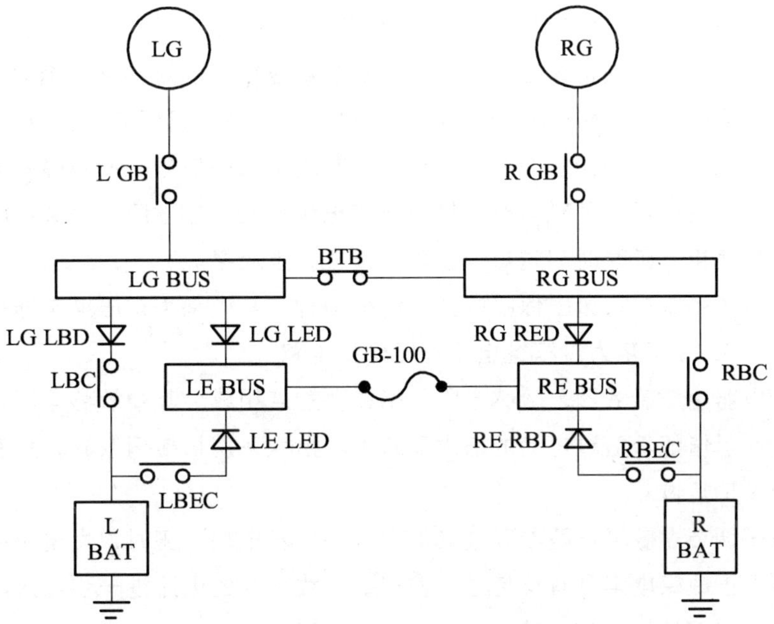

图 3.3.7　串联二极管限制反流供电

3. 发电机过电压和过励磁保护

电源电压超过标准所规定的稳态电压极限值的上限，称为过电压。由于产生过电压的原因和具体条件不同，过电压的数值和持续时间也不同，由此过电压又分为瞬时过电压和持续过电压。

在突然切断大负载时，会产生尖峰和浪涌电压，这种电压会超过稳态电压极限的上限值，但持续时间很短，称为瞬时过电压。瞬时过电压对于一般用电设备没有危害，但对晶体管设备是应该考虑的，一般在设备内部设置延时电路加以保护。因此，对于瞬时过电压不必采取保护措施。

由发电机的励磁电路或调压器故障而造成的过电压，持续时间长，称为持续过电压。持续过电压分失调性过电压和超调性过电压两类：若发电机的励磁电流完全失去控制，励磁电阻很小，励磁电流很大，过电压值很高，这种过电压为失调性过电压；若由于调压器调整不当或调压器某些元件故障，但励磁电流仍受控，过电压值不是很高，这种过电压为超调性过电压。无论是失调性过电压还是超调性过电压，都是供电系统的故障状态，它们长时间加于用电设备端，会对用电设备造成危害。因此，对过电压故障必须采取有效措施，迅速切断或削弱发电机磁场，并使产生过电压的发电机与电网隔离，这是过压保护必须具备的基本功能。

在两台以上的发电机并联供电系统中，若某台发电机产生超调性过电压，大部分负载将转到这台发电机上，其电压又将降低，若过电压保护装置只检测发电机电压，它可能不会动作；若过电压保护装置同时检测发电机电压和励磁线圈端电压或过载电流信号，便能实现保护，这种保护又称过励磁保护或过载保护。某些新型保护装置就是同时检测这两种信号的。

对过电压保护装置的要求是：电网上出现瞬时过电压，保护装置不应动作，否则就是误动作；电网上出现持续过电压时，保护装置应按反延时特性准确动作，否则就是拒动作。在实际保护电路中，一般通过设置延时来区别两种不同的过电压，使保护电路在瞬时过电压时不动作，而在持续过电压时输出故障信号，使故障发电机与电网隔离，同时断开发电机的励磁电路。按照航空电源标准，过电压和过载故障采用反延时，即故障越严重，延时时间越短，以防止造成严重后果。

对飞机电源系统进行过压保护的方法有很多种，其中采用过压继电器是一种简单的方案。如图 3.3.8 所示为过压继电器过压保护电路。

过压继电器由敏感线圈、敏感电阻、衔铁和触点组成。其中敏感电阻是一个非线性电阻，它的阻值随着流过电流的增大而减小。衔铁采用机械闩锁式，只有在故障排除后，才能人工复位。

当由电压调节器敏感电路断开或其他原因引起发电机过压时，发电机的励磁电流增大，同时由于敏感电阻具有反特性，使得敏感线圈中的电流进一步增大，线圈中建立的电磁场使闩锁机构脱扣，其触点在弹簧的作用下释放。此时，由于主接触器线圈中无电流通过，其触点跳开，把发电机从电源系统中断开。

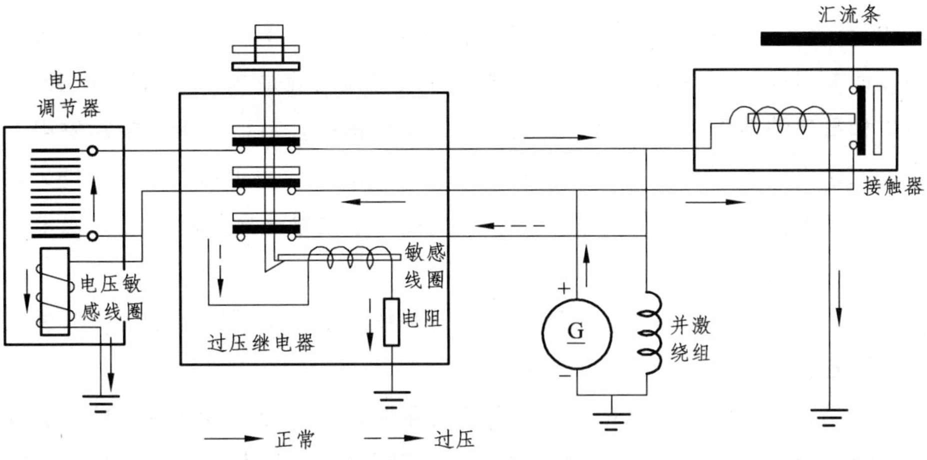

图 3.3.8 过压继电器过压保护电路

在过压继电器动作后，自锁机构使它的触点保持在断开状态，必须在查明原因、排除故障后，方可按压恢复按钮使其恢复正常状态。

4. 短路及过载保护

由于振动、碰撞使绝缘损坏接线连接不当等原因而引起短路。短路通常有两种情况：

（1）金属熔接性短路，短路电阻小、电流大、时间长。

（2）间歇性短路，短路点由金属飞溅或振动导致金属导体连续碰撞造成。

短路及过载的保护通常采用熔断器及断路器实现。图 3.3.9 所示是两台发电机和蓄电池并联供电构成的简化电路。

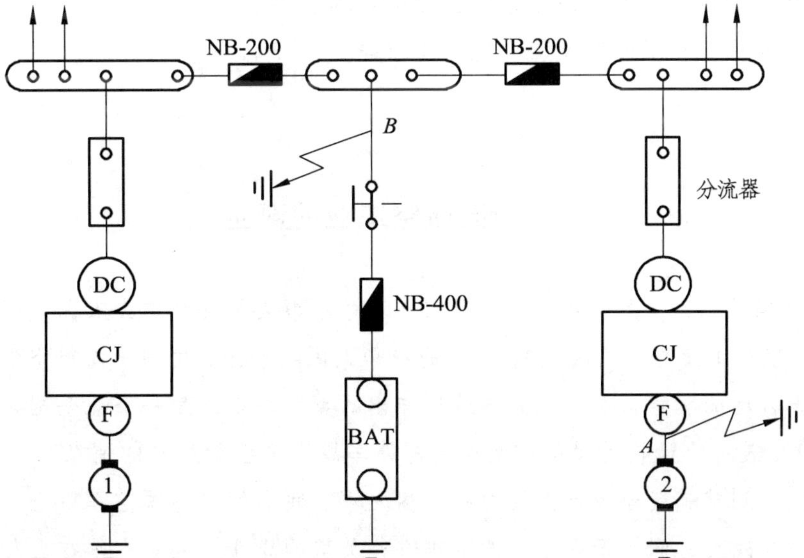

图 3.3.9 直流电源系统简化电路

设两台发电机的额定电流为 200 A，图 3.3.9 中设置了 3 个难熔熔断器，用 NB-200

和 NB-400 表示，其额定电流分别是 200 A 和 400 A。若在 2 号发电机的输出端 *A* 点短路，通过计算可知，流过右侧熔断器 NB-200 的短路电流最大，它将迅速熔断，使 1 号发电机和蓄电池得到保护，但 2 号发电机得不到保护，右汇流条将中断供电。若注意到右反流继电器 CJ 的作用，*A* 点短路时，它能切断 2 号发电机的输出电路，则右侧熔断器 NB-200 也可能不熔断，右汇流条就不会中断供电。如果此时 2 号发电机能灭磁，则该发电机也能得到保护。

若在图中的 *B* 点短路，3 个 NB 型熔断器都将熔断，这时除蓄电池中断供电外，两台发电机各自向自己的汇流条供电。

由此可见，保护装置在电路中的位置非常重要，若将两个 NB-200 熔断器改装在电流表分流器附近，在 *B* 点发生短路时，3 个熔断器都会熔断，虽然保护了发电机和蓄电池，但全部汇流条都将中断供电，这样配置则是不合理的。

【学习体会】

通过本任务的学习，你都学到了什么？请写在下面。

____

____

【任务测评】

请根据所学知识，完成以下任务：

1. 画出发电机控制装置 GC 的动作逻辑关系图。
2. 写出两台发电机并联供电系统负载均衡的条件。
3. 试述串联二极管限制反流供电工作原理。

【课程思政】

中国航空工业的诞生

1951 年 4 月 17 日，中央人民政府人民革命军事委员会和中央人民政府政务院颁发了《关于航空工业建设的决定》，新生的中华人民共和国，吹响了向航空工业进军的号角。建设自己的航空工业，是党和政府作出的英明决定，是一个让全国人民都为之振奋的消息，是一个让抗美援朝前线所有志愿军战士都备受鼓舞的消息。虽远隔千里，我们仿佛能听到抗美援朝战场上战鹰的呼啸之声。我们的志愿军空军战士，经过短暂的训练即飞赴战场，同美帝国主义的空军进行英勇的战斗。人民空军在血与火的锤炼中成长，同时也呼唤着我们要建设自己的航空工业。航空工业是基础，只有建设强大的航空工业，才能建设一支强大的人民空军。我们底子薄，一穷二白，甚至在开国大典上接受检阅的飞机都是临时拼凑的万国牌，想建设航空工业，谈何容易。但是，我们要说，让所有的质疑和嘲讽见鬼去吧，我们有数亿英雄的中国人民，每个人心中都有着为祖国建设奋斗出力的强烈愿望，数亿人民一条心，还有什么困难不能克服吗？还有什么对手不能打败吗？建设我们的航空工业，我们要无比坚定地坚持和拥护党的领导。党是我们的主心骨，引路人，航空工业是党的事业，是人民的事业，只有无比坚定地坚持和拥护党的领导，我们才能时刻把握正确的前进方向，我们的事业才能不断从胜利走向胜利。

建设我们的航空工业，我们要实事求是，一口是吃不成胖子的。我们要保卫广袤的国土、领海、领空，光靠买别人的飞机是不行的。中国航空工业的建设道路，是先搞修理、由小到大，由修理发展到制造。目前来看，西方国家的航空工业已经具备了相当高的技术水平和产业规模，这都是在经历了几十年的发展之后才实现的。我们未来的目标就是要赶上他们，超过他们。建设我们的航空工业，要吸引更多的人才参与进来。当前，航空工业可以说是技术要求最高的工业门类，我们要不拘一格吸引人才，让更多的人才参与进来，打造一支技术队伍。除此之外，我们还要从大学生抓起，从青年人抓起，建设我们的工厂和设计所，培养航空人才，我们要培养自己的米高扬和图波列夫。只有建设一支强大的人才队伍，我们才能设计制造属于自己的歼击机、轰炸机、直升机。

新中国航空事业从无到有，从弱到强，从白手起家的“0”，到歼 20、运 20、直 20 等“20 家族”守卫云霄，凝聚着一代代的航空央企人自强不息，砥砺奋进地拼搏。红船领航，逐梦蓝天，请党和人民放心！

引自：http://www.cannews.com.cn/2021/04/17/99324404.html

任务 4　交流发电机电压调节

知识目标

1. 掌握调压器的功用和分类。
2. 掌握常用调压器的结构和工作原理。

能力目标

1. 能描述调压器的功用和种类。
2. 能分析调压器的工作过程。

思政目标

1. 培养团队协作意识，强化职业素养。

2. 培养分析问题和解决问题的能力。

3. 培养吃苦耐劳的精神，树立认真负责的工作态度。

【情境创设】

由于交流发电机的转速、负载大小和功率因数是经常变化的，这必然会使发电机输出电压随之变化。为保证用电设备正常工作，就需要自动调节发电机输出电压，使之稳定在一定范围内。在飞机交流电源系统中，也是通过调节发电机（或励磁机）的励磁电流来调节交流发电机电压的。

【任务实施】

在一体化教室，教师借助实物给学生展示不同类型的调压器，或者带领学生到停机坪参观，观察飞机上不同类型的调压器。让学生查阅不同类型的调压器结构、工作原理及特点等资料，并进行分组讨论。

知识点 1　飞机交流发电机电压调节器

飞机交流电源系统所采用的调压器形式很多，主要有振动式、炭片式、晶体管式以及带微处理器的智能化数字式调压器等。

大中型飞机上普遍采用晶体管式，其具有体积小、重量轻、调压精度高、无活动触点、寿命长和维护方便等优点，但这种调压器存在模拟电路固有的缺点，如参数调整困难，不易获得对各种状态均适用的电路参数等。近年来数字控制技术得到迅速发展，飞机上的飞行控制系统、燃油控制系统等都实现了数字化的控制，飞机发电机励磁电流控制的数字化也在新一代飞机上得到应用。调节发电机的励磁电流可以方便地控制发电机的输出电压，晶体管调压器的基本组成如图 3.4.1 所示。

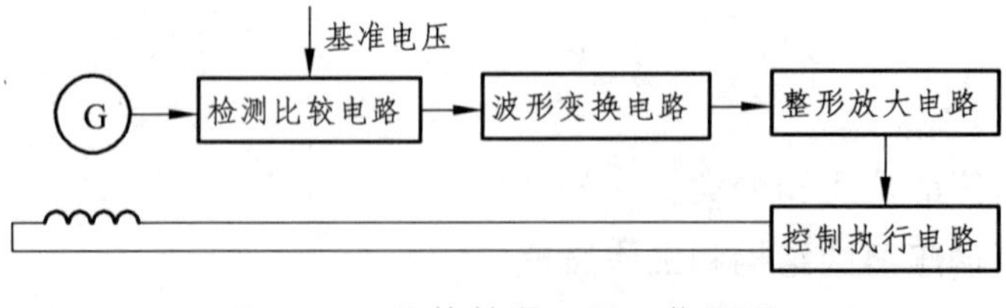

图 3.4.1　晶体管调压器工作原理

晶体管调压器由检测比较电路、波形变换电路、整形放大电路及控制执行电路四个环节组成。通过检测比较电路比较基准电压和输出电压的差值，该差值经波形变换电路、整形放大电路处理，通过晶体管开关电路调节发电机励磁电流的平均值，从而使发电机输出电压稳定。

1. 调压器的功用

当交流发电机的负载大小或转速发生变化时，发电机的输出电压也将改变。因此，交流发电机必须配备调压器，通过调节发电机的励磁电流实现对输出电压的自动调节，以维持电压恒定。调压器的主要功用如下：

（1）当发电机的转速或负载大小及性质发生变化时，自动调节励磁电流，使调节点的电压保持在规定的范围内。

（2）当发电机输出短路时，使励磁机的励磁电流迅速增大，对主发电机进行强励磁，以提高保护电路动作的可靠性。

（3）当交流发电机并联供电时，通过调节励磁电流，自动均衡各台发电机的无功负载。

（4）通过限制励磁电流的最大值来限制发电机输出的最大功率。

此外，电压调节器应工作可靠，性能稳定，稳态误差小，动态品质高，有足够的电压调节范围，且重量轻、体积小，以保证发电机向电网输出稳定的电压。

2. 影响交流电压的因素

由同步发电机的工作原理知道，当交流发电机负载大小和功率因数改变时，其电枢反应和内阻抗压降改变，使发电机输出电压改变。另外，在不带恒装的情况下，交流发电机电压还随它的工作转速的变化而变化。所以，在交流电源系统中，发电机输出电压是受发电机转速、负载大小和功率因数三个因素影响的。

知识点 2　晶体管电压调节器

1. 晶体管控制励磁电流的原理

现代飞机的交流发电机普遍采用晶体管调压器。晶体管电压调节器的主要优点是重量轻、体积小、寿命长、性能稳定、工作可靠、维护简便、稳态误差小、动态品质高、无活动接触点及电压调节范围大。

晶体管调压器主要通过改变晶体管的开关状态（即通过改变晶体管的导通比）来调节发电机励磁电流，从而保持发电机电压基本恒定。通过改变晶体管开关状态调节励磁电流的原理如图 3.4.2（a）所示。将晶体管视为一个开关，当给晶体管基极施加开通信号后，晶体管导通，相当于开关闭合。当给晶体管一个相反信号后，晶体管截止，相当于开关断开。如图 3.4.2（b）上图所示，输出电压 U_e 不是连续的。由于存在电感，输出电流 i_{tav} 是连续的，二极管在晶体管断开时起续流作用。

这里，加在励磁机的励磁绕组 W_e 两端的电压 U_e 波形为矩形，若令功率管的饱和导通时间为 t_{on}，截止时间为 t_{off}。则其开关周期为 $T = t_{on}+t_{off}$。在一个周期内，W_e 两端电压的平均值 U_{tav} 为

$$U_{tav} = E\frac{t_{on}}{T} = E_{\sigma}$$

式中，$\frac{t_{on}}{T}$是功率管在一个周期里的相对导通时间，称为晶体管的导通比或占空比。由于 W_e 具有电感线圈的作用，故励磁电流 i_t 不能突变，而只能在 i_{t1} 与 i_{t2} 之间按指数规律脉动，通常其脉动幅度仅有几毫安到几十毫安。在功率管的控制下，励磁电流的平均值和功率管的导通比成正比，改变功率管的导通比，即可改变励磁电流，以调节发电机电压。

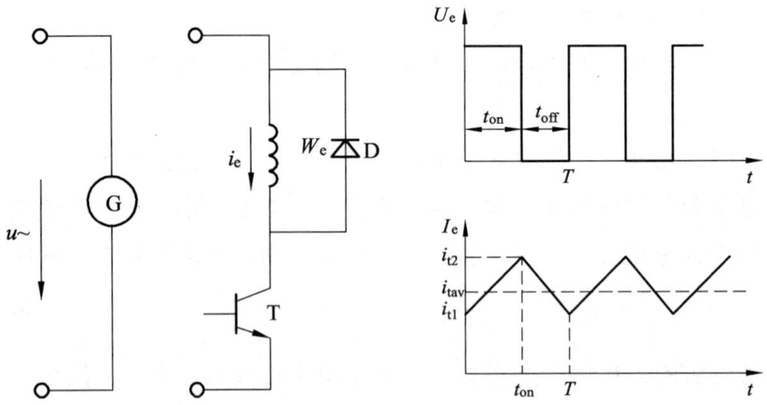

（a）原理图　　（b）输出波形

图 3.4.2　晶体管调节励磁电流原理

如图 3.4.3 所示，晶体管调压器脉冲调节的方式有两种：一种是脉冲调频式（PFM），即保持脉冲宽度不变，仅调节脉冲的频率；另一种是脉冲调宽式（PWM），即保持脉冲频率不变，仅调节脉冲的宽度。这两种方式都可以改变占空比σ，从而调节输出电压。

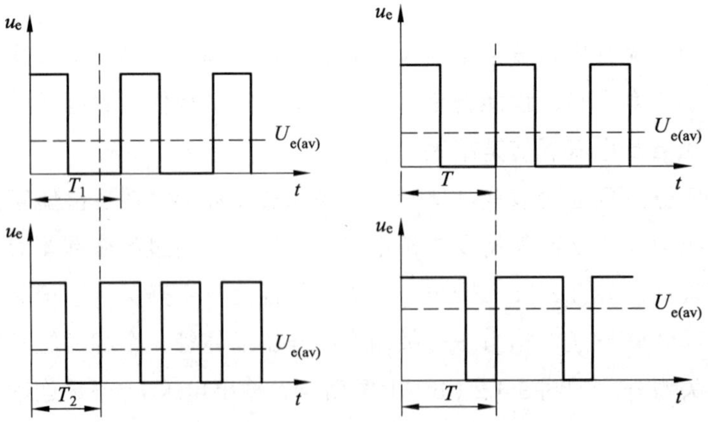

（a）脉冲调频式　　（b）脉冲调宽式

图 3.4.3　晶体管调压器脉冲调节方式

2. PWM 式晶体管调压器

一般情况下，从控制、设计和材料等方面考虑，现代飞机上一般都采用 PWM 式晶体管调压器，其原理如图 3.4.4 所示。下面对 PWM 式晶体管调压器做简要介绍。

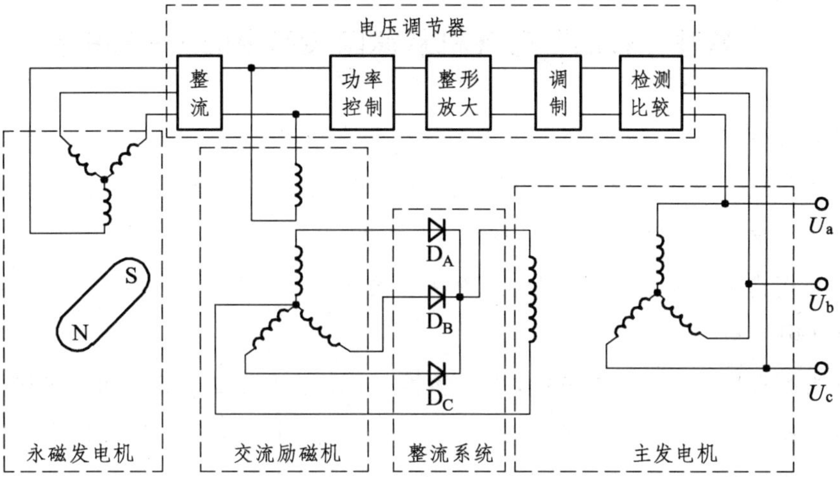

图 3.4.4 晶体管调压器原理框图

晶体管调压器由检测比较、调制、整形放大、功率控制四个部分组成。图中发电机为三级式无刷交流发电机，即由主发电机、交流励磁机和永磁副励磁机三部分组成，副励磁机给电压调节器及电源保护电路提供电能。

检测比较电路检测到发电机电压偏离调定值时，就输出差值电压信号到调制电路。调制电路将电压偏差信号转变为相应宽度的脉冲，而保持脉冲频率不变。整形放大电路将调制电路输出的梯形波整形放大，为前后沿较陡的矩形波信号。该信号经功率控制电路放大后，就可以控制励磁电流的变化。当发电机电压升高时，功率控制电路中的功率管导通比减小，从而使励磁电流减小，发电机输出电压降到正常值。总之，当发电机的转速或负载变化引起发电机输出电压相对于基准电压的变化时，调压器通过改变功率晶体管的导通比，就可以调节励磁机的励磁电流，以补偿发电机电压的变化量。

【学习体会】

通过本任务的学习，你都学到了什么？请写在下面。

____

____

【任务测评】

请根据所学知识，完成以下任务：

1. 调压器的形式有哪些？
2. 试述晶体管调压器的基本组成。
3. 试述晶体管调压器的工作原理。

【课程思政】

驾驶“救国”号飞机从德国飞回中国——孙桐岗

1933 年 6 月 26 日，孙桐岗驾驶自购的德制克莱姆-32 型“救国”号飞机，从德国的福尔特城起飞，途经奥地利、匈牙利、保加利亚、捷克、土耳其、叙利亚、波斯、印度、缅甸、暹罗（泰国）和越南等地，7 月 22 日飞抵广州，23 日抵长沙，24 日飞抵南京。孙桐岗此次长途飞行，历时 29 天，全程 1.2 万千米，实际飞行 19 天，空中飞行时间 130 小时。

孙桐岗驾驶的飞机，装有 90 马力发动机 1 台，最大时速 175 千米。这种飞机没有夜航设备，座舱是敞开式的，没有座舱盖。驾驶这种小型运动飞机长途飞行需要相当的胆量，途中也确实遇到不少惊险场面。当飞至叙利亚上空时，遇到旋风，飞机又正处于沙漠上空，被迫连续降落 3 次，机身也略受损坏，勉强飞到一个机场降落，在驻地军队的帮助下维修了 4 天才得以继续飞行。中国人当时敢于用这种小型飞机进行长途飞行，使沿途英国、美国驻军感到惊奇和钦佩。当飞机进入印度，飞到孟买上空时，适遇倾盆大雨，这对于没有座舱盖的小飞机是一个致命的威胁，座舱的积水使飞机操纵发生困难，飞机迫降在一个小山坡下，经过近 5 小时的维修，在没有夜航设备也没有地面导航的条件下，当晚冒险飞抵加尔各答，到达机场后，受到中国政府驻当地领事及 500 名华侨和当地 1000 多人的热烈欢迎，他们对孙桐岗的冒险精神和高超的飞行技术无不惊叹。

引自：https://www.xuexi.cn/lgpage/detail/index.html?id=15729088338611685624

任务 5　交流电源的并联运行及控制与保护

知识目标

1. 掌握交流电源的并联运行的基本规律。
2. 掌握交流发电机并联运行的条件。
3. 掌握对交流电源实施控制保护的原理。

能力目标

1. 能描述交流电源的并联运行的基本规律。
2. 能分析交流发电机并联运行的条件。
3. 能分析交流电源实施控制保护的原理。

思政目标

1. 树立航空安全意识，具备团队合作的精神。
2. 培养分析问题和解决问题的能力。
3. 培养吃苦耐劳的精神，树立认真负责的工作态度。

【情境创设】

飞机交流电源有并联运行和非并联运行两种运行形式。双发飞机一般采用非并联运行；四发飞机的主交流发电机一般采用并联运行；三发飞机既存在主发非并联工作方式，也存在主发并联工作方式。交流电源并联运行与非并联运行各有优点。

【任务实施】

带领学生到停机坪进行参观，教师请学生就不同飞机电源的并联运行与非并联运行进行分组讨论。

知识点 1　交流电源的并联和非并联运行

1. 交流发电机并联运行与非并联运行的优点

1）交流发电机非并联运行的优点

（1）恒速传动装置之间不需要设置功率自动均衡装置，降低了系统的复杂性。

（2）电气系统中某一部分的扰动，仅仅影响到与该发电机有关的系统部分。

（3）由于不需要考虑发电机负载均衡的问题，因此可以充分利用单台发电机的全部容量。调节、控制与保护设备简单，有利于提高系统的可靠性。

2）交流发电机并联运行的优点

（1）用电负载在供电的各发电机之间均匀分配。

（2）多发电机系统中，某一台发电机故障时，可将故障发电机与电源系统隔离，其他发电机正常向负载供电，从而实现了不间断供电，提高了供电可靠性。

（3）并联后由于电网容量增大，大功率用电设备的起动和断开对电网的干扰作用小，即电源的电压和频率波动小，提高了供电质量。

（4）并联系统可以使反延时的过流保护装置动作更迅速。

2. 交流发电机并联运行的条件

飞机交流电源要符合一定的条件才能投入并联，以保证投入并联瞬间所产生的冲击电流和冲击功率不超过允许范围。具体来讲，就是要求当发电机输出的电压、频率、相位、相序、电压波形这 5 个参数都在规定范围内，发电机才可以投入电网使用。下面简要介绍交流发电机的并联条件及其对电网的影响。

1）电压波形

发电机输出的电压波形应与电网电压波形一致，为良好的正弦波，电压波形的失真度均应小于 4%。一般采用同型号发电机就能满足该要求。

2）相　序

发电机的输出相序应与电网电压的相序一致。相序与发电机的转子转向及输出馈线的接线顺序有关，而发电机的转向是固定的，因此接线时要确保三相相序严格一致。

3）频　率

发电机的频率应与电网频率相近。

4）电压大小

发电机电压应与电网电压之间相近。

5）相　位

发电机电压与电网电压之间相位差要小，以减小投入时产生的冲击。

只有当上述 5 个参数均满足条件在规定范围内，发电机才能投入电网。由于飞机上采用同型号同步发电机并联、结构和参数均相同，电压波形可认为也相同，都与理想正弦波接近，因此将它们并联，不会对电源系统产生明显影响。对于恒速恒频系统来说，在一定安装条件下的交流发电机，只要传动装置输出转向不变，正确接线，电源相序就是固定的，其他参数在允许范围内，即使有一定压差、频差、相位差，还是可以投入并联的。目前，一般要求压差不超过额定电压的 5%～10%，频差不超过额定频率的 0.5%～1%，相位差不超过 90°，即可投入并联。以上条件由自动并联装置进行检测，当满足要求，系统自动将待并联发电机投入电网。

3. 交流负载的自动均衡

在发电机并联运行过程中，虽然各个发电机系统的原动机、传动装置、发电机、调压器和调速器都是同一型号，但由于制造工艺、工作状态以及环境不同等差异，在并联运行时会出现负载不均衡现象，为了充分利用系统容量，使负载均衡分配，则必须在并联供电系统中设置负载自动均衡装置。交流负载的均衡比直流负载的均衡更加复杂，它包含无功负载均衡和有功负载均衡两个方面，即既要保证各发电机输出的有功功率相等，又要保证无功功率相等。

1）无功负载均衡

要改变发电机输出的无功功率，需要改变发电机输出的无功电流。由于飞机交流发电机多为同步发电机，因此无功电流的调节可通过改变发电机的励磁电流实现，如图 3.5.1 所示。若在增强一台发电机励磁的同时，减弱另一台发电机的励磁，就可以实现无功负载的均衡。

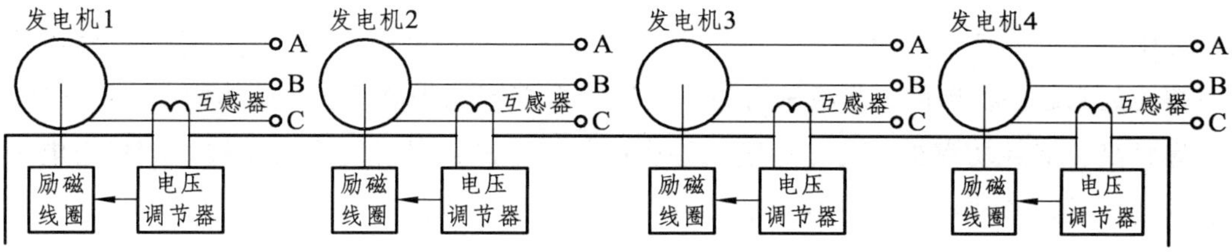

图 3.5.1　交流电源的无功负载的均衡

2）有功负载均衡

有功负载的均衡就是保持各发电机有功负载电流的彼此平衡。对于交流发电机而言，其有功功率在相同情况下由转速决定，所以有功功率的调节可以通过改变发电机的频率实现。恒速恒频电源系统一般是由恒装传动的，因此有功负载的均衡就是调节恒速传动装置的输出转速，如图 3.5.2 所示。

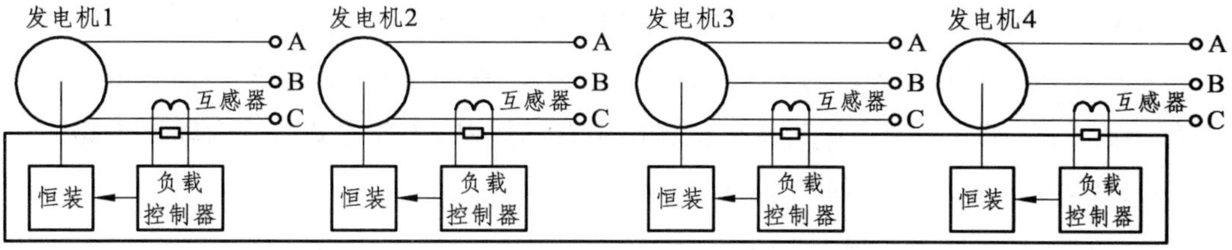

图 3.5.2　交流电源的有功负载的均衡

知识点 2　飞机交流电源的控制

控制与保护装置是飞机交流电源系统的重要组成部分，它是实现电源正常供电的重要环节，控制与保护两者是紧密相关的，常常组合在一起成为一个整体。为保持条理清晰，在本书内分作前后两节，本节主要叙述电源接通与断开的控制关系，下节讨论保护装置的种类与功能。

1. 控制保护装置的作用及类型

飞机交流电源系统控制保护装置的作用是人工或自动地接通、断开或转换控制执行元件。所谓控制，主要是根据供电方式的需要及一定的逻辑关系控制执行元件，以完成发电机和电网主汇流条的接通、断开或转换工作。所谓保护，一般是在发电机或电网局部出现故障时，有选择性地自动断开某些开关装置，使故障部分与正常供电系统隔离，防止故障扩大，保证系统正常供电。随着现代化运输飞机的发展，某些飞机设置了基本控制保护功能，同时还设置有自动卸载控制；在更新型的飞机上，还有不中断电源的控制。

控制保护装置主要有继电器型、磁放大器型、晶体管型三种。继电器型的控制保护装置是较早期的产品，其特点是结构比较简单，但由于活动触点的存在，故可靠性较差、抗振能力不高、灵敏度低、寿命短、不便于维护。磁放大器型的控制保护装置是一种静止型装置，没有活动部分，因此它的抗振性好、工作可靠、灵敏度高、受温度影响小，但它体积、重量大，制造工艺较复杂，而且需要专门的交流电源，所以使用得也越来越少。目前，普遍采用的是晶体管型控制保护器，它具有体积小、重量轻、可靠性高、消耗功率少、动作速度快等优点，主要缺点是受温度影响较大。随着电子技术的发展，集成电路在控制保护装置中也得到了应用。

2. 控制执行元件

控制与保护装置是飞机电源系统的重要组成部分，其主要控制执行元件如下：

1）**发电机励磁控制继电器** GCR

发电机励磁控制继电器控制发电机励磁电路的通断，决定发电机是否能够励磁发电。

2）**发电机断路器** GB

发电机断路器又称为发电机接触器（GC）或发电机控制断路器（GCB）。控制发电机能否投入电网并向各自的发电机汇流条供电，决定发电机是否向外输送电能。三者有一定区别，GC 主要实现对发电机输出电路的控制，GB 主要实现对输出电路的保护，GCB 同时具有控制和保护功能。

3）**汇流条连接断路器** BTB

汇流条连接断路器又称为并联断路器。决定发电机是否并联供电或发电机汇流条之间是否交互供电。

4）**外电源接触器** EPC

当飞机在地面时，接上外部电源，外电源接触器决定是否向机上电网供电。

5）**辅助电源断路器** APB

辅助电源断路器控制辅助电源与连接汇流条的通断，决定是否由辅助电源供电。

首先指出，在下面的分析中，汇流条连接断路器 BTB 的工作，在非并联供电系统中，BTB 平时处于断开状态，当外电源供电、辅助电源供电、或在故障转换时接通；在并联供电系统中，BTB 平时处于接通状态，当某台发电机故障时断开，以便将故障隔离。由于 BTB 和 GCR 平时处于接通状态，所以在并联供电的系统中，发电机的合闸并联实际上是通过控制 GCB 的工作而实现的。

3. 主要控制的逻辑关系

不论是单独供电还是并联供电的交流电源系统，主要的控制执行元件总是包括 GCR、GCB（或 GB）、BTB 和 EPC。各型飞机的具体线路尽管各不相同，但都必须满足一定的基本逻辑关系。当然，对于不同的具体线路，这些关系会有某些差异，下面介绍几种相关的控制电路。

1）发电机励磁控制继电器 GCR 的控制逻辑

GCR 的作用是控制发电机励磁电路的接通与断开。在一些大中型运输机上，它使用的是磁锁型接触器或断路器，能够独立地接通线圈与断开线圈。当某一线圈通电工作后，由永磁铁锁定在当时的位置，只有改换另一线圈通电，才能改变它的工作状态，并且锁定在第二种状态。

图 3.5.3 所示为 GCR 的控制基本逻辑关系，它的接通只需将发电机励磁控制电门 GCR.S 置于“接通”位置，即可使发电机励磁发电。它的断开只需人工断开 GCR.S 开关，或者当有需要断开励磁的故障信号出现时自动断开，它们的逻辑关系为“或”的关系。

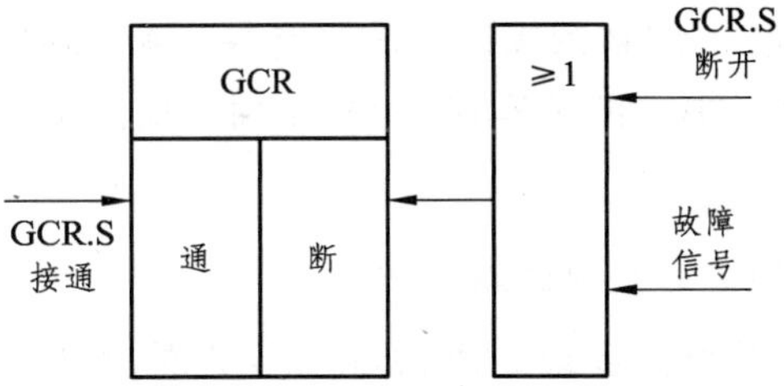

图 3.5.3　GCR 的控制逻辑

2）发电机断路器 GB 的控制逻辑

GB 是发电机断路器，由它控制馈线使发电机与汇流条接通或断开。在并联供电系统中，由于汇流条连接断路器 BTB 通常处于接通状态，因而发电机投入并联实际上是由发电机断路器 GB 来控制的。图 3.5.4 所示是发电机断路器 GB 的控制逻辑关系。

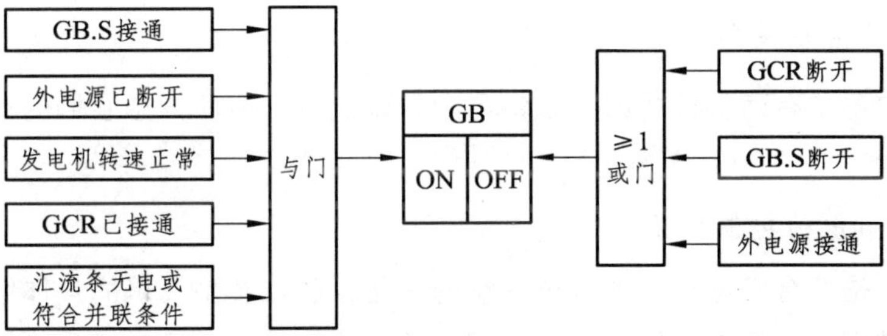

图 3.5.4　GB 的控制逻辑

对于单独供电的发电机要使 GB 接通向外供电，必须预先接通 GCR，使准备接通的发电机励磁，当发电机转速正常，而且发电机电压达到要求后，才能接通发电机控制电门 GB.S，并且在外电源已断开的条件下才能使 GB 接通。

对于并联供电的发电机系统，还必须按照并联供电合闸的要求接通 GB，如图 3.5.4 中的左半部分，以上条件必须同时满足，才能使 GB 接通，缺一不可。这种多个条件必须同时满足的关系称为“与”门关系。如图 3.5.4 中的右半部分，是 GB 断开的逻辑关系，三个条件中的任一条件发生作用，都会使 GB 断开。GB 的断开可由人工断开 GB.S 电门而断开，或在外电源接通，或者 GCR 断开。这里是“或”门的关系。对有的飞机，还可能由恒装脱开或欠速而使 GB 断开。

3）汇流条连接断路器 BTB 的控制逻辑

汇流条连接断路器 BTB 处于发电机汇流条与连接汇流条之间的通道上，对于非并联系统，当发电机故障时由它转换为其他电源供电；对并联供电系统则为正常供电的通道。图 3.5.5 所示是汇流条连接断路器 BTB 的控制逻辑关系。

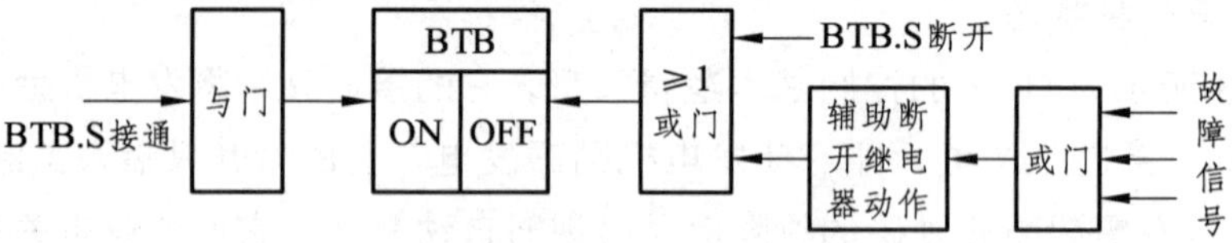

图 3.5.5　BTB 的控制逻辑

对并联和非并联系统，BTB 的接通都只要接通汇流条连接器的电门 BTB.S 即可；BTB 的断开则可由电门 BTB.S 断开实现，对于单独供电系统，有些故障信号可使 BTB 断开。

4）外电源接触器 EPC 的控制逻辑

外电源接触器 EPC 的控制逻辑如图 3.5.6 所示。外电源与发电机不能同时供电，为了保证工作安全可靠，它们的接通与断开通过互锁的方式实现，线路中的互锁都是通过接触器或断路器的辅助触点实现的。

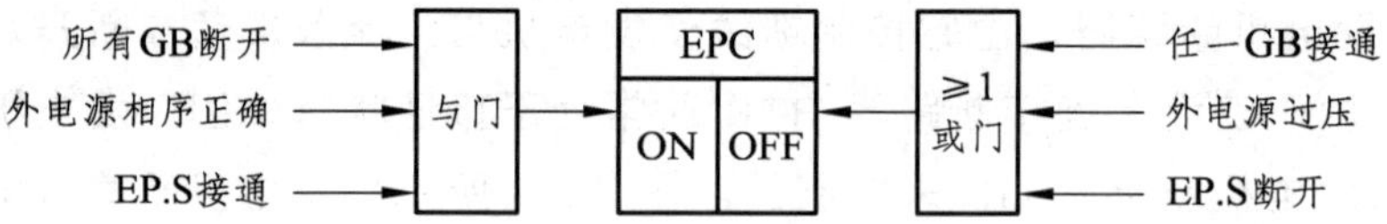

图 3.5.6　EPC 的控制逻辑

4. 供电的控制关系

飞机供电系统有两种模式即单独供电和并联供电，下面介绍它们的组成结构和工作原理。

1）单独供电的控制关系

图 3.5.7 是两台发电机单独供电系统的简化原理。各型飞机的具体线路不同，有的线路还比较复杂，但它们的基本关系却是类似的，因此它是掌握具体机种线路的共同基础。属于这种类型的飞机有 MD-80（DC-9）、B737、B757、B767、B777、A310、A320 等。

（1）单独供电系统的工作概况。

飞机在地面、空中飞行的各种情况以及有故障状况下，所使用的供电电源不尽相同，图 3.5.7 中出现的符号的含义如下：

Gen1、Gen2——由左、右发动机驱动的发电机。

APU——辅助动力装置，当发动机未启动或尚未正常工作时，由其提供动力。

APU Gen——是由 APU 驱动的辅助发电机。

Gen Bus1——发电机 1 汇流条。

Gen Bus2——发电机 2 汇流条。

GCR——发电机励磁控制继电器（图中未画），决定发电机是否能够励磁发电。

GB——发电机断路器，决定发电机是否输出。

BTB——汇流条连接断路器，决定是否并联供电或两台发电机交互供电。

Tran.Bus1、Tran.Bus2——转换汇流条。图 3.5.7 中转换继电器为“上”触点接通。

（2）地面外电源供电。

当飞机在地面，所有发动机关断时，地面外接三相电源可通过地面电源接触器 EPC 工作后的闭合触点向机上连接汇流条供电，当两个汇流条连接断路器 BTB 闭合时，外电源则向两个发电机汇流条和它们的转换汇流条供电。

（3）APU 发电机供电。

当辅助动力装置 APU 起动后，人工将 APU 发电机控制电门放到“接通”（ON）位，使 APU 发电机的 APB 接通，同时人工控制 BTB 电门使 BTB 工作，从而使 APU 发电机电源经连接汇流条向单个或同时向两个发电机负载汇流条供电。在控制电路中，由逻辑关系保证外电源 EPC 的断开先于 APU 发电机 APB 的接通。

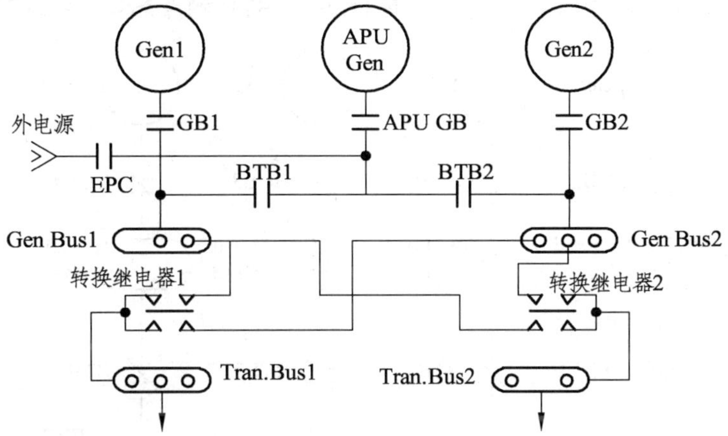

图 3.5.7　单独供电系统的简化原理图

（4）主发电机供电。

当左发动机起动完成后，它的发电机励磁并建立电压，若置发电机 1 的控制电门到“接通”位，则会断开 BTB1，而同时接通 GB1，这时则由 1 号发电机向发电机汇流条 1 和转换汇流条 1 供电，而 APU 发电机仍向发电机汇流条 2 和它的转换汇流条供电。这两个电源不能并联工作，当撤去发电机电源后，则发电机汇流条 2 断电。同理，当右发动机起动完成后，右发电机将向它自己的汇流条和相应的转换汇流条供电。这时，可将 APU 控制电门关断，系统的工作方式为正常飞行方式。在这个系统中，两个转换汇流条的供电是自动转换的，在正常状态，转换汇流条经过它的转换继电器的正常位置从它自己的发电机汇流条得到电源。

（5）故障状态。

若在发电机 1 处发生故障，则 GB1 自动断开，表示发电机 1 不工作。因为 2 台发电机不能并联供电，发电机汇流条 1 不能由发电机 2 供电而无电，这时转换汇流条 1 的负载由发电机 2 承担，在 GB1 断开时，转换继电器 1 会自动转到备用位。

由于系统中的各台发电机都不能并联供电，当选定任一电源接通工作时，其他电源自动断开，即具有所谓“使用优先”的关系。这时，所有电源断路器和接触器都是按一定逻辑关系互锁的。

以上的控制功能由发电机控制组件 GCU 和汇流条功率控制器 BPCU 实现。每台发电机都配有一台 GCU，整个电源系统配置一台 BPCU，两者之间有串行通信网络，用于传递控制和状态信息，以实现对电源的控制和保护功能，以及完成电网的重构。

2）并联供电的控制关系

图 3.5.8 所示为并联供电系统控制关系的简化原理，这是 4 台发电机并联供电的系统，它适用于 B707、B747 及 DC-10，L-1011 等型号飞机的交流电源系统。图中上部为 4 台发动机驱动的发电机 Gen1、Gen2、Gen3 和 Gen4，下面分别对应各自的发电机控制断路器 GCB1、GCB2、GCB3 和 GCB4，然后是 4 台发电机各自的负载汇流条，下部是 4 个汇流条连接断路器 BTB，最下为连接汇流条即同步汇流条。右下角为外电源插座和外电源接触器 EPC。图中除 EPC 外，所有 GCB 和 BTB 触点都处于并联工作状态。

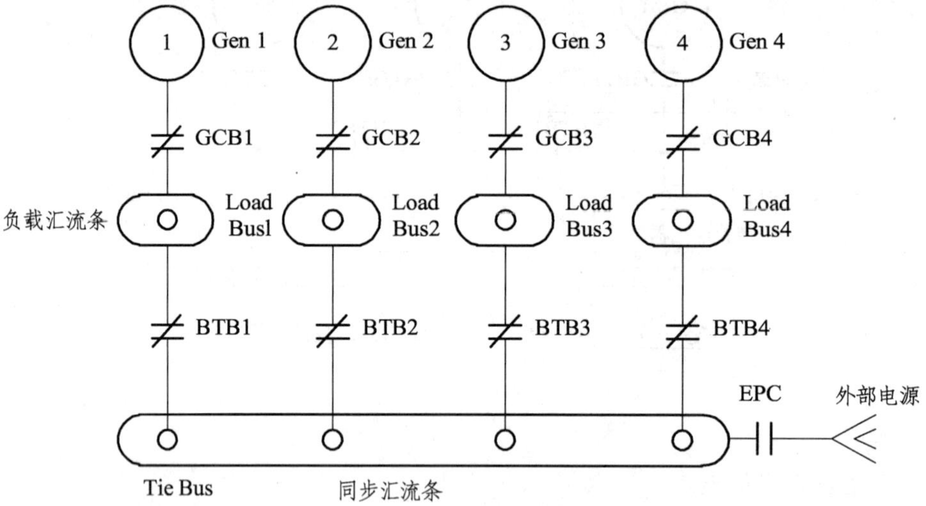

图 3.5.8　并联供电系统的简化原理图

（1）并联供电。

当 4 台发动机起动均正常发电后，经过它们各自的发电机控制断路器（GCB）触点分别向各自的发电机负载汇流条供电。在正常状态下，当 4 个 BTB 都闭合时，4 台发电机将向同步汇流条并联供电。

（2）故障状态。

若任一台发电机由于故障不工作，则故障发电机的 GCB 自动跳开。例如，Gen3 故障，则 GCB3 自动跳开，这时该故障发电机的负载汇流条经 BTB3 保持供电。图 3.5.9 所示是 Gen3 故障时的并联供电系统。

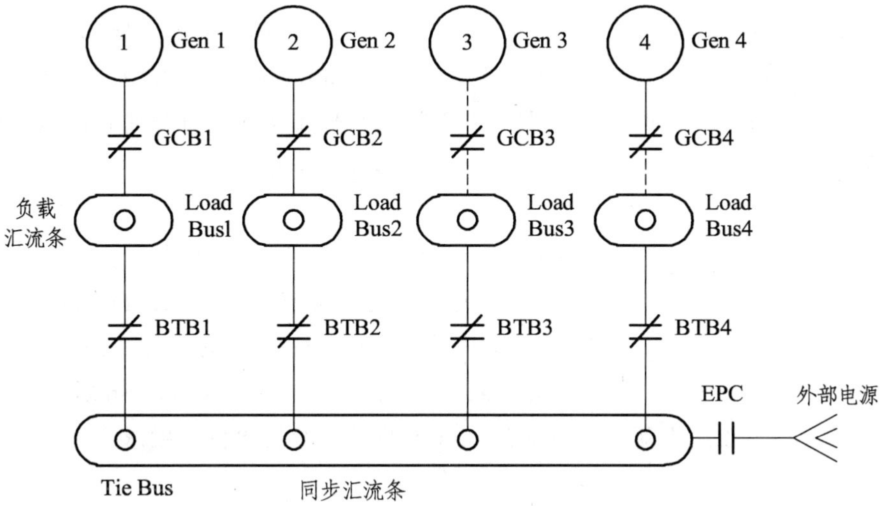

图 3.5.9　Gen3 故障时的并联供电系统

如图 3.5.10 所示，若故障发生在负载汇流条，如 Load Bus3 处，或发生在 GCB3 与 BTB3 之间的馈线上，则该故障发电机系统的 GCB3 和 BTB3 都自动跳开，以便将故障部分与系统隔离，而保持其他发电机正常并联供电。

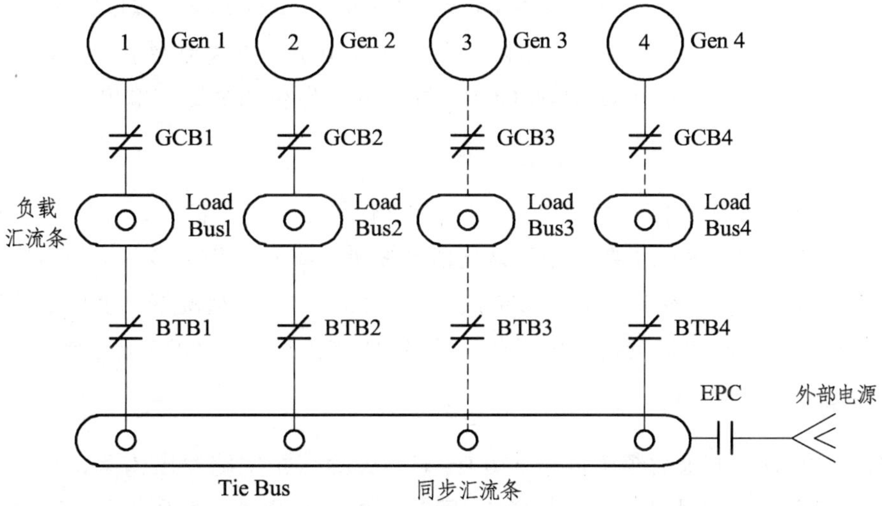

图 3.5.10　负载汇流条 3 故障时的并联供电系统

（3）单独供电与并联供电的混合状态。

当需要时，每台发电机可隔离而单独工作，即按需要由人工控制相应的 BTB，则可形成 2 台至 4 台发电机并联供电的不同组合情况。如 BTB1、BTB2 断开，则发电机 G1、G2 单独向自己的负载汇流条供电，而发电机 G3、G4 并联供电。

知识点 3　交流电源的故障及其保护

当交流电源系统出现故障，必须进行有效保护，以防止损坏用电设备以及电源系统，保证飞行安全。当发电系统出现故障时，根据故障情况，由发电机控制组件

（Generator Control Unit，GCU）分别断开发电机励磁控制继电器（Generator Control Relay，GCR）和发电机控制断路器（Generator Circuit Breaker，GCB）。GCR 串联在发电机励磁电路中，当 GCR 断开时，发电机没有输出电压。如发生过压故障时，必须断开励磁，以保护发电机和调压器。GCB 可以将发电机与飞机电网断开，用于保护用电设备。

飞机交流电源系统中设置的主要故障保护项目有以下几种：过压保护（Over Voltage，OV）、欠压保护（Under Voltage，UV）、欠频保护（Under Frequency，UF）、过频保护（Over Frequency，OF）、差动保护（Differential Protection，DP）、过载或过流保护（OL/OC）、开相保护（Open Phase，OP）、欠速保护（Under Speed，US）和逆相序保护（NPS）等。下面简单介绍这几种电源系统的故障保护要求和电路的基本工作原理。

1. 过压保护

根据航空电源的国际标准 ISO 1540，单相过压值为 132 V，或三相平均电压的过压值为 130 V。产生过压的原因主要是调压器失效，从而导致发电机的励磁电流过大。为了防止由于干扰信号而产生误动作，在保护电路中必须加设延时。根据过压值越大危害也越严重的特点，过压保护采用反延时（inverse time delay），即过压值越大，延时时间越短。当发电机发生过电压故障时，会对发电机本身及电网上的负载都造成损害，因此过压时应同时断开 GCR 和 GCB，即断开发电机的励磁和输出。

2. 欠压保护

恒频交流电源的相电压低于 98 V 时，欠压保护电路发出信号，经过固定延时 7s 后，断开 GCB。欠压故障主要是由于调压器或发电机本身故障造成的，但当恒速传动装置发生欠速时或发电机过载时也会造成发电机欠压。一般情况下，发电机的三相输出每相都安装有欠压保护电路，只要有一相出现低电压故障，GCB 就会断开。

3. 欠频保护

当发电机输出电压的频率低于 370 Hz 时，欠频保护电路发出信号，经过固定延时 7s 后断开 GCB。欠频和欠压故障往往同时发生。如果欠频发生在前，则欠压保护电路输出就会被锁定。如果欠压发生在前，则欠频保护电路输出就会被锁定。交流电源的欠频故障会引起电磁设备工作不正常，如造成交流电动机欠速、变压器绕组过热等故障。

4. 过频保护

当发电机输出频率高于 430 Hz 时，过频保护电路发出信号，经固定延时 1 s 后，断开 GCR 和 GCB。过频故障主要是由于恒速传动装置调速系统故障，造成发电机转速过大造成的。一般恒速恒频电源系统不需要过频保护，因为过速时恒速传动装置会自动或人工脱开，但有的飞机上也设有过频保护。

5. 差动保护

所谓差动保护，是指从发电机汇流条流过负载的电流与回到发电机电枢绕组的电流不一致。在发生对地短路或相间短路时，这种情况才会发生。差动保护是对短路故障的保护，其适用范围主要包括两个方面。一是当无刷交流发电机中的主发电机定子电枢绕组发生相与地、相与相之间的短路故障时。故障产生的原因通常是因振动而断线搭地或因相间绝缘破坏而造成。发生故障后将产生很大的短路电流，以致烧毁发电机，严重时可能引起火灾。二是主发电机输出馈线发生短路故障。馈线是指发电机输出接头至汇流条的导线，由于振动等原因，容易造成搭铁（对地短路）或相与相的短路故障。为了减小短路故障造成的危害，要求保护装置尽快切断发电机的励磁电路，并将发电机从电网上切除，即断开 GCR 和 GCB。差动保护一般不设置延时，或只有很短的延时，如 50 ms。

6. 过载（或过流）保护

当发生过载或过流故障时，过载保护电路发出信号，断开发电机输出，以防止发电机因过载而烧坏。过载保护采用反延时。过载时一般还伴随有欠压故障，此时应禁止欠压保护电路输出信号。过载故障一般是由于电网中的一台发电机损坏而退出电网，这时另一台发电机就会由于负载加大而产生过载。在有些飞机中，过载信号将引起自动卸载（load shedding），电源汇流条控制器 BPCU 会自动切除一些不重要的或不影响飞行安全的通用负载，如厨房负载等。若卸载后发电机恢复正常，就不需要断开发电机的输出。但若自动卸载后发电机仍然过载，则需要断开 GCR 和 GCB，以防止发电机因长期过热而损坏。

7. 开相保护

开相是指三相电源系统中有一相馈线电流为零而其他两相输出正常。在这种情况下，会使三相用电设备不能正常工作，如三相交流电动机、TRU 等。保护电路的原理是比较电流互感器中各相电流互感器的输出，当两相之间的电流差达到一定值时，保护电路输出信号，断开 GCR 和 GCB。开相保护采用固定延时，一般为 5 s。造成馈线断路（开相）的原因主要有主发电机内部的电枢绕组开路、发电机外部馈线开路及三相断路器 GCB 有一相接触不良或损坏等。

8. 欠速保护

发电机欠速是传动系统的故障。欠速故障的检测环节一般是由转速传感器敏感恒速传动装置的输入转速或 APU 发电机的转速。欠速保护电路将转速传感器送来的电压或频率信号与设定值进行比较，当转速低于额定转速的 90%时，欠速保护电路发出保护信号。欠速保护电路的原理与欠频或欠压保护电路基本相同，这里不再赘述。欠速一般不是发电机的故障，但欠速会导致电源系统发生欠频或欠压故障。欠速保护电路的一个功能是在发动机或 APU 关断时，发出一个信号禁止欠频或欠压保护电路输出信号去断开 GCR，即欠速时只需断开 GCB。

9. 逆相序保护

当三相交流发电机的输出相序不正确时，就不能合上 GCB，否则在供电时会出现如电动机反转等严重的事故；在交流发电机并联供电系统中，并联发电机的相序不同将烧毁发电机和供电线路。相序故障主要发生在更换发电机后或地面电源供电时。

【学习体会】

通过本任务的学习，你都学到了什么？请写在下面。

____

____

【任务测评】

请根据所学知识，完成以下任务：

1. 交流发电机并联运行与不并联运行的优点分别是什么？
2. 交流发电机并联运行的条件是什么？
3. 交流发电机通常有哪些故障类型，其故障表现形式是怎样的？

【课程思政】

新中国第一批女飞行员——蓝天“花木兰”

1952 年 3 月 8 日 11 时 45 分，随着三颗开飞信号弹蹿上天空，14 名平均年龄不到 20 岁的女飞行员，驾驶着 6 架苏式里-2 型墨绿色双发运输机，准备从北京西郊机场冲上蓝天，飞向天安门广场接受检阅。

来自首都各界的 7000 余名代表和 50 多位各国驻华使节的夫人以及中外记者共同见证了新中国第一批女飞行员的起飞典礼。当飞机从中南海上空飞过的时候，毛泽东主席特意从办公室走到院子里观看，还赞扬她们：“细妹子不简单，飞得好高啊！”

1952 年 3 月 8 日下午 1 点 10 分，6 架飞机准时通过天安门上空，接受检阅；1 点 20 分，飞机陆续返回机场，平稳降落。朱德总司令、全国妇联副主席邓颖超检阅并接见了女飞行员。多年以后，首批女飞行员武秀梅对当天的场景依然记忆犹新。

武秀梅回忆：“邓颖超说，只有在新中国，女同志才能和男同志一样，男同志能办到的事，女同志也能办得到。”

首批女飞行员周映芝记得，邓颖超语重心长地对大家说，今天的起飞典礼证明了妇女只要打破自卑感，有信心、有勇气，就没有办不成的事。

由于第一批女飞行员开创了通向蓝天的道路，第二、三、四、五、六批女飞行员也相继完成培训，成为空军建设中的重要力量。她们驾驶的飞机飞遍了祖国各地，执行空运、空投、抢险救灾等各种任务，为人民空军赢得了荣誉，也为新中国妇女争了光，为祖国争了光。

她们是中国故事的“最佳女主角”，与时代同呼吸，与祖国共奋进，祖国终将选择那些忠诚于祖国的人，祖国终将记住那些奉献于祖国的人！

引自：https://www.xuexi.cn/lgpage/detail/index.html?id=3946186943698021176&%20item_id=%203946186943698021176

任务6　电磁干扰与电磁兼容性

知识目标

1. 掌握电磁干扰和电磁兼容性的概念。
2. 了解电磁干扰对人类的危害。
3. 掌握常见的电磁干扰源。

能力目标

1. 能区分电磁干扰和电磁兼容性的概念。
2. 能描述电磁干扰对人类的危害。
3. 能描述常见的电磁干扰源。

思政目标

1. 树立航空安全意识，具备团队合作的精神。
2. 培养分析问题和解决问题的能力。
3. 培养吃苦耐劳的精神，树立认真负责的工作态度。

【情境创设】

随着科学技术的进步，人们在生产及生活中使用的用电设备越来越多，这些设备工作时，都会产生一些有用或无用的电磁能量，这些能量会影响其他设备或系统的工作，即电磁干扰。

【任务实施】

带领学生到停机坪进行参观，教师请学生就飞机上存在的电磁干扰、电磁兼容性以及电磁干扰对人体有什么影响等内容进行分组讨论。

知识点 1　电磁干扰与电磁兼容的定义

电磁干扰（Electromagnetic Interference，EMI）是干扰电气信号并降低信号完好性的电子噪声。它是由电磁信号引起的，只要有电流的流动，就会产生电磁干扰。严格地说，只要把两个以上的用电设备放置在同一环境中，这些设备工作的同时，都会产生一些有用或无用的电磁能量，这些能量会影响其他设备或系统的工作，这就是电磁干扰。

电磁兼容（Electromagnetic Compatibility，EMC）是指设备或系统在其电磁环境中符合要求运行，并不对其环境中的任何设备产生无法忍受的电磁干扰的能力。如果一个用电设备的电磁干扰引起另一个用电设备性能下降或失效，就称为电磁不兼容。对于某型无人机的电磁兼容系统包含了静电放电子系统和接大地子系统，主要作用是消除飞机在飞行过程中产生的沉积静电和地面维护操作产生的静电危害影响。

电磁干扰和电磁兼容是相互关联的概念，人们对电磁兼容的含义做出了科学的概括，认为电磁兼容是“设备（分系统、系统）在共同的电磁环境中能一起执行各自功能的共存状态，即该设备不会由于受到处于同一电磁环境中的其他设备的电磁发射导致或遭受不允许的降级，它也不会使同一电磁环境中其他设备（分系统、系统）因受其电磁发射而导致或遭受不允许的降级”。

1. 电磁干扰的三要素

研究表明，任何一个电磁干扰的发生必须具备三要素，即干扰源、干扰传播途径和敏感设备，如图 3.6.1 所示。

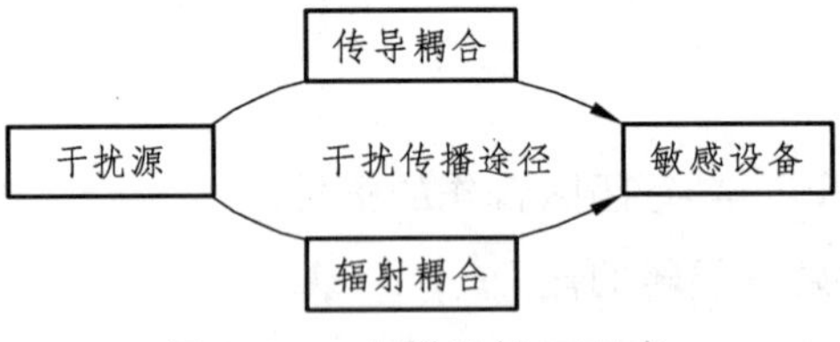

图 3.6.1　电磁干扰三要素

干扰源是发生电磁干扰的首要因素。但是存在干扰源并不一定会产生电磁干扰，其可能存在电磁干扰和电磁兼容两种可能。干扰源一般是无意识发射的，通常伴随着用电设备实现某种电能转换功能而产生。完全消除电磁干扰源是不现实的，只能通过电磁兼容的方式，让其工作在正常工作范围内。一般飞机的电磁干扰源可分为飞机系统内干扰源和系统外干扰源两大类。阅读相关内容请扫描二维码查看。

飞机的电磁干扰源

干扰传播（耦合）途径是干扰能量可以传播的途径。任何电磁干扰的发生必然伴随着干扰能量的传播，电磁干扰的传播方式有两种：一种是传导传输方式，一种是辐射传输方式。对于敏感设备而言，干扰的耦合分为传导耦合和辐射耦合。传导耦合需要干扰源和敏感设备之间有物理电路连接，干扰信号通过线路传导到敏感设备，发生干扰现象。辐射耦合则通过介质以电磁波的方式传播，使敏感设备受到干扰的影响。

在电磁兼容理论中，敏感设备是指能够被电磁干扰影响的对象。所以，敏感设备实际上是电磁不兼容的。

2. 电磁干扰的危害

电磁干扰对人类活动主要有三大危害，下面分别进行说明。

1）电磁干扰会破坏或降低电子设备的工作性能

强烈的电磁干扰作用可以使电子设备的元器件降级或失效。一般硅晶体管的发射极和基极之间的反向击穿电压为 2～5 V，而且它还随着温度升高而降低，干扰电压很容易把它损坏。电磁干扰中的尖峰电压可使晶体管发射结和集电结击穿和烧穿短路。此外，晶体管在射频电磁波的照射下，还能够吸收足够的能量使结温升高，造成二次击穿而损坏。

2）电磁干扰能量可能引起易燃易爆物起火和爆炸，造成武器系统失灵、储油罐起火爆炸等

在现代飞机、导弹、坦克和军舰上有许多电引爆装置，它已成为军械系统必不可少的设备。然而电磁波通过电爆装置的控制线路，感应耦合形成干扰电流可能引起爆炸。例如，早在 1932 年，英国就有射频能量造成意外爆炸事故的记载。1949 年，美国杜邦公司记载了在一般石油勘探船上，由于一台 50 W 发射机的水平天线（长 7.6 m，工作频率 1 602 kHz）在一枚 5 磅烈性炸药的引爆电路上感应出 0.42 A 的电流而引起意外爆炸。

各种燃油在强电磁场作用下有发生燃烧和爆炸的危险。一般的常见事故有三种情况请扫描二维码查看。

电磁干扰对燃油的危害

3）电磁干扰能量可对人体组织器官造成伤害，危及人类的身体健康

电磁波作用到人体和动植物上，可以被反射、吸收和穿透。这种非电离射频生物效应一直被人类关注。因为在一定条件下，电磁辐射可导致中枢神经系统机能障碍和自主神经功能紊乱、眼睛损伤、诱发癌症或免疫缺陷性疾病。

3. 电磁兼容的策略

电磁兼容可以从电磁干扰的三要素出发，对应的策略即是消除其中某一个因素，从而解决电磁兼容问题。

抑制电磁干扰的首要措施是找出干扰源，其次是判断干扰的途径，确定干扰量。解决电磁兼容问题应从产品的开发阶段开始，并贯穿于整个产品或系统的开发、生产全过程。大量经验表明，在产品或系统的研制生产过程中，越早注意解决电磁兼容问题，越能节省人力和物力。采取控制干扰源的发射，除了从电磁干扰源产生的机理着手以外，还需广泛地应用屏蔽（包括隔离）、滤波、接地频率调制和数字传输等技术。相关内容请扫描二维码查看。

电磁兼容策略

【学习体会】

通过本任务的学习，你都学到了什么？请写在下面。

【任务测评】

请根据所学知识，完成以下任务：

1. 电磁干扰的三要素是什么？
2. 电磁干扰对人类有哪些危害？
3. 飞机上常见的电磁干扰源有哪些？
4. 电磁兼容的控制技术有哪些？

【课程思政】

从今天起，我的生日就是 3 月 23 日

1998 年 3 月 23 日，歼-10 首飞成功，中国成为世界上第五个能够自主研制第三代战机的国家。“从今天起，我的生日就是 3 月 23 日！”歼-10 首飞那天，歼-10 总设计师宋文骢这样说。

1980 年，宋文骢任歼-7C 飞机总设计师，领导了第二代战斗机从设计到定型装备部队全过程，填补了我国轻型全天候战斗机装备的空白，使我国跨入自主研制第二代战斗机的国际行列。1986 年，时年 56 岁的宋文骢被任命为歼-10 飞机总设计师，肩负起我国自主研发新一代先进战斗机的历史重任。歼-10 飞机是我国自行研制的当时唯一具有国际先进水平的第三代战斗机，技术跨度大、难度高，其战技要求集中体现了西方先进国家 2000 年左右装备的第三代先进战斗机的特点。“技术、人才和实验条件等方面，和第三代先进飞机的要求相距甚远。”在漫长的研制过程中，宋文骢领导广大设计技术人员，一步一个脚印，默默地向目标迈进，先后攻克了先进气动布局、数字式电传飞控系统、高度综合化航电武器系统、CAD/CAE/CAM 等关键技术。尽管研制的技术跨度大，难度高，在漫长的研制过程中，宋文骢带领广大设计技术人员仍坚持自主研发，先后攻克一系列关键技术，让歼-10 身上流淌着中国自己的“血液”。歼-10 飞机起落架采用了先进的高强度钢整体结构，性能要求高、制造难度大，在歼-10 飞

机试制中是一块难啃的硬骨头。本来，起落架的研制和成飞无缘。成飞原起落架厂的领导还记得那令人沮丧的情景，那天他们得到消息，歼-10 飞机的起落架生产划归给兄弟单位。一个生产起落架的专业分厂，没有起落架干，今后靠什么生存呀？心情极不平静的他们立即召开了干部会，大家一致认为：如果不能在歼-10 飞机的研制生产中占有一席之地，将错失自身的发展机遇，对从事起落架生产的干部职工来说，也将是终身遗憾。而且从经济角度讲，歼-10 飞机的起落架靠从外厂购买，成本将增加很多。不行，我们一定要干歼-10 飞机起落架。他们将意见以"紧急信息"的方式向上级领导层反映，并快速制定参与歼-10 起落架研制的可行性方案，主动请缨，参与竞争。在歼-10 飞机研制专题会上，成飞原起落架厂的领导立下了军令状：我们有能力干好歼-10 飞机起落架。经过多方努力，上级把歼-10 飞机前起落架研制生产的任务交给了成飞。干部职工很清楚，争回来的是一把悬在头上的"达摩克斯利剑"，风险和责任巨大。历经 500 多个日日夜夜，成飞参研人员屡败屡战，永不言弃，终于歼-10 飞机研制战线上的第一个大部件"前起落架"成功提前交付，这是歼-10 飞机研制中第一个报捷的项目。

1998 年 3 月 23 日，歼-10 终于实现了首飞，飞机着陆后，宋文聪第一个冲上前去，紧紧抱住了试飞员……宋老一生为航空事业奉献，为国家强大、民族复兴贡献，我们应当为成为像宋老一样投身祖国航空事业的人而感到骄傲！

引自：https://baike.sogou.com/v7183281.htm?fromTitle=%E5%AE%8B%E6%96% 87%E9%AA%A2

模块 4 飞机供电系统应用实例

模块 4 微课

在设计飞机时，选择什么样的供电体制一般取决于飞机用电量的大小，用电设备性质等因素。本模块将举例分析低压直流供电系统、交流供电系统、高压直流供电系统在飞机上的配置情况。

任务 1 直流供电系统实例

知识目标

1. 理解直流供电系统的结构。
2. 掌握飞机单发低压直流供电系统的一般工作原理。
3. 掌握飞机并联直流供电系统的一般工作原理。
4. 掌握飞机高压直流供电系统的一般工作原理。

能力目标

1. 能理解直流供电系统的结构。
2. 能分析飞机单发低压直流供电系统的一般工作原理。
3. 能分析飞机并联直流供电系统的一般工作原理。
4. 能分析飞机高压直流供电系统的一般工作原理。

思政目标

1. 养成“严慎细实”的机务作风，培养学生分析问题和解决问题的能力。
2. 培养团队协作意识，强化职业素养。
3. 铸匠魂、立匠德，培养工匠精神。

【情境创设】

供电系统是飞机上电能产生、变换、输送与分配部分的总称，包含从电源到用电设备输入端的全部环节，通常分为电源系统和配电系统两个部分。飞机的电源类型形式多样，有低压直流电源、交流电源、高压直流电源和混合电源等。各种飞机电源类型的产生、发展直至被其他类型替代的过程，正记录了飞机供电系统技术发展的历史进程。

【任务实施】

教师带领学生到停机坪进行参观，观察不同类型飞机的供电系统。教师请学生对低压直流供电系统、交流供电系统、高压直流供电系统的特点进行分组讨论，告诉学生新飞机设计上选择什么样的供电体制，一般取决于飞机用电量的大小、用电设备性质等因素。

知识点 1　单发低压直流供电系统

装备单发动机的飞机，其供电系统往往采用单发电通道。采用这种供电系统的飞机有固定翼无人机、战斗机、攻击机、教练机、农业机以及轻型直升机等。虽然上述飞机都采用单发电通道供电系统，但由于飞机用途不同，供电系统布局有不少的差别。用电设备越多的飞机，供电系统的布局显得更加复杂。

典型单发电通道供电系统往往采用 28 V 低压直流系统。由于这些飞机用电量不大，选择技术成熟和结构简单的 28 V 低压直流系统是一种不错的方案。在中大型固定翼无人机、多数教练机及轻型直升机上，主电源往往是一台直流起动发电机，这种典型的单发电通道供电系统如图 4.1.1 所示。

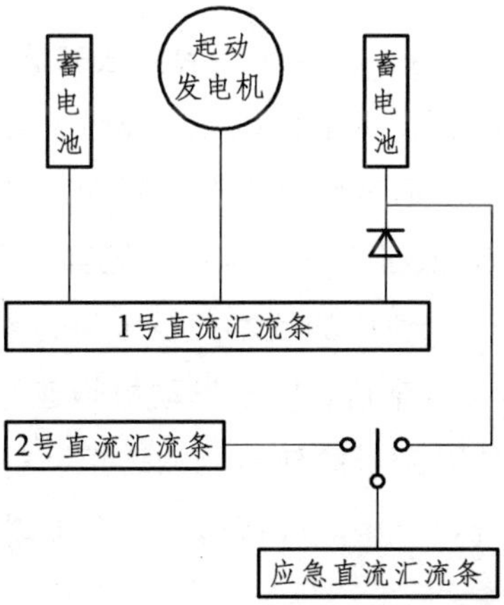

图 4.1.1　典型单发电通道供电系统

如图 4.1.2 所示为“火蜂Ⅰ”靶机的供电系统。“火蜂Ⅰ”为无人驾驶飞机，安装 1 台涡喷发动机，由美国特里达因·瑞安飞机公司研制，除作为美陆海空三军的通用靶机外，还改型用于侦察、监视、电子战和对地攻击。“火蜂Ⅰ”采用 28 V 低压直流供电系统，主电源为一台 6 kW 的起动发电机，二次电源为一台 115 V/400 Hz 单相变流器。在滑翔阶段，回收系统中电气设备的用电以及飞行控制的用电由一台 12.5 A·h 的铅酸蓄电池提供。

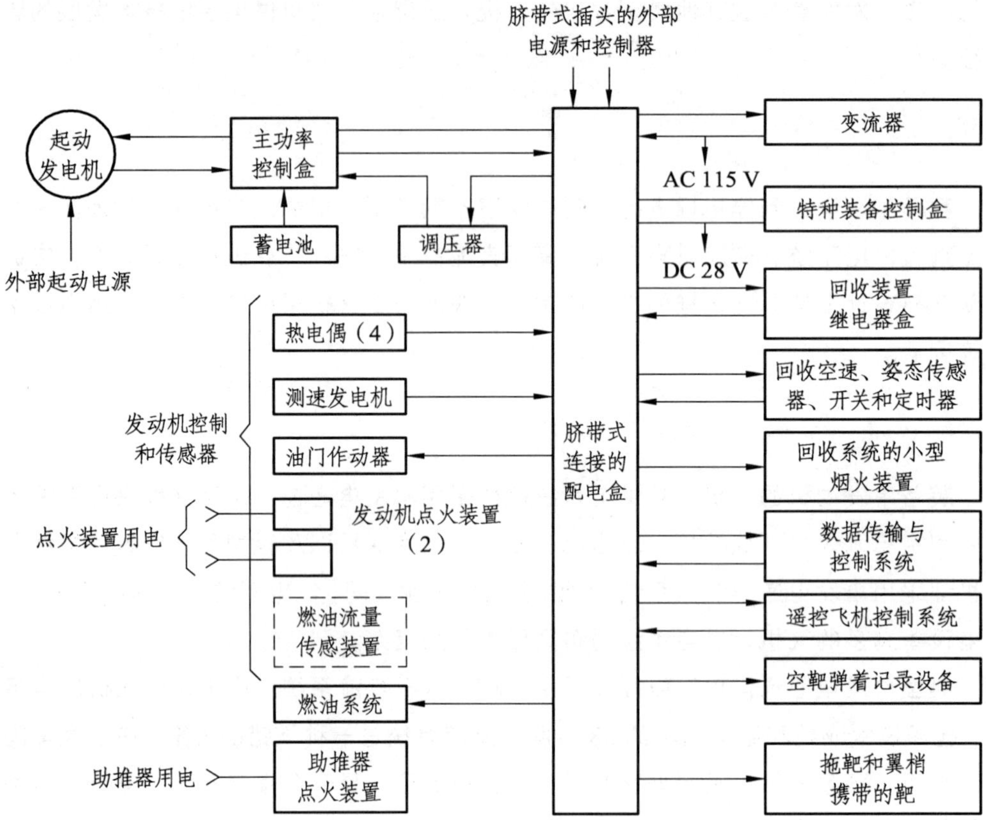

图 4.1.2 “火蜂 I ”靶机的供电系统

20 世纪 70 年代末，美国采用了综合对比的方法来选择 80 年代中期使用的各种遥控飞机的供电系统，从物理参数、供电性能、可靠性、维修性以及费用等方面来评价遥控飞机可能选用的供电系统。研究结果表明，对要求 7 ~ 10 kW 电力的先进多用途战术遥控飞机来说，采用 28 V 低压直流系统更具优势，因为该系统简单、可靠、重量轻；对要求 3 ~ 5 kW 电力的一次使用的战术靶机来讲，采用变频交流系统最优；对用电量在 1 ~ 2 kW 的微型遥控飞机来讲，由于发动机转速等原因，只能采用低压直流系统；对用电量在 10 ~ 25 kW 的高空长续航时间的遥控飞机来讲，采用交/直流混合供电系统最优，采用变频交流系统也不错。应该指出，在上述功率范围内，28 V 低压直流系统都是一种不错的候选方案。

与多发电通道供电系统相比，单发电通道系统具有可得最小系统质量和体积、成本低、系统维护方便、易于排除故障、系统复杂程度低等特点。

使用 28 V 低压直流电源的飞机实例

知识点 2　并联低压直流供电系统

对小型多用途运输机、支线飞机（30 座以下）及一些行政机，往往采用 28 V 低压直流系统，并采用并联供电方案，如图 4.1.3 所示。

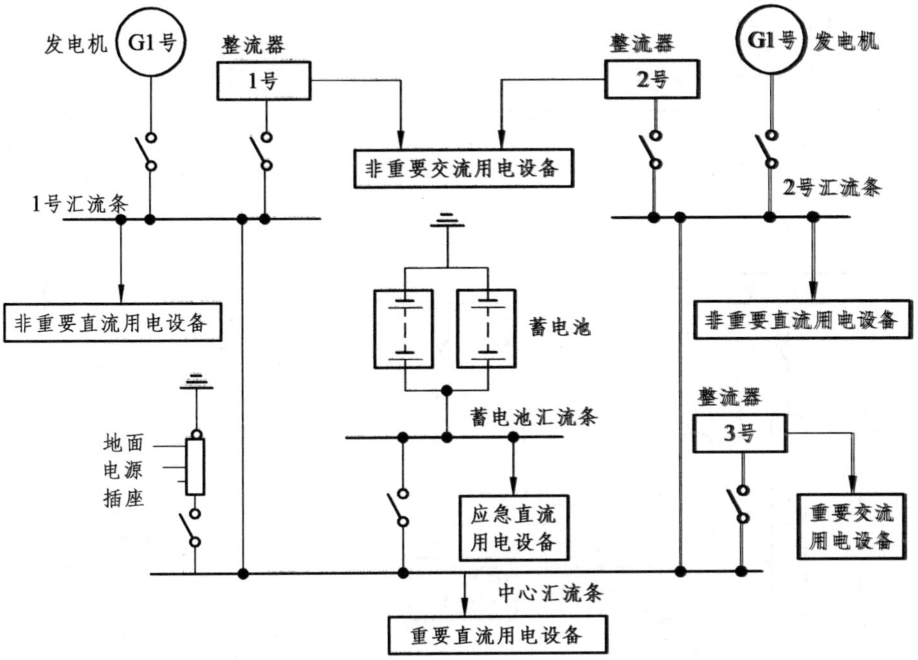

图 4.1.3　典型双发电通道供电系统（主直流电源）

OV-10 A 为战术侦察和空中指挥机安装了 2 台涡桨发动机，由美国罗克韦尔国际公司研制，OV-10 A 侦察机采用 28 V 低压直流供电系统。主电源为 2 台 9 kW 的起动发电机，二次电源为 2 台变流机，应急电源为 2 台 22 A · h 的镍镉蓄电池。

系统采用并联运行方案（见图 4.1.4），但 1 台发电机能向所有负载供电。蓄电池容量考虑了发动机起动和应急供电的要求。充满电的蓄电池可在 0 ~ 71 °C 的环境下起动发动机 4 次。飞机飞行 20 min 后就应确保蓄电池充满电。充满电的蓄电池可在应急供电情况下向重要设备供电 1 h。在直流部分有 7 个汇流条，它们分别是主直流汇流条、蓄电池汇流条、起动控制汇流条、起动汇流条、次级直流汇流条、直流监控汇流条和武器直流汇流条。其中，主直流汇流条可从发电机、蓄电池和外部地面电源获取电力，并向次级直流汇流条、直流监控汇流条和直流武器汇流条供电。当用机上蓄电池起动发动机时，起动控制汇流条和起动汇流条都由蓄电池汇流条供电；当利用外部地面电源起动发动机时，起动控制汇流条由主直流汇流条供电，起动汇流条直接由外部地面电源供电。

1 号变流机由主直流汇流条供电，2 号变流机由直流监控汇流条供电。在正常情况下，1 号变流机向主交流汇流条供电，但当它发生故障时则由 2 号变流机向主交流汇流条供电。26 V 的交流仪表汇流条通过 1 个仪表变压器接在主交流汇流条上。1 号交流监控汇流条仅从 2 号变流机获取电力，2 号交流监控汇流条仅从 1 号变流机获取电力。如图 4.1.4 所示为 OV-10 A 侦察机的供电系统。

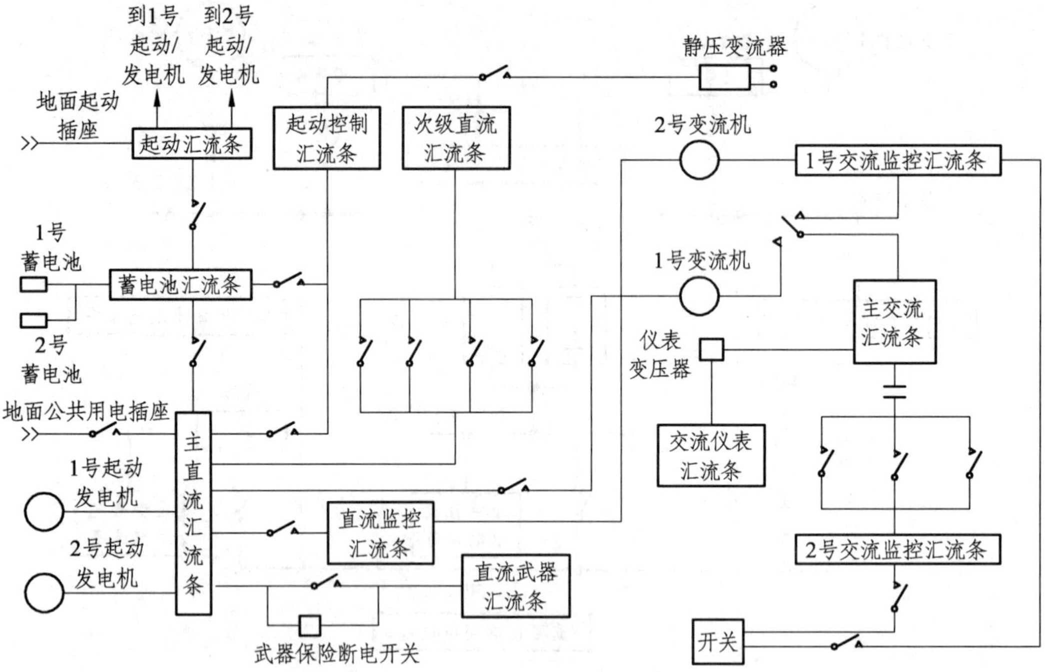

图 4.1.4　OV-10 A 侦察机供电系统

知识点 3　高压（270 V）直流供电系统

以 F-22 战斗机为例。它采用了主电源为 270 V 的高压直流供电系统，装有两台涡扇发动机，由美国洛克希德公司研制。F-22 的有关技术数据，请扫描二维码查看。

F-22 技术数据

F-22 战斗机供电系统的主电源为 2 台 65 kW 的直流发电机，二次电源为 6 kV · A 的变流器和 4 台 2.1 kW 的直流-直流变换器（270 V/28 V），辅助电源为一台由辅助动力装置驱动的 22 kW 高压直流发电机。

F-22 战斗机的供电系统除采用 270 V 高压直流供电体制外，还采用了由计算机和 Ada 语言编程控制的配电中心。配电中心保护飞机布线不受故障影响，实现因负载转换所需的电力管理和电源余度的分配与利用。为集中监控和控制，由 1553B 总线把配电中心连接到飞机主计算机上。在 F-22 战斗机上，设有公共设备管理系统用来控制和管理包括供电系统在内的一些机载机电系统。

F-22 战斗机的飞行控制系统由 3 台功率变换器（400 W）供电，该功率变换器接于 2 台主发电机。图 4.1.5 所示为 F-22 战斗机的直流供电系统简图。

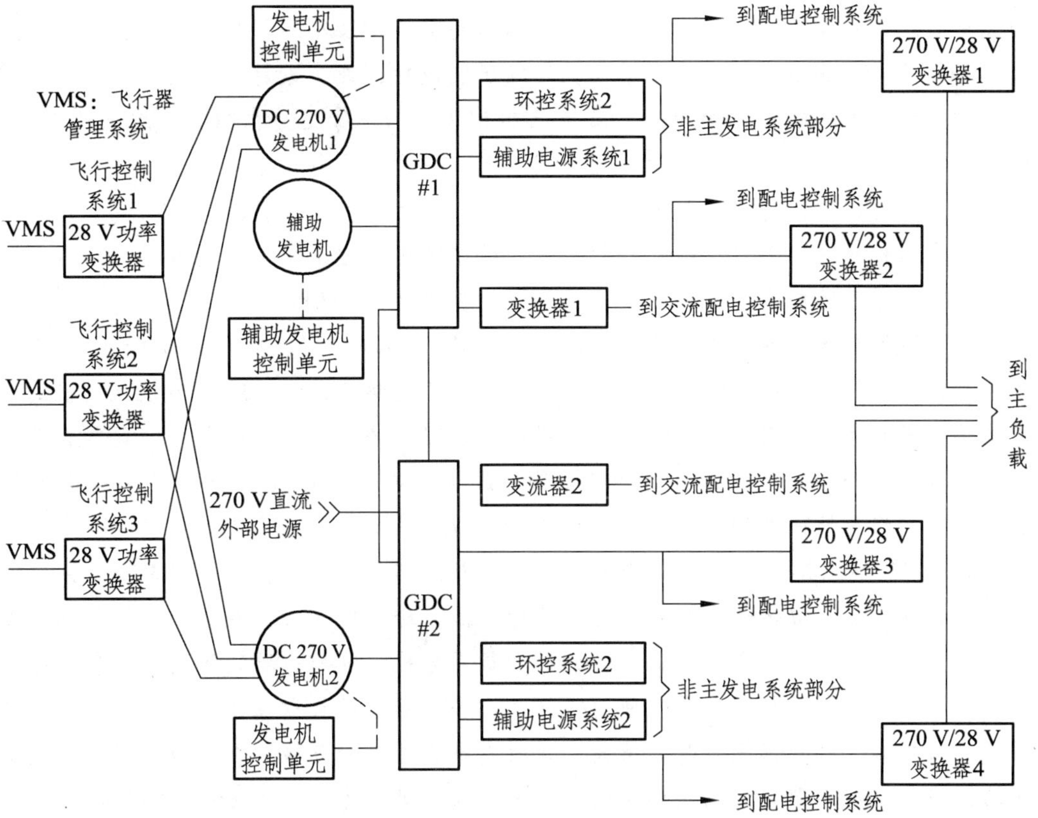

图 4.1.5　F-22 战斗机的直流供电系统

【学习体会】

通过本任务的学习，你都学到了什么？请写在下面。

____

____

【任务测评】

请根据所学知识，完成以下任务：

1. 试结合实例，分析飞机单发低压直流供电系统一般工作原理。
2. 试结合实例，分析飞机并联直流供电系统一般工作原理。
3. 试结合实例，分析 F-22 飞机高压直流供电系统一般工作原理。

【课程思政】

从运 10 到 C919——中国人艰难的大飞机之路

新中国成立前，我们国家连钉子、火柴都要从外国进口，更不用说研发构造复杂的飞机了。新中国成立后，面临着复杂的国际局势，发展军用飞机成为当务之急。歼5、歼6、歼7、强5、轰5等军用飞机相继研制成功，许多设计飞机的研究所和制造飞机的工厂被建立起来。1968年，轰6飞机试飞成功。和之前我国制造的飞机相比，轰6着实是一个“大块头儿”，尺寸已经与当时的一些大型民航客机接近了。周恩来总理便指示航空部门，在这种飞机的基础上设计一种大型喷气式客机。1970年，这种大型喷气式客机被命名为“运-10”。它的主要用途是作为国家领导人的专机，承担国际出访、国内考察等任务。试制大型飞机的计划被命名为“708工程”。

为了迅速赶上世界先进水平，研究人员决定“拜师学艺”，学习当时世界上各个国家先进机型的设计、制造经验。飞机的总体设计主要参考波音707型客机；飞机的气动结构，吸收了来自英国的新技术；飞机的发动机，通过学习美国普惠公司的相关产品来设计。1975年，飞机的设计图纸全部完成。1980年，运-10飞机的第一架样机组装完成，在经过地面试验后,运-10于1980年9月26日在上海成功首飞。

在运-10 的研制过程中，科研人员全心投入，忘我工作，留下了许多令人感动的故事。运-10 设计初期没有工作场所，设计工作在食堂里进行，开饭前收拾好图纸资料，饭后再重新打开。夏夜加班时，设计人员常被蚊虫叮咬，不得不用报纸包着腿工作。为了获得大型计算机的宝贵使用时间，许多科研人员长期在夜间通宵工作。为了观察飞机机体受到外部压力时的情况，科研人员冒着生命危险，在机舱随时有可能被压垮时进入机舱内部。正是这些科研人员的无私奉献，才有了运-10 的首飞成功。

运-10飞机安装了4台发动机，最多可以搭载179名乘客，旅客和货物的总重量最高可达25吨。它的巡航高度为11000米，最大飞行距离可达8300千米。如果它从北京起飞，可以直飞东京、新加坡、莫斯科、阿姆斯特丹、法兰克福、温哥华等城市。它的最大巡航速度可以达到 974 千米/时，换算成航空中常用的速度单位马赫，则是0.8马赫。从北京飞到广州，只需要2个小时左右的时间。

万事开头难，运-10飞机实现了我国大飞机研发零的突破。运-10在试飞过程中，每到达一座城市，都会被当地媒体广泛报道。飞抵拉萨机场时，地勤人员没有见过这样庞大的飞机。当得知是我国自己研制的飞机时，都立正向飞机敬礼。然而，运-10终究没有能够实现批量生产。在飞行测试过程中，运-10经常出毛病，故障率比较高。这些故障，虽然不至于酿成机毁人亡的惨剧，但不断出现的故障会给飞机的运营带来影响。

运-10从设计到首飞的10年间，国际上对飞机的噪声标准已经提高了很多，运-10的噪声水平使它不能得到在外国飞行的许可，从而无法执行国际航线。由于这些原因，民航部门没有订购运-10飞机，找不到买家的运-10项目也只好在1982年被迫终止了。

时间进入21世纪，随着我们国家综合国力的增强，民航业走上了发展的快车道，“坐飞机”变成了普通人生活的一部分。民航部门每年都要花费大量资金从国外购买飞机来满足更多旅客的需求。如果这些飞机全都从国外购买，花费的资金将达到万亿人民币之巨。此外，随着我们国家空军作战范围的不断扩展，需要装备更多，例如预警机、电子侦察机、空中加油机等。比起大型军用运输机，大型民用客机更适合作为改装成这些军用特种飞机的平台。民航业和军事上的迫切需求，呼唤我们国家的大飞机项目再次起航。

在运-10项目终止近30年后，中国人的大飞机之梦再次迎来曙光。2007年，国家决定重启大飞机项目，组建了中国商用飞机有限责任公司，研发基地就设在运-10诞生的地方。全国各地的航空工业单位又一次携起手来，为了中国的大飞机早日腾飞通力合作。2015年11月12日，C919终于完成总装下线。

与A320和B737的命名方式类似，中国的大飞机也采用了一个字母加三个数字的命名方式C919中的C是China的首字母，也是中国商飞英文缩写COMAC的首字母，同时还寓意立志跻身国际大型客机市场，与Airbus（空客）和Boeing（波音）一道形成ABC并立的格局。

C919客机属中短途商用机，实际总长38米，翼展35.8米，高度12米，其基本型布局为168座。标准航程为4075千米，最大航程为5555千米，可以从北京直飞我国的任意一座民航机场。它的载客量和航程与A320和B737相仿，我国民航机队中数量最庞大的就是这个级别的飞机。

在材料上，C919采用了大量的先进复合材料、铝锂合金等。由于大量采用复合材料，较国外同类型飞机80分贝的机舱噪声，C919机舱内噪声可望降到60分贝以下。

C919安装了两台LEAP新型涡轮风扇发动机，在提供强劲动力的同时，排放的二氧化碳和氮氧化物的量比同类飞机降低了50%。二氧化碳是地球温室效应和气候问题的罪魁祸首，氮氧化物是破坏臭氧层的幕后黑手，这两种有害物质排放量的降低，使C919堪称一款绿色排放、适应环保要求的先进飞机。

吸取了运-10项目的教训，C919从研发伊始就积极开拓市场。C919样机在尚未首飞的情况下，就已经获得了500多架订单。在C919正式交付用户、运营不断成熟后，订单规模极有希望继续扩大。

在中国的大飞机研制道路上，C919已经迈出了坚实的一步。若干年后，在你出行时，也许乘坐的就是我们国家自己制造的飞机。将来你还有可能成为一名航空工程师，加入大飞机研发设计的队伍中，续写中国大飞机的传奇。

任务2　交流供电系统实例

知识目标

（1）理解交流供电系统结构。

（2）掌握单发动机飞机交流供电系统的一般工作原理。

（3）掌握多发动机飞机交流供电系统的一般工作原理。

能力目标

（1）能理解交流供电系统结构。
（2）能分析单发动机飞机交流供电系统的一般工作原理。
（3）能分析多发动机飞机交流供电系统的一般工作原理。

思政目标

（1）养成“严慎细实”机务作风，培养学生分析问题和解决问题的能力。
（2）树立航空安全意识，具备团队合作精神。
（3）铸匠魂、立匠德，培养工匠精神。

【情境创设】

供电系统是飞机上电能产生、变换、输送与分配部分的总称，包含从电源到用电设备输入端的全部环节，通常分为电源系统和配电系统两个部分。飞机的电源类型形式多样，有低压直流电源、交流电源、高压直流电源和混合电源等。各种飞机电源类型的产生、发展直至被其他类型替代的过程，正记录了飞机供电系统技术发展的历史进程。

【任务实施】

教师带领学生到停机坪进行参观，观察不同类型飞机的供电系统。教师请学生对交流供电系统的特点进行分组讨论，试结合实例，分析恒速恒频交流供电系统的一般工作原理。

知识点 1　单发动机飞机的电源

图 4.2.1 所示为 F-16 A/B 飞机的供电系统框图。F-16 采用了 115/200 V、400 Hz 三相机械液压式恒速恒频交流供电系统。在 F-16 A/B 飞机上，主电源为 1 台 40 kV·A 的组合电源装置，二次电源为 2 台 100 A 的变压整流器，应急电源为 1 台由应急动力装置驱动的 5 kV·A 的应急发电机和 1 台 24 V、7.5 A·h 的镍镉蓄电池。

从系统布局上讲，考虑了供电的余度问题。首先，主发电机和应急发电机都向 2 个交流重要设备汇流条供电，并通过变压整流器向 2 个直流重要设备汇流条供电；其次，飞行控制系统的计算机可从 2 个直流重要设备汇流条和应急发电机的永磁发电机得到电力。

为了确保不中断供电，在供电系统中还有 4 个不中断供电电源向飞行控制系统的计算机供电。该装置由蓄电池、蓄电池充电器、静止变流器、供电逻辑电路、指示电路和自检测电路组成。由于 F-16 A/B 飞机采用的是模拟电传操纵系统，因而由静止变流器向飞行控制系统供电。

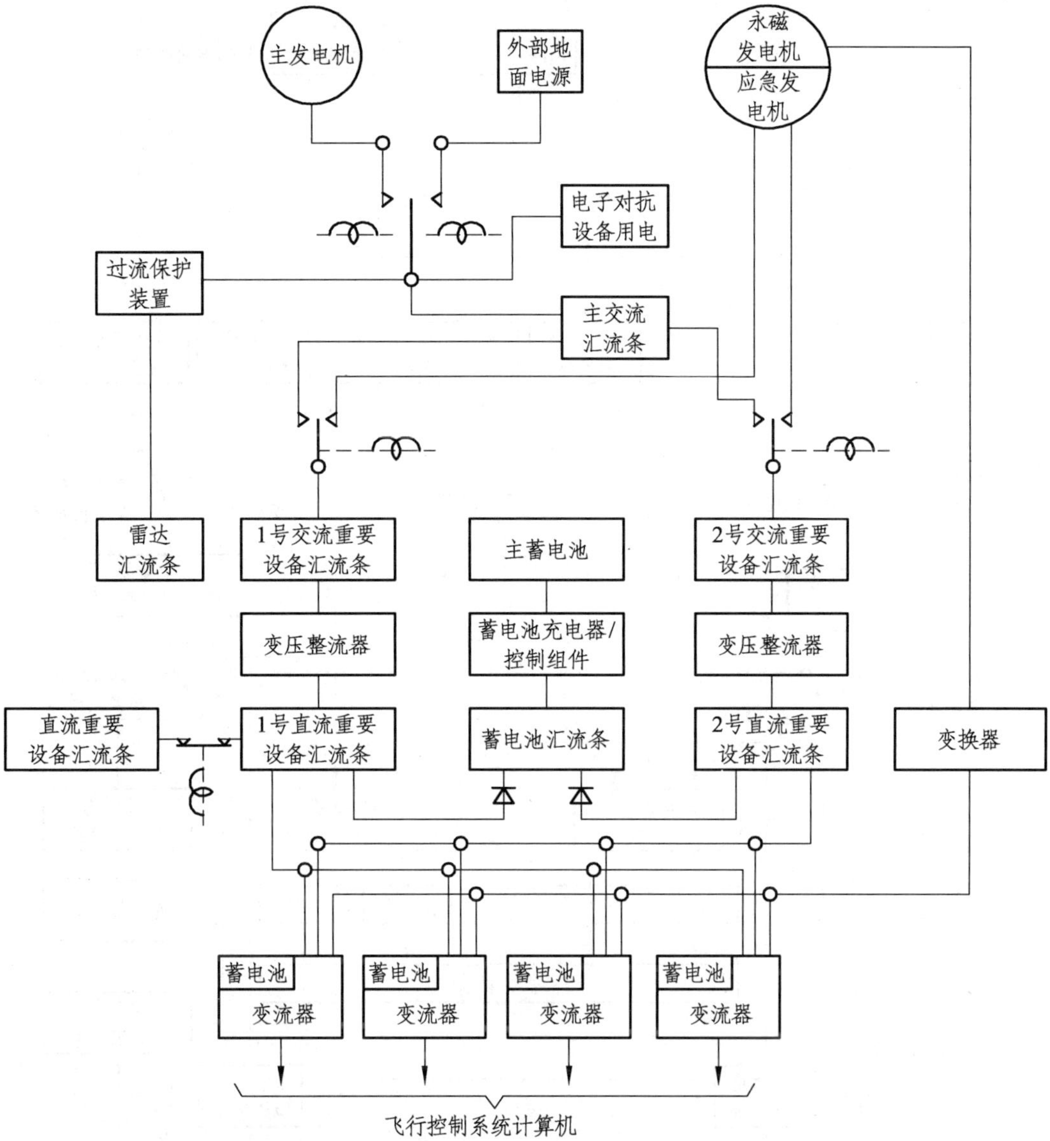

图 4.2.1　F-16 A/B 战斗机的供电系统框图

应急发电机由应急动力装置驱动。它可由主发动机的放气驱动，也可由应急动力装置产生的热燃气驱动。前一种为放气工作方式，可工作 5 h，工作高度为 0 ~ 6096 m；后一种为燃气工作方式，只能工作 10 min，工作高度为 0 ~ 15 240 m。

如图 4.2.2 所示为 F-16C/D 飞机的供电系统框图。在 F-16C/D 飞机的飞行控制供电部分，有 2 个变换/调节装置和 4 个静止变流器组件。每个变换/调节装置具有 2 个独立的用于功率调节的通道，每个通道都可从备份发电机的永磁发电机、蓄电池汇流条、应急直流汇流条和应急发电机的永磁发电机的功率变换器获得电力。变换/调节装置只接收来自电压最高的那个电源的输入。二极管组成的或门电路用来抑制转换产生的瞬变。

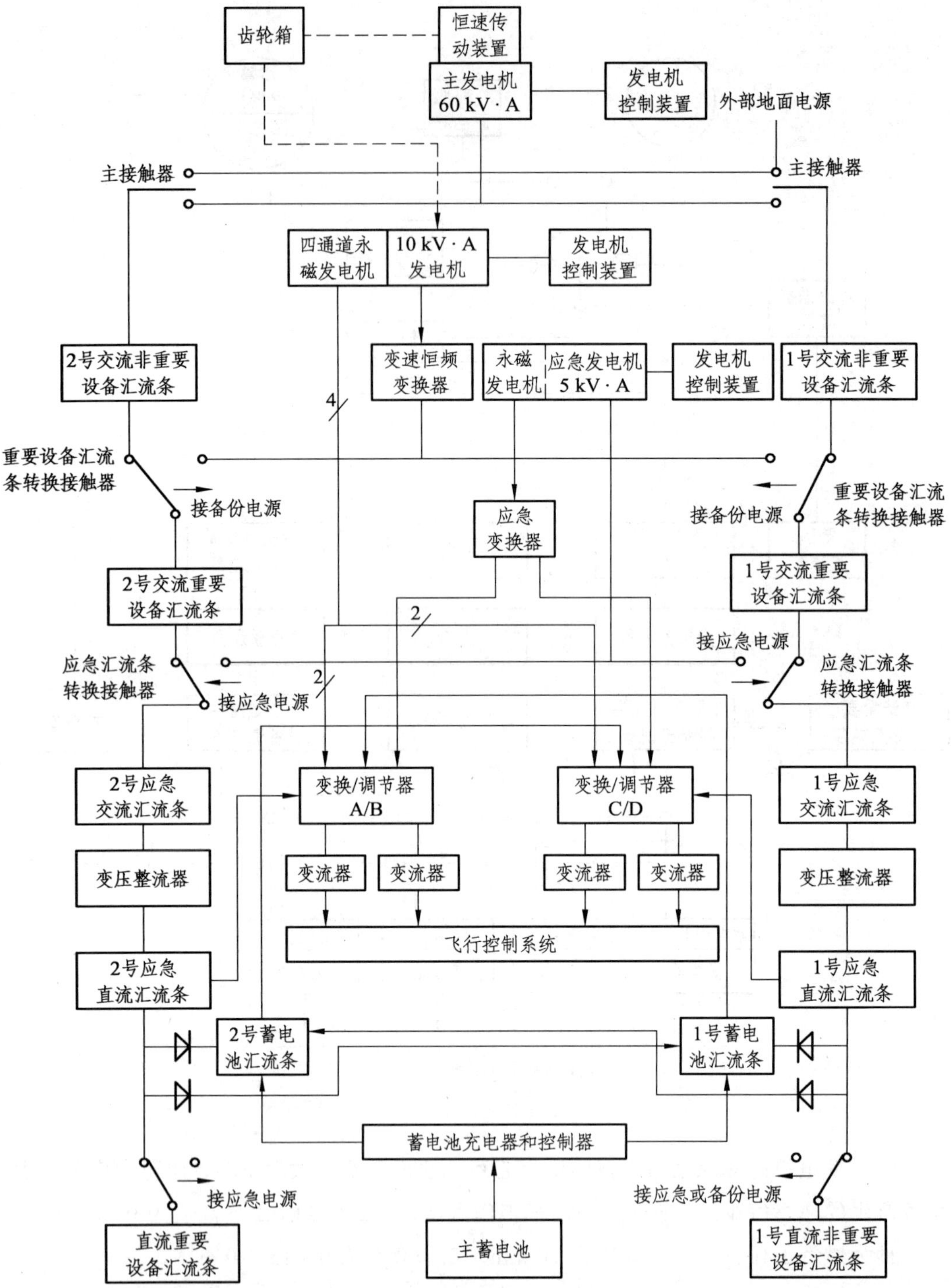

图 4.2.2　F-16C/D 战斗机的供电系统框图

该飞机的飞行控制系统由专门的 4 余度电源供电。1 号和 2 号交流电源汇流条可由地面电源或 IDG 供电，二者不能同时接到电源汇流条。

飞机的 1 号和 2 号重要交流汇流条的电能来自 1 号或 2 号电源汇流条，也可由 VSCF 电源供电，二者不能同时向重要交流汇流条供电。

应急 1 号和 2 号交流汇流条可由重要交流汇流条供电，主电源和辅助电源均出现故障后，由应急电源 EPU 供电。

左右变压整流器由 1 号和 2 号应急交流汇流条供电，TRU 的输出到 1 号和 2 号应急直流汇流条。

蓄电池的输出到 1 号和 2 号蓄电池汇流条，这两个汇流条还由 1 号和 2 号应急直流汇流条供电，故蓄电池汇流条的电来自 3 个方向。

在应急直流汇流条和蓄电池汇流条间有反向保护二极管，二极管放在蓄电池汇流条附近，这样不论是应急汇流条或应急汇流条前一处故障，或是应急汇流条与蓄电池汇流条间馈电线的短路，均不会扰动蓄电池汇流条的工作。

给飞行控制用的 4 余度专用电源，因为是模拟式飞控系统，所以专用电源为交流电源，由静止变流器产生交流电，4 台静止变流器的直流电源来自变换/调压器，A/B 和 C/D 两变换/调节器的电能则来自 5 个方向：一是应急直流汇流条，二是应急发电机的变压整流器，三是蓄电池汇流条，四路和五路来自 VSCF 电源发电机内的 2 台专用永磁发电机。由于永磁发电机的输出交流电压随发动机转速的变化而变化，因此这部分电能必须通过变换/调节器转为恒压直流电能。在正常情况下，变换/调节器只接受永磁发电机的电能，仅当两路的永磁机或馈电线故障时才由其他电源向变换/调节器供电。可见专用电源有极高的可靠性。

与 F-16A/B 相比，由于 F-16C/D 的航空电子设备的增加，以及为了提高供电可靠性。具体改动情况如下：

（1）主发电机容量从 40 kV·A 增至 60 kV·A。

（2）增加一台 10 kV·A 的脉宽调制型逆变器构成的变速恒频发电机作为辅助电源，从而使飞机在主发电机发生故障后仍具有继续执行关键飞行任务的能力。

（3）采用分层配电布局，把飞机的用电设备按重要性分为 5 类：

① 非重要负载——使飞机完全发挥作用所需的那些用电设备。

② 重要负载——使飞机完成关键任务，并具有适当防御能力的用电设备。

③ 应急负载——使飞机能紧急返航、安全飞行和着陆的用电设备。

④ 蓄电池负载——由蓄电池供电的重要用电设备。

⑤ 飞行控制负载——仅飞行和着陆所需的用电设备。

（4）减少 1 个交流重要设备汇流条和 1 个直流重要设备汇流条，增加 2 个应急交流汇流条和 2 个应急直流汇流条。应急发电机仅向应急汇流条和 1 个直流重要设备汇流条供电。

（5）为双汇流条配置了单独的接触器和控制装置。

（6）飞行控制系统改为由备份发电机的永磁发电机及其整流器、应急直流汇流条、蓄电池汇流条和应急发电机的永磁发电机及其整流器供电，其中以备份发电机的永磁发电机及其整流器为主电源。

（7）应急电源采用应急动力装置 EPU 驱动的 5 kV·A 永磁发电机和 15 A·h 镍镉蓄电池。应急发电机由应急动力装置驱动。应急动力装置有两种工作模式：一是借助发动机引气驱动模式，可在 0～6 906 m 高度范围内连续工作 5 h；二是借助肼燃料，可在 0～15 240 m 高度范围内工作 10 min。

（8）把专职的自检测设备综合到整个供电系统中，以增强故障检测和容错能力，并实现现场可更换装置级的故障隔离。

另外，还提高了应急动力装置的可靠性。

图 4.2.3 所示为 X-29A 飞机的供电系统框图。X-29A 飞机为前掠翼先进技术验证机，装 1 台加力式涡扇发动机，采用 115/200 V、400 Hz、三相机械液压式恒速恒频交流供电系统。主电源为一台 40kV·A 的组合电源装置；二次电源为两台 100A 的变压整流器；应急电源为一台由应急动力装置驱动的 5 kV·A 交流发电机和 1 台 20 A·h 的蓄电池。

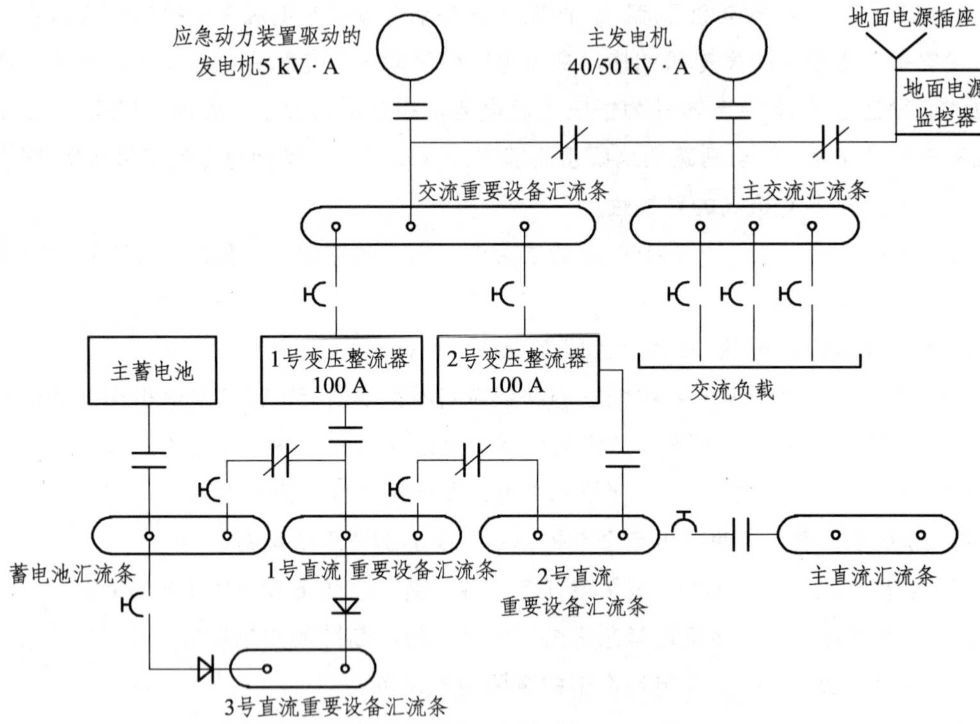

图 4.2.3　X-29A 飞机的供电系统

在系统中，主发电机向主交流汇流条和交流重要设备汇流条供电；2 台变压整流器接在交流重要设备汇流条上，向直流重要设备汇流条、主直流汇流条和蓄电池汇流条供电。

蓄电池主要是为飞行控制计算机和直流重要设备汇流条应急供电的。主蓄电池可使飞行控制计算机按数字方式工作 15min。飞行控制计算机还可从飞行控制计算机蓄电池获取电力。

在 X-29A 飞机的供电系统中，采用了许多已在 F-16A/B 战斗机上使用证明成功的部件，如主发电机、应急发电机等。另外，与 F-15、F-16 飞机一样，主发电机也是装在飞机骨架上的附件驱动装置上。

知识点 2　多发动机飞机的电源

1. 不并联交流供电系统

典型双发电通道不并联的恒速恒频交流供电系统的结构布局如图 4.2.4 所示。

在正常情况下，每个发电通道仅向各自的主汇流条供电。一台主发电机发生故障时，正常工作的那台主发电机将向两个主汇流条供电。当两台主发电机都发生故障，将由应急发电机向交流重要设备汇流条供电，并通过重要变流器向直流重要设备汇流条供电。F-14 战斗机是具有双发电通道，而采用不并联供电方案的一种机型，现作为不并联恒速恒频供电系统的实例予以介绍。

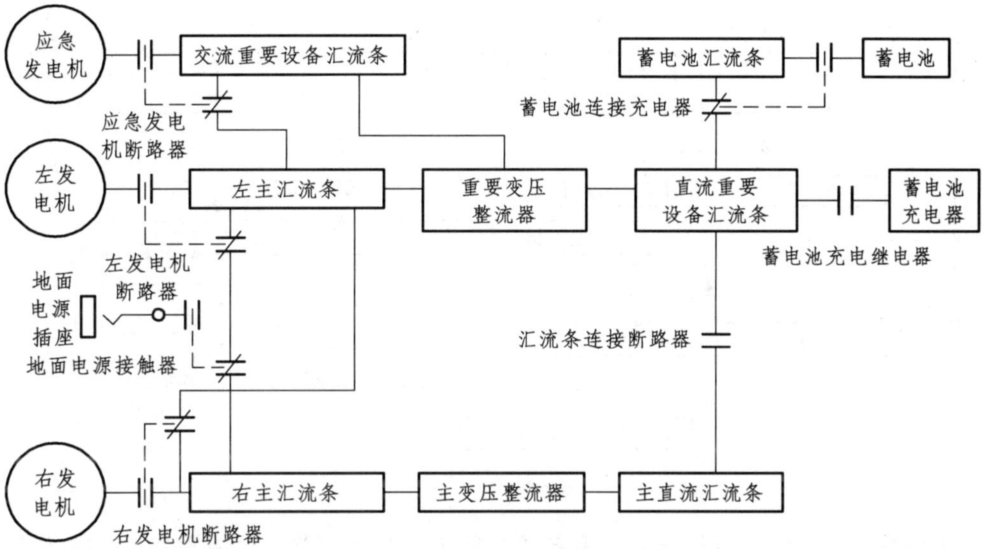

图 4.2.4　典型双发电通道不并联供电系统

图 4.2.5 所示为 F-14 A 战斗机供电系统框图。它采用了 115/200 V、400 Hz 三相机械液压式恒速发电的交流供电系统。主电源为两台 60 kV · A/75 kV · A 的组合电源装置，二次电源为两台 100 A 的变压整流器，应急电源为一台液压驱动的交/直流双输出发电机，可提供 5 kV · A 的 115/200 V、400 Hz 恒频交流电和 1.5 kW 的 28 V 直流电。系统采用非并联运行的布局，两台主发电机分别向各自的主交流汇流条供电。一台主发电机发生故障，另一台主发电机可承担全部负载。而直流部分，其变压整流器采取并联方式工作，当发生短路故障时，保护装置仅对短路的汇流条起作用，不会影响另一台变压整流器。

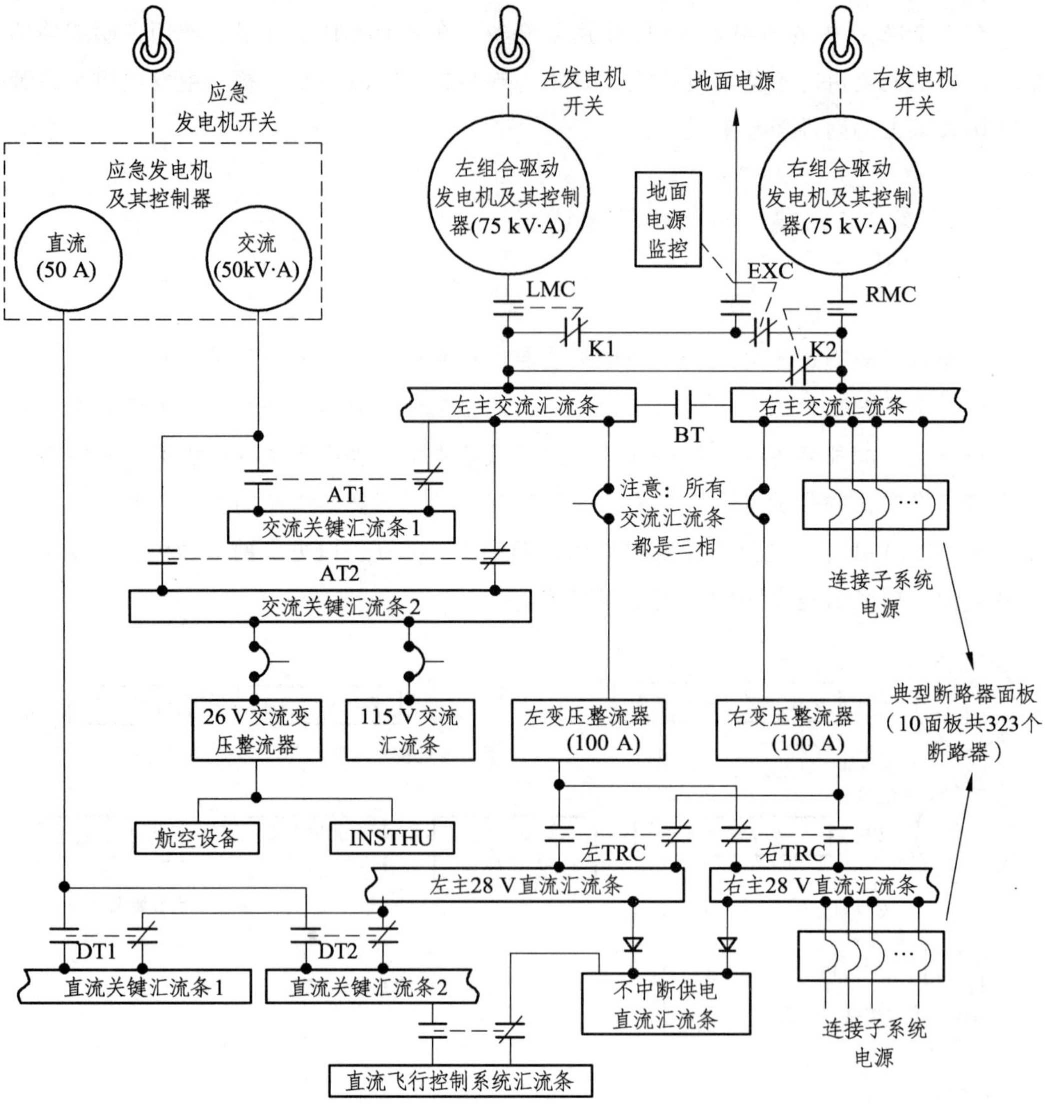

图 4.2.5 F-14 A 战斗机供电系统

供电系统的设计保证了一台主发电机故障或一台变压整流器故障或一台主发电机和一台变压整流器故障都不会影响机上全部电气负载的正常运行。

整个供电系统的结构上，主系统与应急系统是分开的。当两台主发电机故障，两台变压整流器故障或发生某些组合故障时，应急发电机才投入使用，并向交流重要设备汇流条、直流重要设备汇流条、应急/重要设备汇流条供电。

电源之间的转换是自动的，不需要驾驶员操作。然而，在应急情况下，驾驶员可有选择地操作机上配备的控制装置，将电源和配电部分隔离。

发电系统中的监控和检测电路检测输出电压、频率和电流，以确保汇流条上的电气参数在规定的极限之内。

F-14 A 战斗机供电系统设有不中断供电直流汇流条，左、右主直流汇流条通过断路器和二极管向它供电。飞行控制系统直流汇流条就接在不中断供电直流汇流条上。

当一台主发电机或一台变压整流器发生故障，系统能确保飞行控制系统直流汇流条的连续供电。当两台变压整流器都发生故障时，飞行控制系统直流汇流条将自动转换到2 号直流重要设备汇流条上，此时，应急发电机自动投入运行。在系统中，组合电源装置安装在飞机骨架上的附件驱动装置上，由主发动机通过发动机功率提取轴驱动。由于组合电源装置不装在发动机传动机匣上，因而减小了发动机舱的气动阻力，改善了系统维修性，使附件安装布局更加合理。

2. 并联交流供电系统

因为供电系统并联运行具有可以有效利用发电机的安装容量，当单台发电机发生故障时，不会导致整个系统的供电中断，又能承受更大的起动电流和峰值负载，且反延时过载保护动作快，所以在多发电通道的飞机上，其供电系统采用并联运行方式是一种首选方案。如在四发动机的干线飞机、大型军用运输机和战略轰炸机上，一般而言，这种系统采用并联或分组并联的布局。

1）并联运行的四发电通道供电系统

在早期的四发动机干线飞机和大型军用运输机上，主要采用并联运行的四发电通道供电系统，图 4.2.6 所示为采用并联运行布局的典型四发电通道供电系统。

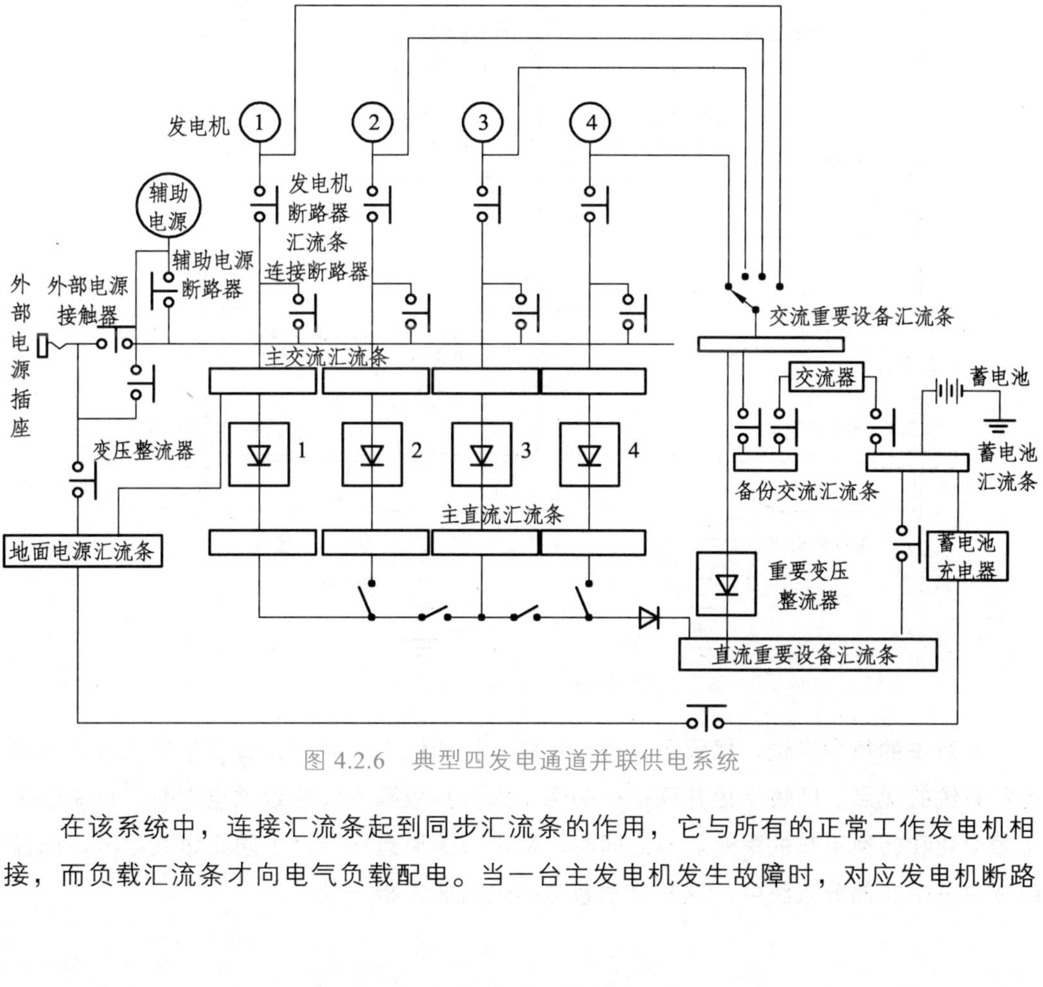

图 4.2.6　典型四发电通道并联供电系统

在该系统中，连接汇流条起到同步汇流条的作用，它与所有的正常工作发电机相接，而负载汇流条才向电气负载配电。当一台主发电机发生故障时，对应发电机断路器断开，把负载汇流条与故障发电机隔开。但上述负载汇流条还可以从连接汇流条获取电力。负载汇流条过载时，相应发电机断路器和汇流条连接断路器都断开。当两台或三台主发电机发生故障时，对应的发电机断路器断开，由正常工作的主发电机向整个系统供电。此时，不重要的负载将自动切除，以防止正常工作主发电机过载。必要时，辅助电源将投入工作，以向更多的设备供电。

2）分组并联的四发电通道供电系统

供电系统的并联运行虽具有诸多优点，但其配电系统与控制保护比较复杂，不利于系统可靠性的改善，于是在具有多发电通道的飞机供电系统中，出现了综合并联运行布局和非并联运行布局的分组并联方案。这是四台发动机干线飞机和大型军用运输机更愿采用的一种供电系统方案，图 4.2.7 所示为采用分组并联布局的典型四发电通道供电系统。

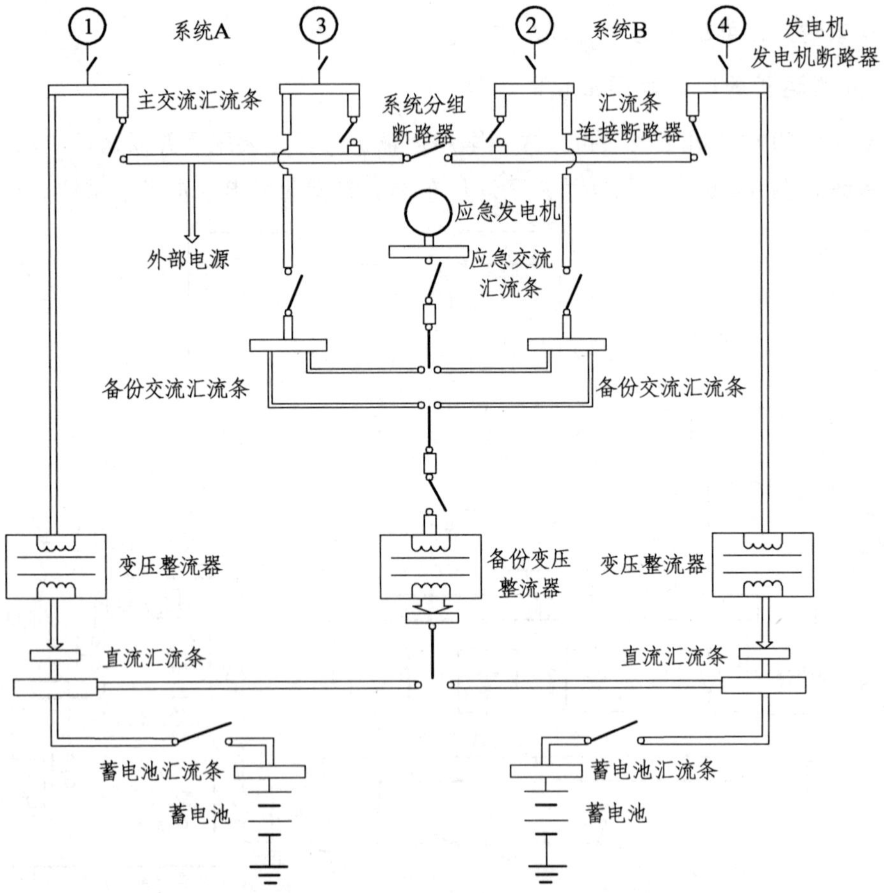

图 4.2.7　典型四发电通道分组并联供电系统

对系统的每个半边，保留了系统非并联运行的优点，同时，每个半边又具有并联运行系统的优点。即每半边并联运行确保了大多数故障不会导致供电中断，也减小了负载变化和转换引起的瞬变。与此同时，每半边隔离运行有助于防止级联故障，确保瞬变只发生在部分系统中，这与自动着陆的隔离要求相一致。

【学习体会】

通过本任务的学习，你都学到了什么？请写在下面。

____

____

【任务测评】

请根据所学知识，完成以下任务：

1. 试结合实例，分析单发动机飞机交流供电系统一般工作原理。
2. 试结合实例，分析多发动机飞机交流供电系统一般工作原理。

【课程思政】

空中指挥机——空警-2000

空警-2000是我国自主研制的大型、全天候、多传感器空中预警与指挥控制飞机，主要用于担负空中巡逻警戒、监视、识别、跟踪空中和海上目标，指挥引导我方战机和地面防空武器系统作战等任务，也能配合陆海军协同作战。

空警-2000的基本功能是空中预警。其装备的有源相控阵三坐标雷达，采用固定碟形天线。它以电子扫描的方式进行目标探测，较传统的旋转扫描雷达，可对目标实施不间断跟踪，跟踪速度快，准确率高。天线阵列上的独立发射和接收模块，可完成多目标搜索、监视、跟踪，并能实施地图测绘。该型的探测雷达为固定三片设计，呈三角构型安装，能够360°全方位扫描覆盖，特别擅长于探测速度较高的空中或海上目标。

空警-2000的主要作战任务是空中指挥。作为空中机动指挥平台，空警-2000能在较大的范围内全面掌握空中态势，进行战场监控，综合、处理、分析、研判各种信息，及时为各级指挥员和各种作战兵力提供态势判断，并负责将己方作战力量及时引导至有利的战术位置，以创造先敌发现、先敌攻击的条件。特别是在中、远距空战中，预警机的实时情况通报和准确指挥引导，对己方作战力量及时发现目标、连续跟踪目标、正确战术机动、集中优势火力，具有关键作用。

空警-2000的成功研制和部署使用，不仅使中国在武器装备体系功能上弥补了空中预警探测的空白，而且在防空作战指挥上也实现了从“平面”到“立体”的跨越，具有划时代意义。

模块 5　用电设备

模块 5 微课

本模块主要介绍飞机用电设备，它是无人机电气系统的一个重要组成部分。飞机用电设备指飞机上所有全部或部分需要用电驱动或者需要用电工作的设备，飞机用电设备按用途可以分为电动机构、加热和防冰负载、照明设备和航空电子设备等四大类。上述分类只是一个大致，飞机上很多具体设备无法简单地归属于某个类别，如某些电力传动机构可能具有电子显示、灯光及音响信号等。实际飞机用电设备的种类很多，也很复杂，本模块仅简要讨论一些典型的设备。

任务 1　机外灯光照明设备

知识目标

1. 掌握机外照明的形式、用途和特点。
2. 掌握常用照明光源的形式和特点。
3. 掌握机外照明的维护注意事项。

能力目标

1. 能区分航行灯、防撞灯、着陆灯等不同概念。
2. 能描述机外照明灯光的用途和各自特点。
3. 能分析灯光常见故障的维护方式。

思政目标

1. 养成“严慎细实”的机务作风，培养学生分析问题和解决问题的能力。
2. 培养团队协作意识，强化职业素养。
3. 铸匠魂、立匠德，培养工匠精神。

【情境创设】

无人机的机外照明能够在夜间和能见度不好的情况下，指示飞机在空中或者地面的具体位置、轮廓、飞行方向，给无人机各个运行阶段，如滑行、起飞、巡航、降落等提供灯光照明和指示，能够远距离给其他飞机提供防撞信息，还能通过起落架信号灯给地面监控人员提供起落架放下到位信号，以满足不同的功能需要，进而保障飞机的飞行安全。

【任务实施】

教师带领学生到停机坪进行参观，观察飞机上灯光照明设备的分布情况。请学生对照教学用飞机的灯光照明设备，进行分组讨论并说出不同位置的灯的名称、代表含义等。告诉学生灯光照明设备是无人机电气系统必不可少的部分，无论是军机还是民机，都离不开灯光照明设备。因此，对于灯光照明设备需要仔细进行安装、检查和维护。

知识点 1　认识机外照明系统

机外照明，顾名思义是指安装在飞机外部的灯光，用于识别、指向，有助于飞机的安全运行。它能够在能见度不好和夜间的情况下，指示飞机在空中和地面的位置、轮廓和飞行方向，能够远距离给其他飞机提供防撞信息以免飞机间发生碰撞，同时也能够通过起落架信号灯给地面监控人员提供起落架放下到位信号。机外照明系统主要由机外照明控制器和各种机外照明灯等成品组成，机外照明控制器的功能是为各种机外照明灯提供工作电源，实现航行照明的工作模式切换，实现牵引照明及起落架信号灯的电路逻辑控制。机外照明主要包括航行灯、防撞灯、着陆灯以及其他外部灯光信号。在不同的无人机上，机外照明设备的种类、数量和安装位置都是不同的。这里主要介绍航行灯、防撞灯、起落架信号灯。

1. 航行灯

航行灯如图 5.1.1 所示。在夜间或能见度不好的情况下，表征飞机的轮廓、位置及运动方向，以免飞机间发生碰撞。必要时可用来进行飞机与飞机之间或飞机与地面之间的紧急联络。大中型固定翼无人机上的航行灯控制，主要由飞行员通过地面站操作，经过任务系统的数据通信，由机外照明控制器来实现航行灯的通断控制及工作模式控制。

图 5.1.1　航行灯

航行灯的色度图按照国际照明学会规定的三色坐标系统表示，这样做的目的是区别天上的星光和地面上的灯光。航行灯是红色、绿色和白色的白炽灯泡或 LED 灯。航行灯安装在飞机的每个翼尖处，一般规定左翼尖安装红灯，右翼尖安装绿灯，尾部装白灯。通常航行灯必须具备穿透力强、亮度高、寿命长等特点。航行灯常用 LED 光源，LED 灯以半导体为光源。具有发光效率高、驱动电压低、体积小、便于集成、寿命长等特点。LED 照明逐步成为飞机照明技术发展的必然趋势。并且有的更先进的现代飞机会监控 LED 航行灯的工作时间，达到规定的工作时间，会通过点亮寿命灯或发出相应提示信息的方式提示维护人员更换相应的航行灯。

2. 防撞灯

在夜间或者能见度不好的情况下，可用防撞灯显示飞机的轮廓，引起周围其他飞机、人员和车辆警觉和注意，防止飞机之间或飞机与其他障碍物发生碰撞。在不同的无人机上，防撞灯安装位置和数量都有所不同。大中型固定翼无人机上的防撞灯控制，主要由飞行员通过地面控制站操作，经过任务系统的数据通信，由机外照明控制器来实现防撞灯的通断控制。

防撞灯有电机旋转式、气体脉冲放电式和晶体管开关式等类型，目前多采用脉冲放电式。为了提高可靠性，有些防撞灯内部装有两只灯泡。它通常在飞机推出机库，发动机运行时就打开。在停机位进行发动机冷转、试车以及收放襟翼时，也应打开防撞灯。

3. 起落架信号灯

起落架信号灯是在飞机着陆阶段给地面监控人员提供起落架放下到位的信号。大中型固定翼无人机上的起落架信号照明控制，主要是由机外照明控制器通过着陆时起落架放下到位信号以及轮载信息，控制起落架信号灯的接通和断开。

知识点 2　常用照明光源

飞机上的照明光源通常采用电光源，即电能转换为光能的设备或器具。根据光的产生原理，常用的电光源可以分为：① 热辐射发光光源（如白炽灯、卤钨灯等）；②气体放电发光光源（如荧光灯、汞灯、钠灯、金属卤化物灯等）；③ 固体发光电光源（如 LED 和场致发光器件等）。

这三类电光源的发光效率和特性都有较大的区别，其特点各有不同，应根据使用场合进行选择使用。

1. 白炽灯

白炽灯属于热辐射发光光源，它是将灯丝通电加热到白炽状态，利用热辐射发出可见光的电光源。普通白炽灯点燃时，随着钨丝温度升高和长时间工作，钨丝会逐渐蒸发变细，灯泡壳变黑，最后当灯丝细到一定程度时则会熔断。特别是在白炽灯刚点亮时，灯丝电阻值较小，导致电流很大，容易使灯丝损坏。

为了防止钨丝氧化，抑制钨丝的蒸发，可以将白炽灯泡抽成真空，填充一定比例的氩气和氮气的混合气体。但 40 W 及以下的普通白炽灯由于其工作温度不高， 一般不填充其他混合气体，仅抽成真空即可。而大功率白炽灯的玻璃壳中充入惰性气体，可以有效提高白炽灯的光效，延长使用寿命。

白炽灯发光效率低，通常白炽灯的发光效率为 7 ~ 20 lm/W（lm，流明），仅有 11%，大部分能量都以热量形式消耗掉。但白炽灯结构简单、成本低、体积小、集光性能好以及不需其他附件，在一些只需要小功率照明和指示的场合仍然获得广泛应用。

2. 卤钨灯

卤钨灯又称卤素灯，也属于热辐射发光光源。其工作原理与普通白炽灯相同，但在结构上有较大区别。最突出的区别就是在卤钨灯泡内填充的气体中含有部分卤族元素或卤化物，能有效延长灯丝的寿命。目前使用的卤钨灯主要有两类：一类是在灯壳内充入微量的碘化物，称为碘钨灯；另一类是在灯壳内充入微量的溴化物，称为溴钨灯。卤钨灯的结构如图 5.1.2 和图 5.1.3 所示（图 5.1.2 是两端引出，图 5.1.3 是单端引出）。

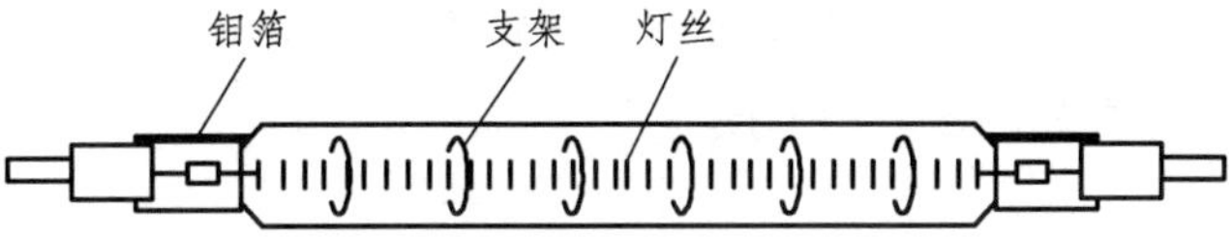

图 5.1.2　两端引出的卤钨灯结构示意图

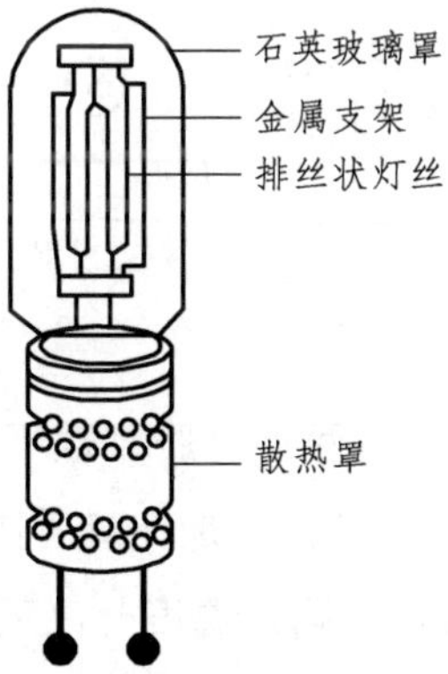

图 5.1.3　单端引出的卤钨灯结构

当充入卤素物质的灯泡通电工作时，从灯丝蒸发出来的钨在灯泡壁区域内与卤素物质产生化合反应，形成一种挥发性的卤钨化合物。泡壁温度很高（250 °C），因此卤钨化合物呈气态。当卤钨化合物扩散到较热的灯丝周围区域时又分解为卤素和钨，释放出来的钨沉积在灯丝上，而卤素继续参与循环过程。卤钨的循环有效地抑制了钨的蒸发，能有效延长卤钨灯的使用寿命，同时还可以进一步提高灯丝温度，获得较高光效，减小使用过程中的光通量衰减。为了使灯壁处生成的卤化物处于气态，卤钨灯的管壁温度要比普通白炽灯高。同理，卤钨灯的泡壳尺寸要小得多，必须使用耐高温的石英玻璃或硬玻璃，因此卤钨灯又称为石英灯。常用的反射形卤钨灯因带有反射杯，又称为杯灯。但由于石英玻璃不能阻隔紫外线，因此室内使用的卤钨灯通常都需要另外使用紫外线滤镜。卤钨灯的功率在 5 ~ 250 W 不等，具有体积小、发光效率高（达 17 ~ 33 lm/W）、色温稳定、光通量衰减小（5%以下）、寿命长（可达 3 000 ~ 5 000 h）等特点。

3. 荧光灯

荧光灯又称日光灯，它属于低气压气体放电灯，灯管内充有低气压的汞蒸气。与白炽灯相比，它具有寿命长、光效高和显色性较好等特点，因此在大部分场合取代了白炽灯。

荧光灯主要由灯管和电极组成。灯管内壁涂有荧光粉，将管内抽真空加入一定量汞、氩、氪、氖等气体。荧光灯的电极由钨丝制成，在灯丝上涂以发射材料（一般为三氧化物），用于产生热电子发射，以维持灯管的放电。荧光灯中的镇流器通常有两类：电感式镇流器和电子镇流器。

电感式镇流器具有体积大、重量重、有电磁噪声等缺点，而且还必须和启辉器一起工作。其结构示意图如图 5.1.4 所示。

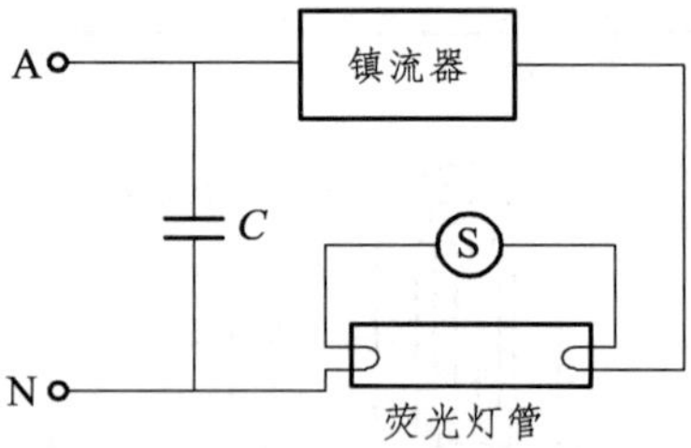

图 5.1.4　荧光灯结构示意图

启辉器 S 的主要元件是一个由两种膨胀系数不同的金属材料压制成的双金属片（冷态触点常闭）和一个固定触点，其作用是在灯管刚接通电路时，触点闭合，使电流流过灯丝，对灯丝进行预热；当双金属片温度升高而弯曲断开的瞬间，镇流器产生高压脉冲，使两电极之间的气体被击穿，产生气体放电。灯丝发射出的电子流撞击汞原子，使其电离而放电。放电过程中发射出的紫外线又激发灯管内壁的荧光粉，从而发出可见光。荧光粉的化学成分可决定其发光颜色，发光颜色有日光色、暖白色、白色、蓝色、黄色、绿色、粉红色等。

电子镇流器不必与启辉器一起工作，具有光线无闪烁、能瞬时起动、调光性能好、功率因数高、无噪声、体积小、重量轻等特点。电子镇流器主要由输入滤波器、整流滤波电路、功率因数校正电路、高频功率振荡器、谐振电路、控制及保护电路等组成，如图 5.1.5 所示。

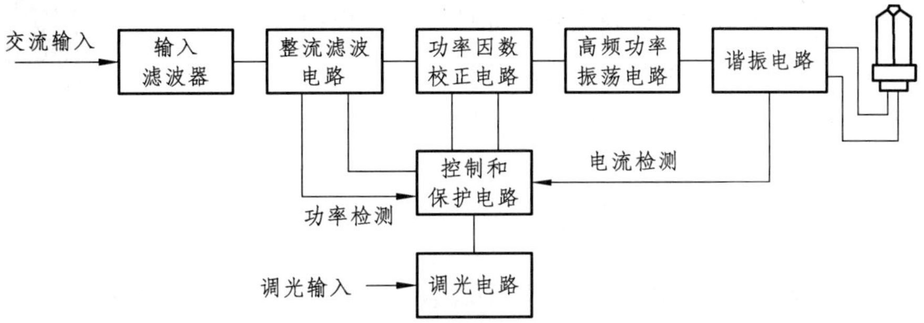

图 5.1.5　电子镇流器组成示意图

电子镇流器各部分作用如下：

（1）输入滤波器：又称抗干扰滤波器，用于防止电子镇流器产生的高频干扰信号进入电网而造成电磁污染。

（2）整流滤波电路：将输入的交流电整流成直流电，作为电子镇流器的工作电源。

（3）功率因数校正电路：补偿电路的功率因数。

（4）高频功率振荡电路：是电子镇流器的核心电路，将直流电源变换成 20 ~ 50 kHz 的高频电源，用于驱动荧光灯。该电路通常采用一对功率管（三极管或场效应管）组成自激振荡器来实现。

（5）谐振电路：用来取代普通荧光灯的启辉器，它在荧光灯起辉前，可以等效为一个串联谐振电路，其振荡频率与高频振荡电路的频率一致。当发生谐振时，在电容上产生一个很高的电压，可以确保灯管起辉点亮。灯管点亮后谐振电路用作限流器。

（6）控制和保护电路：当荧光灯不能正常点亮时，很高的谐振电压会使功率器件损坏，该电路的作用是保护功率器件在异常状态时不会烧毁。

（7）荧光灯管：其作用是将 20 ~ 50 kHz 的高频电能变换成光能。

荧光灯具有光效高、寿命长、显色性好、表面温度低、眩光影响小等优点。

4. 高气压气体放电灯（HID）

高气压气体放电灯是指灯管或灯泡工作时（点燃状态），管内的气体压力达到 1 ~ 5 个大气压。高的气体压力有助于保护电极，延长灯的使用寿命。高压气体放电光源效率比热辐射电光源高得多，它们的发光效率为普通白炽灯的数十倍，且气体放电灯的功率可以做得很大（数千瓦），因此主要应用在大面积照明场所。

HID 灯主要包括高压汞灯、高压钠灯、金属卤化物灯和氙灯等。有些飞机如 B787 上的防撞灯、着陆灯等就是用的 HID 灯。高压氙灯是一种常用的 HID 灯，其简介请扫描二维码查看。

高压氙灯简介

5. 发光二极管（LED）

发光二极管是一种将电能转化为光能的电子器件，具有普通二极管的特性。其基本结构是一块电致发光的半导体模块封装在环氧树脂中，通过正、负两个管脚与外部驱动电源相连。LED 的特点请扫描二维码查看。

LED 光源的特点

技能点 1　维护注意事项

灯光照明系统的日常维护工作主要是清洁和更换灯泡，在进行维护时，应遵守下列注意事项。

（1）要做好外部灯光的清洁。尤其是在夏天，在飞机起飞和着陆时，一些小的昆虫会迎面撞在航行灯、防撞灯等灯泡上，从而影响灯泡的正常照明。因此需要及时清洁，同时清洁工作也能检查发现灯泡是否损伤、灯丝是否烧坏等故障。

（2）HID 防撞灯关闭 5 min 之内，禁止用于直接触摸防撞灯，否则可能会导致灼伤或电击；不要让 HID 防撞灯闪光直接对着人的眼睛，高强度的闪光会导致人员暂时性失明；不要用手直接触摸灯泡，指纹可能会模糊灯光，导致灯的照明范围和工作寿命降低。

（3）维护着陆灯和防撞灯时，必须确保灯的接线头封严良好，以防止火花放电，导致燃油蒸气爆炸。

（4）维护滑行灯的时候，必须仔细安装所有起落架安全销，防止因起落架突然作动而引发安全事故

【学习体会】

通过本任务的学习，你都学到了什么？请写在下面。

____

____

【任务测评】

请根据所学知识，完成以下任务：

1. 中大型固定翼无人机机外照明设备的主要应用有哪些？

2. 一般对于航行灯的颜色有何要求？

3. 分别说明航行灯、防撞灯的功用和安装特点。

【课程思政】

“强国重器”之强军力量：耀眼的“明星”——歼-20

现代战争中，谁取得了制空权，谁就掌握了战场的主动权。作为中国最新一代的空中战斗机，歼-20在态势感知、信息对抗、协同作战等多方面取得了突破。

歼-20（英文：Chengdu J-20，代号：威龙）是中航工业成都飞机工业集团公司研制的一款具备高隐身性、高态势感知、高机动性等能力的隐形第四代战斗机。歼-20采用了单座、双发、全动双垂尾、DSI 鼓包式进气道、上反鸭翼带尖拱边条的鸭式气动布局。歼-20 的机头、机身呈菱形，垂直尾翼向外倾斜，起落架舱门采用锯齿边设计，机身以高亮银灰色涂装（原型机为深绿墨色）。侧弹舱采用创新结构，可将导弹发射挂架预先封闭于弹仓内，发射时展开至机体外侧，同时配备专为歼-20 量身定制的 PL-15 和 PL-21 空空导弹。

歼-20是用于接替歼-10、歼-11 等机型的第四代战斗机，于1997年正式立项，首架技术工程验证机于2009年制造成功，并于2011年1月11日在成都黄田坝机场实现首飞。2016年11月1日，歼-20参加珠海航展并首次对外进行双机飞行展示。2017年3月9日，中央电视台报道歼-20已正式进入空军序列，同时也意味着中国是继美国之后世界上第二个走完第四代战斗机论证评价、设计、研发、原型机测试、定型生产、最终服役全部阶段的国家。

歼-20具备了搜索、发现、跟踪与攻击隐身飞机的手段与方法。歼-20可以像一把尖刀，借助自身超巡、超机动、超隐身的优势，迅捷而又悄无声息地刺穿敌人的防空系统，对对方的雷达、机场、电厂、指挥中枢等目标进行“超视距”打击，撕开防空网，取得战场的先手优势。

引自：https://www.xuexi.cn/lgpage/detail/index.html?id=7360117811502576975&item_id=7360117811502576975

任务 2　电力传动设备

知识目标

1. 掌握电动机的组成结构和工作特性。
2. 掌握电动机的基本工作原理。
3. 了解电动机定期维修、修理、排除一般故障的工作内容。

能力目标

1. 能描述电动机的组成结构和工作特性。
2. 能分析直流电动机和交流电动机的工作原理。
3. 能通过实际操作总结出直流电动机分解与维修的注意事项。

思政目标

1. 培养学生分析问题和解决问题的能力。
2. 树立认真负责的工作态度，培养团队协作意识，强化职业素养。
3. 培养吃苦耐劳的精神。

【情境创设】

飞机电力传动设备应用广泛，其组成包括控制装置、电动机或电磁铁、电动机与工作机构之间的传动装置（如减速器、离合器、运动转换装置等）。例如，在操作襟翼时，飞行员控制襟翼操纵电门（控制装置），使电动机转动，通过减速器、离合器（传动装置），最后带动襟翼动作。由于电动机构能够实现远距离操纵，因而在飞机上得到了广泛的应用。

【任务实施】

教师带领学生到停机坪进行参观，讨论电力传动设备在飞机上的典型应用。请学生对照教学用飞机的电力传动设备应用，进行分组讨论。告诉学生电动机构的核心是电动机，其功能是将电能转换为机械能，按照采用电源形式的不同，可以分为直流电动机和交流电动机。随着“多电飞机”的推进，越来越多的靠机械力、液压等作动力的装置采用电动机驱动。电动机在飞机上的典型应用，请扫描二维码查看。

电动机在飞机上的典型应用

知识点 1　直流电动机的结构和工作原理

由于电机的可逆性，直流电动机实际上是直流发电机的可逆运行，其结构由定子和转子两部分组成。

定子就是电动机中固定不动的部分，它主要由主磁极、机座和电刷装置组成。主磁极由磁极铁心（极心和极掌）和励磁绕组组成，用来产生磁场。极心上放置励磁绕组，极掌的作用是使电动机气隙中磁感应强度分配最为合理，并用来固定励磁绕组。为减少涡流损耗，主磁极用硅钢片叠成，固定在机座上。机壳也是磁路的一部分，常用铸钢制成。电刷是引入电流的装置，其位置固定不变。它与转子上转动的换向器滑动连接，将外加的直流电流引入电枢绕组中，使其转化为极性变化的电流。直流电动机的磁场是一个恒定不变的磁场，励磁绕组中的直流电流形成的磁场方向和励磁电流的关系由右手螺旋法则确定。在有些直流电动机中，也有用永磁铁作磁极的永磁直流电机。

转子是电动机的转动部分，主要由电枢和换向器组成。电枢是电动机中产生感应电动势的部分，主要包括电枢铁心和电枢绕组。电枢铁心呈圆柱形，由硅钢片叠成，冲有槽，槽中有规律地安放电枢绕组。通有电流的电枢绕组在磁场中受到电磁力矩的作用，驱动转子旋转，起能量转换的枢纽作用，故称“电枢”。换向器又称整流子，是直流电动机的一种特殊装置。它是由楔形铜片叠成，片间用云母垫片绝缘。换向片嵌放在套筒上，用压圈固定后成为换向器再压装，在转轴上电枢绕组的导线按一定的规则焊接在换向片突出的插口中。在换向器表面用弹簧压着固定的电刷，使转动的电枢绕组得以同外电路连接起来，并实现将外部直流电流转化为电枢绕组内的交变电流。

图 5.2.1 所示为直流电动机的工作原理。在磁场中导体受力的方向用左手定则确定。这一对电磁力形成了作用于电枢上的力矩，这个力矩在旋转电机里称为电磁转矩，转矩的方向是逆时针方向，使电枢逆时针方向转动。如果此电磁转矩能够克服电枢上的阻转矩（如由摩擦引起的阻转矩以及其他负载转矩），电枢就能按逆时针方向旋转。

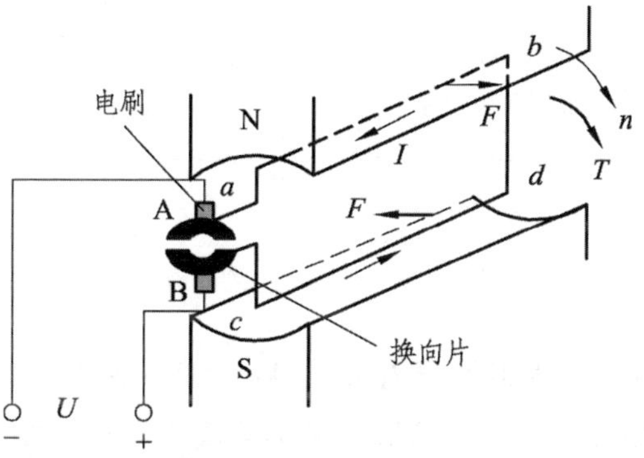

图 5.2.1　直流电动机原理图

当电枢转了 180° 后，导体 *cd* 转到 N 极下，导体 *ab* 转到 S 极下时，由于直流电源供给的电流方向不变，仍从电刷 *A* 流入，经导体 *cd*、*ab* 后，从电刷 *B* 流出。这时导体 *cd* 受力方向变为从右向左，导体 *ab* 受力方向是从左向右，产生的电磁转矩的方向仍为逆时针方向。电枢一经转动，由于换向器配合电刷对电流的换向作用，直流电流交替地由导体 *ab* 和 *cd* 流入，使线圈边只要处于 *N* 极下，其中通过电流的方向总是由电刷 *A* 流入的方向，而在 *S* 极下时，总是从电刷 *B* 流出的方向。这就保证了每个极下线圈边中的电流始终是一个方向，从而形成一种方向不变的转矩，使电动机能连续地旋转。这就是直流电动机的工作原理。

按照励磁形式，直流电动机可以分为串励电动机、并励电动机、复励电动机。不同的励磁方式对于直流电动机的工作特性有不同的影响。

技能点 1 直流电动机的运行特性

当电源电压 U 不变，而负载转矩变化时，直流电动机的转速 n 与电枢电流 I_a 之间的关系 $n=f(I_a)$，称为转速特性；电磁转矩 T 与电枢电流 I_a 之间的关系 $T=f(I_a)$，称为转矩特性；转速 n 和电磁转矩 T 之间的关系 $n=f(T)$，称为机械特性。这些特性，具体地代表了直流电动机的工作性能。各种直流电动机的性能不同，使用的场合也不同。所以，了解各种直流电动机的性能特点，对于如何正确地使用来说，是非常重要的。

1. 转速特性 $n=f(I_a)$

对于并励电动机，当电枢电流 I_a 增大时，电枢压降也增大，电动机的转速 $n=(U-I_aR_a)/C_e\Phi$降低。由于并励电动机磁通Φ为常数，U 为常数，R_a 为常数，因此，$n=f(I_a)$ 为一条直线。在图 5.2.2（a）所示的直流并励电机转速特性中，直线对横坐标倾斜程度，即转速下降的程度，决定于电枢电路的电阻 R_a 的大小。

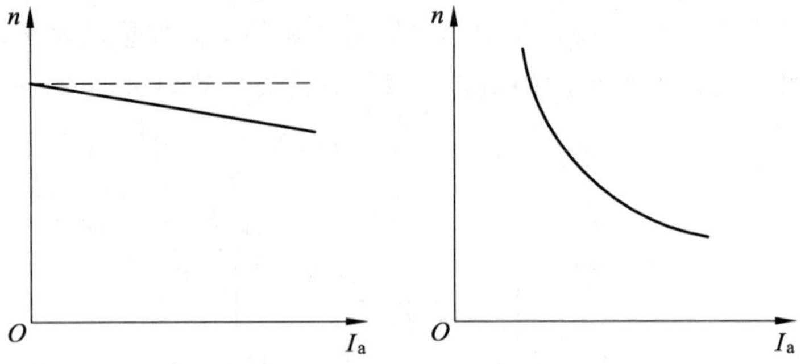

（a）并励　　（b）串励

图 5.2.2　直流电机转速特性

对串励电动机来说，当电枢电流 I_a 增大时，一方面电枢压降增大，使转速下降；另一方面，由于电枢电流 I_a 增大，励磁电流 I_f 也增大，Φ也随之增大，因而，使转速 n 降低更多。同理，当电动机负载转矩减小时，相应电动机电流也减小，而电动机转速 n 将很快上升。串励电动机的转速特性 $n=(U-I_aR_a)/C_e\Phi$，当磁路不饱和时，可认为$\Phi=KI_a$，故串励电动机的转速 $n=f(I_a)$ 是一条双曲线。在理论上，当负载转矩为零时，则转速趋近无穷大。实际上转速虽不会达到无穷大，但会出现“飞车”转速，导致电机损坏。因而，串励电动机不准采用皮带、链条、钢索等传动，一般都通过齿轮减速器与传动机构连接。

2. 转矩特性 $T=f(I_a)$

对并励电动机来说，当$\Phi=$常数，$T=f(I_a)$，$T=C_m\Phi I_a$，因而 $T=f(I_a)$ 是一条直线，如图 5.2.3 所示。对串励电动机来说，当电枢电流增大时，一方面由于 I_a 的增大直接使电磁转矩 T 增大；另一方面，由于串励电动机的磁通Φ也随电枢电流的增大而增大。因而，电磁转矩随电枢电流 I_a 的增加而很快地增加。串励电动机的转矩特性 $T=f(I_a)$ 为一条抛物线。

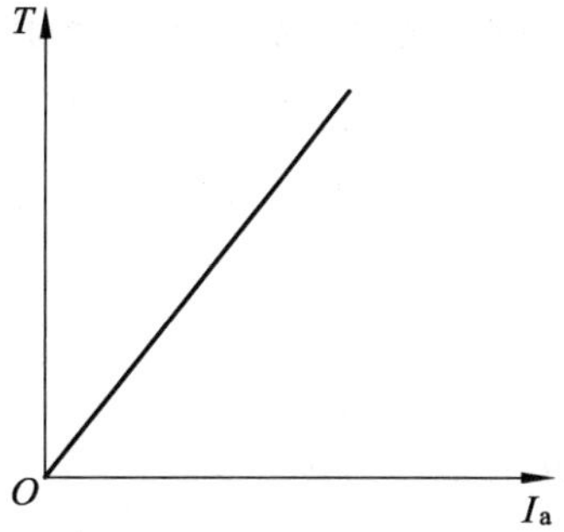

图 5.2.3　转矩特性

3. 机械特性 $n=f(T)$

取同一电枢电流 I_a 所对应的转速 n 和转矩 T，即可作出电动机的机械特性如图 5.2.4 所示。

（1）电枢电路电压平衡方程式：$U=E_a+I_aR_a$

（2）感应电势：$E_a=C_e\Phi n$

（3）电磁转矩：$M=C_m\Phi I_a$

串励、并励、复励电动机的机械特性如图 5.2.4 所示。对并励电动机来说，因为 $\Phi=$ 常数，所以 T 正比于 I_a，因而机械特性与转速特性一样，只是横坐标换成对应的 T 值即可。而对串励电动机，当设磁路不饱和时，其机械特性也是呈双曲线变化。

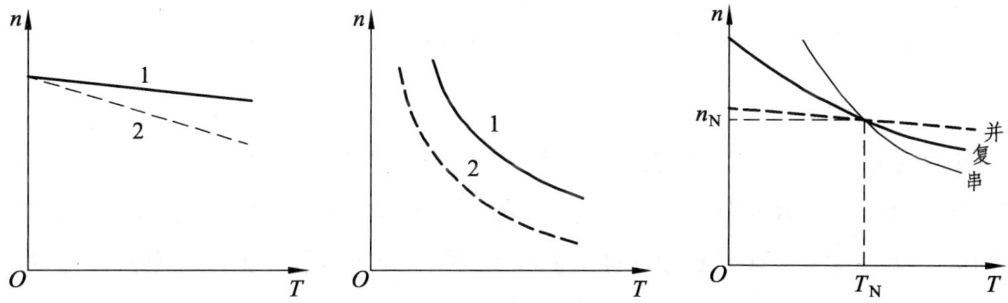

（a）并励　（b）串励　（c）复励

图 5.2.4　机械特性

串励电动机的机械特性比较“软”，具有起动转矩大、过载能力强等优点，因而广泛应用于操纵舵面调整片的控制。而并励电动机的机械特性比较“硬”，则适合用于负载变化时，转速变化不大的场合。复励电动机的运行特性介于并励与串励电动机之间。这是由于积复励电动机既有并励绕组，又有串励绕组。当励磁磁动势中以并励磁动势为主时，其机械特性接近并励电动机，但由于有串励磁动势的存在，负载增大时，电枢反应的去磁作用可以得到抑制，不使转速上升，从而保证电动机稳定运行；当励磁磁动势中以串励磁动势为主时，其机械特性接近串励电动机，但由于并励磁动势的存在，不会使电动机空载时出现“飞车”现象。

4. 直流电动机的应用

1）串励电动机

串励电动机的励磁绕组和电枢绕组串联。由于其绕组电阻小，因此起动电流很大，可以迅速建立磁场，起动力矩大，加速性能好。但在负载变化时，会使速度产生很大变化，轻载时转速高而重载时转速低，因此直流串励电动机适用于短时间工作，需要频繁起动的场合。

2）并励电动机

并励电动机的励磁绕组与电枢绕组并联。如果电枢绕组内阻小，电动机将具有硬机械特性，从空载到满载的转速变化不大，可以认为是恒速。因此适用于不经常起动且需要转速恒定的场合。

3）复励电动机

复励电动机中同时具有串励绕组和并励绕组，具有串励电动机和并励电动机二者的优点，弥补了二者的不足。当励磁绕组作用较小时，电动机的工作特性偏向于串励电动机，但是在轻载或空载时不会产生飞转，因此常被用作发动机的起动电机。

知识点 2　交流电动机

交流电动机不需要整流器和电刷，结构简单、工作可靠、维护方便，在以交流电源为主电源的飞机上得到了广泛应用。交流电动机可以分为交流同步电动机和交流异步电动机，最常用的交流电动机是异步电动机，有三相、两相和单相之分。三相异步电动机效率高，转矩大，用在传动机构之中，也用作陀螺的马达。

1. 三相异步电动机的基本结构

三相异步电动机的种类很多，但各类三相异步电动机的基本结构是相同的，它由定子和转子这两大基本部分组成，在定子和转子之间具有一定的气隙。此外，还有端盖、轴承、接线盒、吊环等其他附件。图 5.2.5 所示为三相异步鼠笼式电机的结构。

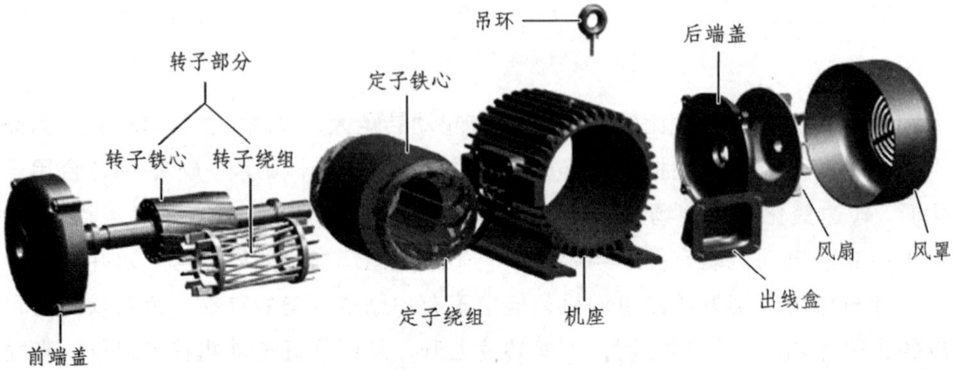

图 5.2.5　三相异步鼠笼式电机结构

1）定　子

定子是用来产生旋转磁场的。三相电动机的定子一般由外壳、定子铁心、定子绕组等部分组成。外壳包括机座、端盖、轴承盖、接线盒及吊环等部件。机座通常用铸铁或铸钢浇铸成型，它的作用是保护和固定三相电动机的定子绕组。中、小型三相电动机的机座还有两个端盖支承转子，它是三相电动机机械结构的重要组成部分。通常，机座的外表要求散热性能好，所以一般都铸有散热片。端盖用铸铁或铸钢浇铸成型，它的作用是把转子固定在定子内腔中心，使转子能够在定子中均匀地旋转。轴承盖也是铸铁或铸钢浇铸成型的，它的作用是固定转子，使转子不能轴向移动，还起存放润滑油和保护轴承的作用。接线盒是用铸铁浇铸，其作用是保护和固定绕组的引出线端子。吊环由铸钢制造，安装在机座的上端，用来起吊、搬抬三相电动机。

异步电动机定子铁心是电动机磁路的一部分，由 0.35 ~ 0.5 mm 厚表面涂有绝缘漆的薄硅钢片叠压而成，如图 5.2.6 所示。由于硅钢片较薄而且片与片之间是绝缘的，减少了由于交变磁通通过而引起的铁心涡流损耗。铁心内圆有均匀分布的槽口，用来嵌放定子绕圈。

定子绕组是三相电动机的电路部分，三相电动机有三相绕组，通入三相对称电流时，就会产生旋转磁场。三相绕组由三个彼此独立的绕组组成，且每个绕组由若干线圈连接而成。每个绕组即为一相，每个绕组在空间相差 120° 电角度。线圈由绝缘铜导线或绝缘铝导线绕制。中、小型三相电动机多采用圆漆包线，大、中型三相电动机的定子线圈则用较大截面的绝缘扁铜线或扁铝线绕制后，再按一定规律嵌入定子铁心槽内。定子三相绕组的 6 个出线端都引至接线盒上，首端分别标为 U_1、V_1、W_1，末端分别标为 U_2、V_2、W_2。这 6 个出线端在接线盒里可以接成星形或三角形，如图 5.2.7 所示。

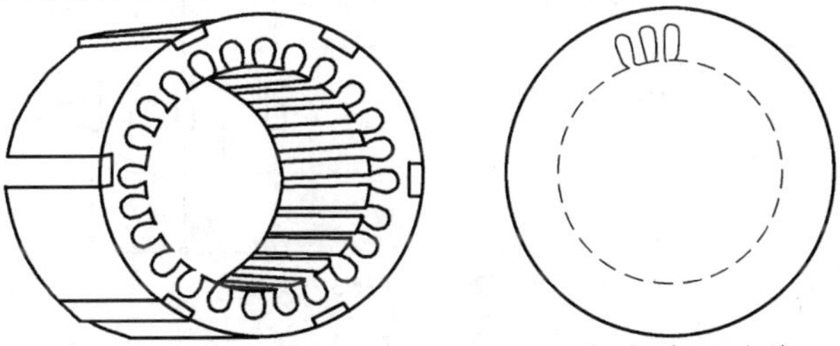

（a）定子铁心　　（b）定子冲片

图 5.2.6　定子结构

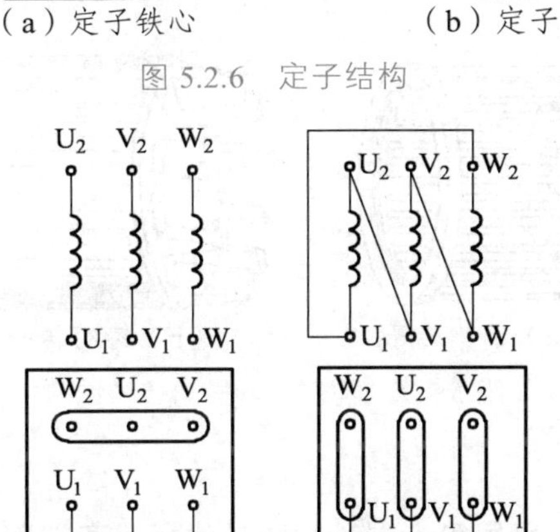

（a）星形连接　　（b）三角形连接

图 5.2.7　接线方式

2）转　子

转子铁心是用硅钢片叠压而成，套在转轴上，作用和定子铁心相同，一方面作为电动机磁路的一部分，一方面用来安放转子绕组。异步电动机的转子绕组分为绕线型与笼型两种，由此分为绕线式异步电动机与鼠笼式异步电动机。绕线式绕组与定子绕组都是一个三相绕组，一般接成星形，三相引出线分别接到转轴上的三个与转轴绝缘的集电环上，通过电刷装置与外电路相连，如图 5.2.8 所示。这就有可能在转子电路中串接电阻或电动势以改善电动机的运行性能。

鼠笼式绕组是在转子铁心的每一个槽中插入一根铜条，在铜条两端各用一个铜环（称为端环）把导条连接起来，称为铜排转子。也可用铸铝的方法，把转子导条和端环风扇叶片用铝液一次浇铸而成，称为铸铝转子，如图 5.2.9 所示。100 kW 以下的异步电动机一般采用铸铝转子。笼式电动机由于构造简单、价格低廉、工作可靠、使用方便，成为生产上应用得最广泛的一种电动机。为了保证转子能够自由旋转，在定子与转子之间必须留有一定的空气隙，中小型电动机的空气隙为 0.2 ~ 1.0 mm。气隙太大，电动机运行时的功率因数降低；气隙太小，使装配困难，运行不可靠，高次谐波磁场增强，从而使附加损耗增加以及使起动性能变差。

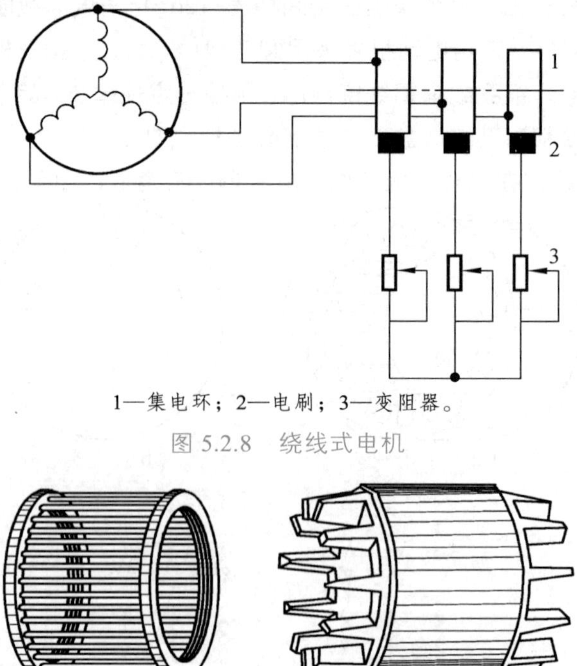

1—集电环；2—电刷；3—变阻器。

图 5.2.8　绕线式电机

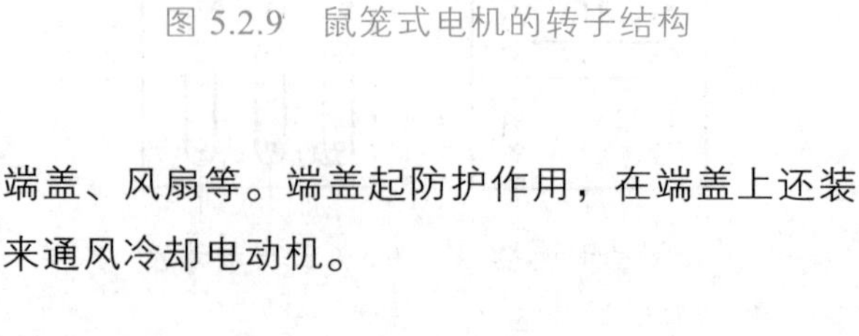

（a）铜排转子　　（b）铸铝转子

图 5.2.9　鼠笼式电机的转子结构

3）其他部分

其他部分包括端盖、风扇等。端盖起防护作用，在端盖上还装有轴承，用以支撑转子轴。风扇则用来通风冷却电动机。

2. 三相异步电动机的工作原理

为了说明异步电动机的工作原理，我们先做一个简单的实验。

（1）演示实验：在装有手柄的蹄形磁铁的两极间放置一个闭合导体（见图 5.2.10），当转动手柄带动蹄形磁铁旋转时，将发现导体也跟着旋转；若改变磁铁的转向，则导体的转向也跟着改变。

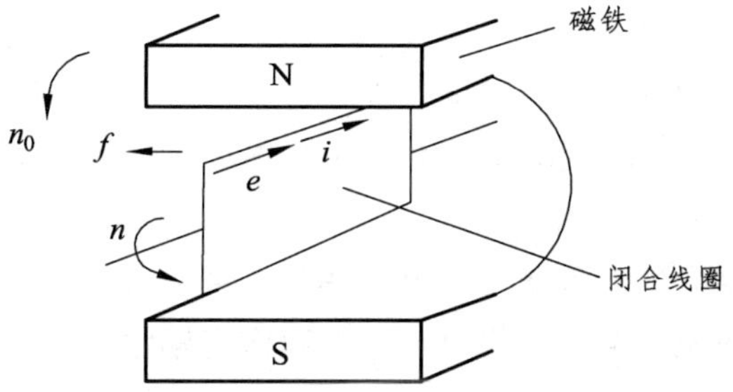

图 5.2.10　旋转原理

（2）现象解释：当磁铁旋转时，磁铁与闭合的导体发生相对运动，鼠笼式导体切割磁力线而在其内部产生感应电动势和感应电流。感应电流又使导体受到一个电磁力的作用，于是导体就沿磁铁的旋转方向转动起来，这就是异步电动机的基本原理。且转子转动的方向和磁极旋转的方向相同。

（3）结论：欲使异步电动机旋转，必须有旋转的磁场和闭合的转子绕组。

3. 旋转磁场

1）旋转磁场的产生

图 5.2.11 表示最简单的三相定子绕组 AX、BY、CZ，它们在空间按互差 120°的规律对称排列。并接成星形与三相电源 U、V、W 相联。在三相定子绕组里通过三相对称电流，三相定子绕组中就会产生旋转磁场。

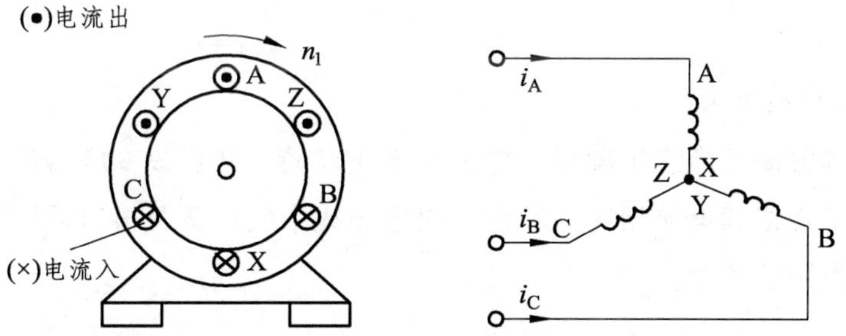

图 5.2.11　绕组及电流

为了分析方便，假设电流为正值时，在绕组中从始端流向末端，电流为负值时，在绕组中从末端流向首端。三相电流为

$$
\begin{cases}
i_A = I_m \sin \omega t \\
i_B = I_m \sin(\omega t - 120°) \\
i_C = I_m \sin(\omega t + 120°)
\end{cases}
$$

当 $\omega t=0°$ 时，$i_A=0$，AX 绕组中无电流；i_B 为负，BY 绕组中的电流从 Y 流入 B 流出；i_C 为正，CZ 绕组中的电流从 C 流入 Z 流出；由右手螺旋定则可得合成磁场的方向如图 5.2.12（a）所示。

当 $\omega t=120°$ 时，$i_B=0$，BY 绕组中无电流；i_A 为正，AX 绕组中的电流从 A 流入 X 流出；i_C 为负，CZ 绕组中的电流从 Z 流入 C 流出；由右手螺旋定则可得合成磁场的方向如图 5.2.12（b）所示。

当 $\omega t=240°$ 时，$i_C=0$，CZ 绕组中无电流；i_A 为负，AX 绕组中的电流从 X 流入 A 流出；i_B 为正，BY 绕组中的电流从 B 流入 Y 流出；由右手螺旋定则可得合成磁场的方向如图 5.2.12（c）所示。

可见，当定子绕组中的电流变化一个周期时，合成磁场也按电流的相序方向在空间旋转一周。随着定子绕组中的三相电流不断地作周期性变化，产生的合成磁场也不断地旋转，因此称为旋转磁场。

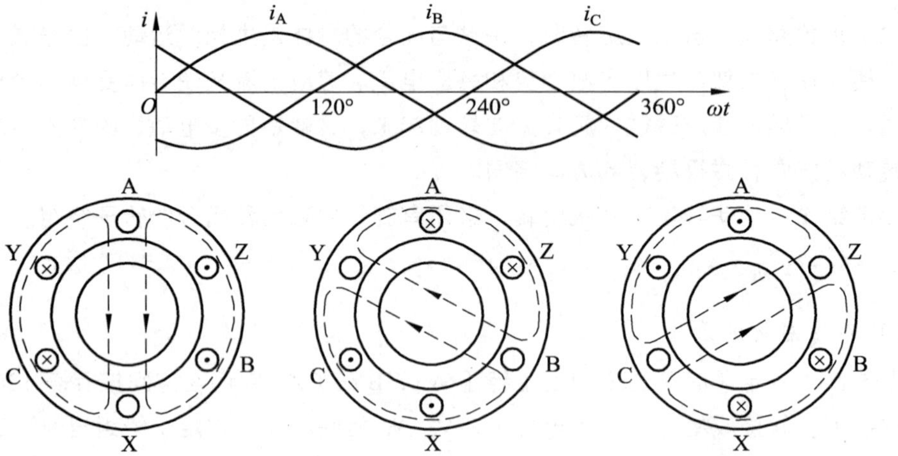

（a）$\omega t=0°$　（b）$\omega t=120°$　（c）$\omega t=240°$

图 5.2.12　旋转磁场的产生

2）**旋转磁场的方向**

旋转磁场的方向是由三相绕组中电流相序决定的，若想改变旋转磁场的方向，只要改变通入定子绕组的电流相序，即将三根电源线中的任意两根对调即可。这时，转子的旋转方向也跟着改变。

4. 三相异步电动机的极数与转速

1）**极数（磁极对数 p）**

三相异步电动机的极数就是旋转磁场的极数。旋转磁场的极数和三相绕组的安排有关。当每相绕组只有一个线圈，绕组的始端之间相差 120°空间角时，产生的旋转磁场具有一对极，即 $p=1$；当每相绕组为两个线圈串联，绕组的始端之间相差 60°空间角时，产生的旋转磁场具有两对极，即 $p=2$。极数 p 与绕组的始端之间的空间角 θ 的关系为

$$\theta = 120° / p$$

2）**转速 n_0**

三相异步电动机旋转磁场的转速 n_0 与电动机磁极对数 p 有关，它们的关系是

$$n_0 = \frac{60 f_1}{p}$$

可知，旋转磁场的转速 n_0 决定于电流频率 f_1 和磁场的极数 p。对某一异步电动机而言，f_1 和 p 通常是一定的，所以磁场转速 n_0 是常数。

在我国，工频 $f_1 = 50$ Hz，因此对应于不同极对数 p 的旋转磁场转速 n_0 见表 5.2.1。

表 5.2.1　磁极对数及转数关系

p	1	2	3	4	5	6
n_0/(r/min)	3 000	1 500	1 000	750	600	500

3）**转差率 s**

电动机转子转动方向与磁场旋转的方向相同，但转子的转速 n 不可能达到与旋转磁场的转速 n_0 相等，否则转子与旋转磁场之间就没有相对运动，因而磁力线就不切割转子导体，转子电动势、转子电流以及转矩也就都不存在。也就是说旋转磁场与转子之间存在转速差，因此我们把这种电动机称为异步电动机，又因为这种电动机的转动原理是建立在电磁感应基础上的，故又称为感应电动机。

旋转磁场的转速 n_0 常称为同步转速。转差率 s 用来表示转子转速 n 与磁场转速 n_0 相差的程度的物理量，即

$$s = \frac{n_0 - n}{n_0} = \frac{\Delta n}{n_0}$$

转差率是异步电动机的一个重要的物理量。当旋转磁场以同步转速 n_0 开始旋转时，转子则因机械惯性尚未转动，转子的瞬间转速 $n=0$，这时转差率 $s = 1$。转子转动起来之后，$n>0$，（$n_0 - n$）差值减小，电动机的转差率 $s<1$。异步电动机运行时，转速与同步转速一般很接近，转差率很小。

技能点 2　三相异步电动机的运行

对于电动机的使用者来说，重要的是电动机的电磁转矩和机械特性。电磁转矩是指电动机的转子受电磁力的作用而产生的转矩，电磁转矩是电机在电能和机械能之间进行能量形态转换的关键。异步电动机是因为内部电和磁的相互依赖和作用，从而能将电能转换成机械能，带动生产机械运转。首先，由于旋转磁场产生转子电势和电流，故定子从电网所吸取的电功率有一部分通过电磁感应传给转子，转子获得电磁功率。

其次，由于转子电流与旋转磁场作用而产生电磁力和电磁转矩推动转子旋转并带动生产机械做功，故将电能转换成了机械能。

1. 电磁转矩

电磁转矩的物理表达式为

$$T = K_{\mathrm{T}} \Phi I_2 \cos\psi_2$$

式中　K_{T}——与电动机结构有关的常数。

$$I_2 = \frac{SE_{20}}{\sqrt{R_2^2 + (SX_{20})^2}}$$

$$\cos\psi_2 = \frac{R_2}{\sqrt{R_2^2 + (SX_{20})^2}}$$

$$U_1 = 4.44 f_1 N_1 \Phi_{\mathrm{m}}$$

由此可得电磁转矩公式：

$$T = K \frac{sR_2}{R_2^2 + (sX_{20})^2} \cdot U_1^2$$

由此可知：T 与定子每相绕组电压 U_1^2 成正比。U_1 下降 T 也下降；当电源电压 U_1 恒定时，T 是 s 的函数；R_2 的大小对 T 有影响。绕线型异步电动机可外接电阻来改变转子电阻 R_2，从而改变转矩。

2. 特性曲线

由电磁转矩公式作出其特性曲线，如图 5.2.13 和图 5.2.14 所示。

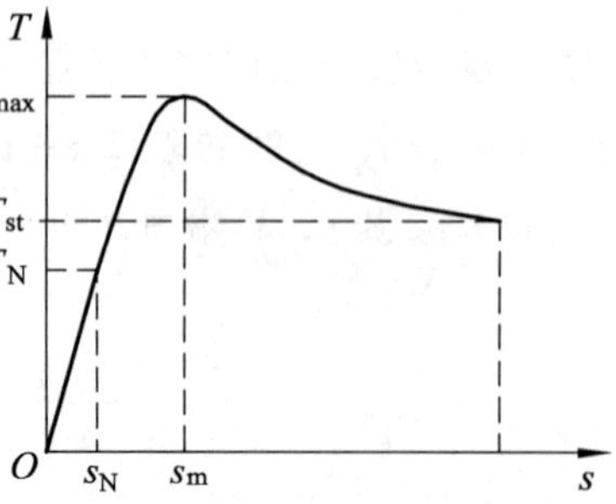

图 5.2.13　$T=f(s)$ 曲线

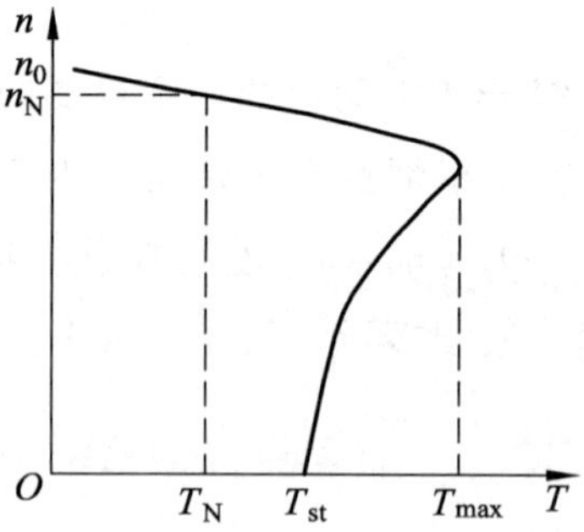

图 5.2.14　$n=f(T)$ 曲线

1）**额定转矩 T_{N}**

$$T_{\mathrm{N}} = 9550 \frac{P_{\mathrm{N}}(\text{千瓦})}{n_{\mathrm{N}}(\text{转/分})}$$

在电动机的铭牌上，常常给出电动机的输出功率 P_{N}（千瓦）及额定转速，通过这些数据，可求出额定转矩。

2）**最大转矩 T_{max}**

最大转矩是指电机带动最大负载的能力。转子轴上机械负载转矩 T_2 不能大于 T_{max}，否则将造成停车。

3. 结　论

（1）最大电磁转矩 T_{max} 与转子电路电阻 R_2 无关，但对应于最大电磁转矩的转差率 s_m 却与 R_2 成正比。因此当增加转子电路的电阻时，出现最大电磁转矩的转差率也越大（转速 n 降低）即 $T=f(s)$ 曲线向 s 增大方向偏移，如图 5.2.15 所示。

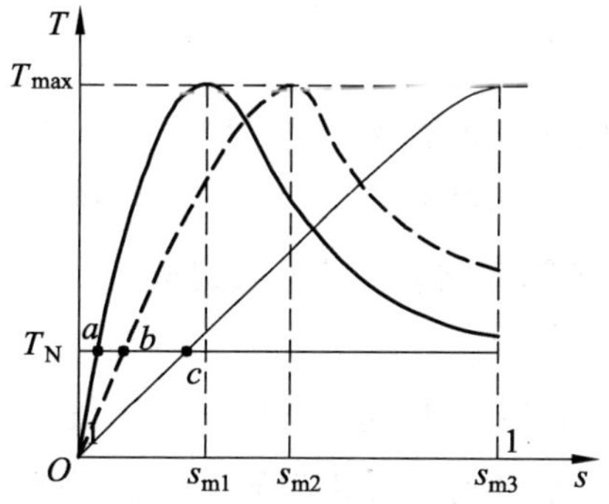

图 5.2.15　起动转矩

（2）随着转子电路电阻的增加，起动转矩逐渐增加，而且当 $R_2=X_{20}$ 时，$s=s_m=1$，可使最大转矩在 $s=1$ 时出现，这一点在生产上具有实际意义。另外，改变转子电路的电阻，可以在一定范围内实现调速。例如电动机工作在额定转矩时，对于不同的 R_2 的转差率分别由 a、b、c 三点所决定，于是得到了不同的转速，因此需要调速的生产机械，往往选用绕线式异步电动机来拖动。

（3）影响最大电磁转矩和起动电磁转矩的最突出因素是电源电压 U_1，因为 $T_{max} \propto U_{12}$，$T_{st} \propto U_{12}$。

4. 定子电压 U_1 和电阻 R_2 变化对机械特性的影响

一般情况下，改变定子电压 U_1 的大小指的是降低定子电压，这是由于异步电机的磁路在额定电压下已有些饱和以及电机绝缘的限制，因而不宜再升高电压。下面只讨论降低定子端电压 U_1 时的机械特性。在降低定子电压时，电机其他参数均不变，其特点如下：

（1）异步电机的同步转速 $n_1=\dfrac{60f_1}{p}$，与电压 U_1 无关，不管 U_1 降至何值，n_1 的大小不会改变。就是说，不同电压 U_1 的人为机械特性，都通过 n_1 点。

（2）异步电机临界转差率 s_m 与电压 U_1 无关，不同电压 U_1 的人为机械特性，s_m 相同。

（3）异步电机的电磁转矩与 U_1^2 成正比。因此，最大转矩 T_m 以及起动转矩 T_{st} 都要

随 U_1 的降低而按 U_1^2 规律减小。图 5.2.16 所示为改变电压时的电磁转矩变化。

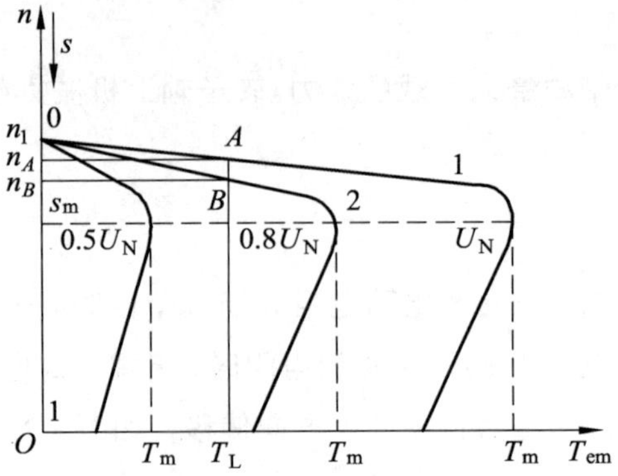

图 5.2.16　最大转矩

（4）绕线式三相异步电动机转子绕组可以串入三相对称电阻。串入三相对称电阻后 n_1 不变，由公式可知，最大电磁转矩与转子每相电阻值无关，即转子串入电阻后，T_m 不变，但临界转差率随电阻变化而变化。可见转子回路串电阻后，只有 s_m 的值随电阻的增加而增加。

由图 5.2.17 可见，起动转矩 T_{st} 也随串入转子电阻值的增大而增大。如果串入电阻合适，可以使 $s_m=1$，即起动转矩等于最大电磁转矩。但是如果串入转子回路的电阻 R 再增加，则 $s_m>1$，$T_{st}<T_m$。因此转子回路串电阻增大起动转矩并非电阻越大越好，而是有一个限度。

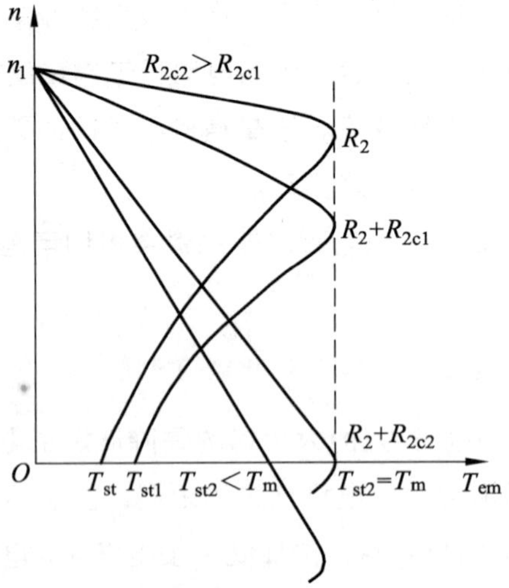

图 5.2.17　转差率

技能点 3　三相异步电动机的起动、调速与制动

1. 三相异步电动机的起动

三相交流异步电动机因其结构简单，性能稳定及无须维护等特点，在各个行业中得到了广泛的应用，但其在起动过程中会产生过大的起动电流，会对电网和其他用电

设备造成冲击，受电网容量限制和保护其他用电设备正常工作的需要，要在电机起动过程中采取必要的措施。三相异步电动机的起动要求如下：有足够大的起动转矩 T_{st}，使电动机起动时间短。起动电流 I_{st} 尽可能小，避免启动时的大电流引起电网的压降，影响接在电网上的其他电气设备和电动机的正常运行。启动所需的控制设备尽量简单，价格低廉，操作和维护方便。启动过程中的能量损耗应尽量小。总的来说，在不需要调速的场合，考虑经济的因素，异步电动机可以有两种起动方法：直接起动和降压起动。

1）直接起动

直接起动也就是全压起动，将定子三相绕组直接接在三相电源上启动方法称直接起动。这种方法简单，但起动电流特别大，可达到额定电流的 4～7 倍，一般 7.5 kW 以下的小容量鼠笼异步电动机都可以直接启动。

2）降压起动

星-三角降压起动：正常运行时，接成三角形的鼠笼电动机，在起动时接成星形，起动完毕后再接成三角形，称星-三角起动。起动时连接成星形的定子绕组电压与电流只有三角形连接时的 1/1.732，其线电流只有连接成三角形直接起动线电流的 1/3。星-三角起动所需设备较少，价格低，因此获得较为广泛的应用。在我国，凡功率在 4 kW 及以上的电动机，正常运行时都采用星-三角起动。

定子串电阻（电抗）降压起动：三相鼠笼式异步电动机起动时，在定子绕组中串电阻降压，起动结束后再用开关将电阻短接，全压运行。在定子电路串联电阻，起动时电流会在电阻上产生压降，降低了电动机定子绕组上的电压，起动电流也从而得到减小。由于起动转矩和定子电压的平方成正比，所以起动时电压降低将造成起动转矩减小，适用于轻载和不频繁起动的场合。

2. 三相异步电动机的调速

根据 $n_0=n(1-s)=60f(1-s)/p$ 可知，可以通过改变定子绕组的极对数，改变供电电网的频率，改变电动机的转差率等三种方法进行调速。

1）变极调速

通过改变定子绕组的连接方式，变换异步电动机绕组极数从而改变同步转速进行调速的方式，也叫有极调速。因为极对数是成对存在，所以其转速只能按阶跃方式变化，不能连续变化。有级调速，级差较大，不能获得平滑调速，可以与调压调速、电磁转差离合器配合使用，获得较高效率的平滑调速特性。本方法适用于不需要无级调速的生产机械，如金属切削机床、升降机、起重设备、风机、水泵等。

2）变频调速

改变电动机定子电源的频率，从而改变其同步转速的调速方法。变频调速系统主要设备是提供变频电源的变频器，变频器可分成交流-直流-交流变频器和交流-交流变频器两大类。目前，国内大都使用交-直-交变频器。在异步电动机诸多的调速方法中，变频调速的性能最好，调速范围广，效率高，稳定性好。

3）变转差率调速

（1）变压调速。

变压调速是异步电机调速系统中比较简便的一种。由电气传动原理可知，当异步电机的等效电路参数不变时，在相同的转速下，电磁转矩与定子电压的二次方成正比。因此，改变定子外加电压就可以改变机械特性的函数关系，从而改变电机在一定输出转矩下的转速。调压调速目前主要采用晶闸管交流调压器变压调速，是通过调整晶闸管的触发角来改变异步电动机端电压进行调速的一种方式。这种调速方式调速过程中的转差功率损耗在转子里或其外接电阻上效率较低，仅用于小容量电动机。

（2）转子串电阻调速。

转子串电阻调速是在绕线转子异步电动机转子外电路上接入可变电阻，通过对可变电阻的调节，改变电动机机械特性斜率来实现调速的一种方式。电机转速可以按阶跃方式变化，即有级调速。其结构简单，价格便宜，但转差功率损耗在电阻上，效率随转差率增加等比下降，故这种方法目前一般不被采用。

3. 三相异步电动机的制动

1）能耗制动

如图 5.2.18 所示，在断开三相电源的同时，给电动机其中两相绕组通入直流电流，直流电流形成的固定磁场与旋转的转子作用，产生了与转子旋转方向相反的转矩（制动转矩），使转子迅速停止转动。

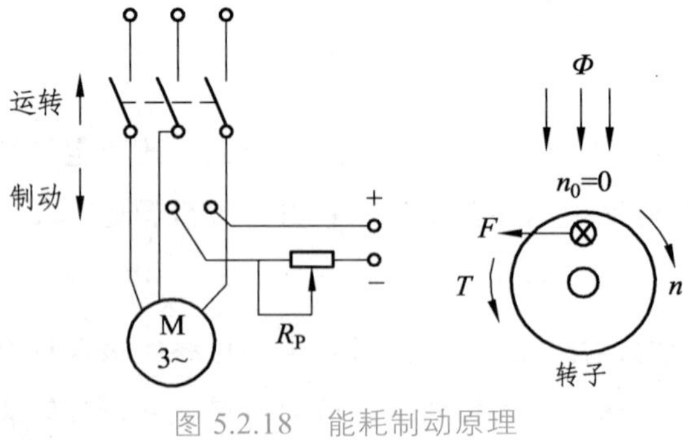

图 5.2.18　能耗制动原理

2）反接制动

停车时，将接入电动机的三相电源线中的任意两相对调，使电动机定子产生一个与转子转动方向相反的旋转磁场，从而获得所需的制动转矩，使转子迅速停止转动。

3）反馈制动

当电动机转子的转速大于旋转磁场的转速时，旋转磁场产生的电磁转矩作用方向发生变化，由驱动转矩变为制动转矩。电动机进入制动状态。

【学习体会】

通过本任务的学习，你都学到了什么？请写在下面。

【任务测评】

请根据所学知识，完成以下任务：

1. 按照励磁形式，直流电动机可分为哪几类？
2. 简述直流电动机的工作原理。
3. 三相异步电动机的调速方式有哪些？

【课程思政】

国之重器——AG600 水陆两栖飞机

AG600 是我国首款自主研制的大型水陆两栖飞机，拥有执行应急救援、森林灭火、海洋巡察等多项特种任务的功能。它是国家应急救援重大航空装备，对于填补我国大型应急救援航空器空白、满足国家应急救援和自然灾害防治体系能力建设需要具有里程碑意义。

飞机采用了单船身、悬臂上单翼布局型式；选装 4 台国产涡桨 6 发动机，最大起飞重量 53.5 吨，采用前三点可收放式起落架。AG600 水陆两栖飞机可以根据需要加改装必要的设备，满足执行海洋环境监测、资源探测、岛礁运输、海上缉私与安全保障、海上执法与维权等多种任务的需要。其中，AG600 水陆两栖飞机在执行森林灭火任务时，可在 20 秒内汲水 12000 千克，飞机可在水源与火场之间多次往返，投水灭火。在执行水上救援任务时，飞机最低稳定飞行高度 50 米，在执行海上救援任务时，一次可救援高达 50 名遇险人员。

任务 3　飞机发动机电力起动设备

知识目标

1. 掌握飞机发动机电力起动的概念。
2. 掌握活塞式发动机的电力起动设备。

3. 掌握涡桨发动机的电力起动设备。

4. 掌握涡轮或涡扇发动机的起动设备。

能力目标

1. 能分析活塞式发动机的电力起动原理。

2. 能分析涡桨发动机的电力起动原理。

3. 能分析涡轮或涡扇发动机的起动原理

思政目标

1. 养成“严慎细实”的机务作风，懂得“机务工作无小事”的道理。

2. 培养团队协作意识，强化职业素养。

3. 培养吃苦耐劳的精神，树立认真负责的工作态度。

【情境创设】

发动机是飞机的“心脏”，它的正常起动是飞机完成飞行任务的首要条件，在发生故障及短时停止运行时，它也能立即再次起动继续后续飞行任务。发动机自身有许多需要供电的系统，最主要的是起动、点火与控制系统。

【任务实施】

教师带领学生到停机坪进行参观，探讨教学用飞机发动机电力起动设备。请学生对航空发动机电力起动设备、方法等进行分组讨论，告诉学生使飞机发动机转速从静止状态逐步转变到独立运转的工作状态的过程叫作起动过程。电力起动设备的功用是在起动发动机时，将起动电源的电能转变为起动机旋转的机械能，带动发动机转动部分加速旋转，并逐步达到独立工作状态。目前，飞机上使用的发动机可分为三类，即活塞式发动机、涡轮螺旋桨发动机和涡轮喷气（或涡轮风扇）发动机。不同类型的航空发动机，采用了不同的起动方式。

知识点 1　活塞式发动机的电力起动设备

当活塞式航空发动机转速达到 50 ~ 60 r/min 时，喷油点火后即可自行工作。该转速不高，但因活塞在气缸内运动时摩擦很大，压缩气缸内的空气也要相当大的力量才能运动，所以需要很大的外力矩才能带动发动机。活塞式发动机的电力起动通常有三种方式：直接起动、惯性起动及复合起动（或联合起动）。

1. 直接起动

图 5.3.1 所示为直接起动的起动机组成框图。

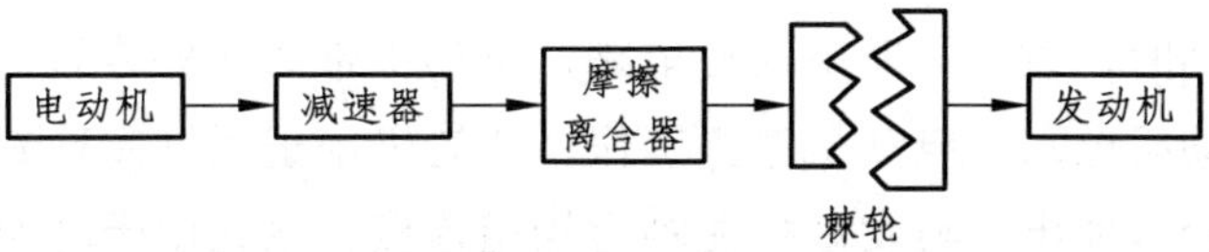

图 5.3.1　直接起动的起动机组成框图

直接起动是指电动起动机直接带动发动机曲轴加速旋转而使其起动。直接起动的电力起动设备由串励电动机、减速器、摩擦离合器及能与发动机曲轴棘轮构成。直流起动的起动电路如图 5.3.2 所示。

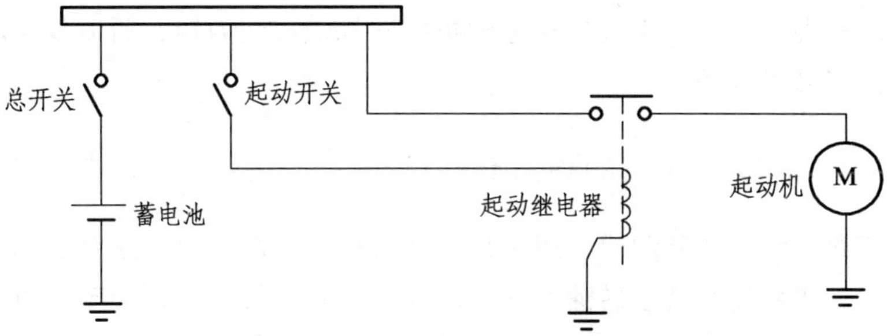

图 5.3.2　直流起动的起动电路

起动时，接通蓄电池或外部电源的供电电路，当起动机开关接通后，来自汇流条的直流电将使起动继电器线圈通电，其接触点接通起动电动机电路。电动机即可通过减速器和摩擦离合器带动棘轮旋转，棘轮开始旋转时就会与发动机曲轴棘轮啮合，带动发动机曲轴旋转，从而起动发动机。直接起动时起动机的起动电流很大，这就需要大功率的起动机和起动电源。因此，直接起动的方法仅适用于某些小型飞机。要起动较大型的活塞式发动机，通常采用惯性起动。

2. 惯性起动

某型电动惯性起动机的基本结构如图 5.3.3 所示。电动惯性起动机主要由直流串励电动机、滚棒离合器、钢制飞轮、减速器、摩擦离合器、衔接装置、手摇装置等组成。

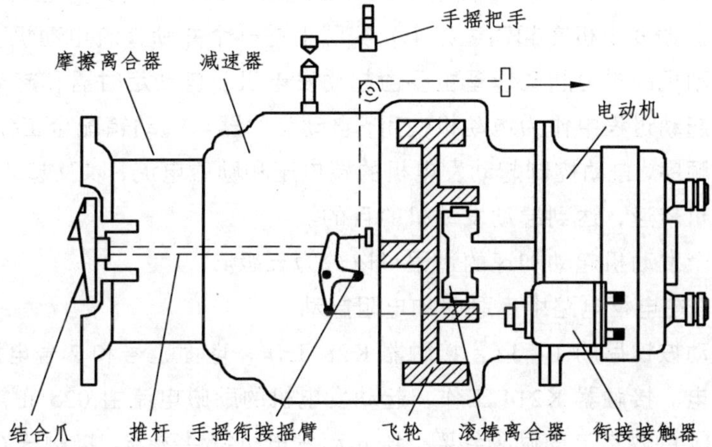

图 5.3.3　电动惯性起动机的基本结构

采用惯性起动时，首先接通电动机电路，电动机带动飞轮旋转，当飞轮具有足够能量时，断开电动机电路，电动机停止工作，飞轮仍由于惯性高速旋转。同时衔接继电器工作，将结合爪顶出，与发动机曲轴齿轮组连接，飞轮便带动曲轴旋转。此时，点火线圈工作，点燃混合气，发动机即可完成起动。

3. 复合起动

复合起动实际上是惯性起动与直接起动的联合作用。即在开始起动时，由电动机带动飞轮旋转储能，当飞轮与曲轴衔接时并不断开电动机电路，而是由飞轮与电动机同时驱动发动机曲轴。由于由飞轮和电动机共同提供起动力矩，所以复合起动可以起动更大功率的活塞式发动机。

知识点 2　涡桨发动机的电力起动设备

涡轮螺旋桨发动机的起动机一般采用起动发电机。起动时，这台起动发电机以电动机状态工作，当发动机转子转速大于起动发电机转子转速时，起动发电机的状态可以由电动机状态转为发电机状态，由发动机带动起动发电机发电。

为防止发动机过热，涡桨发动机转子必须尽快加速，使压气机进入更多的冷空气来冷却发动机，因此起动机需持续带动发动机旋转。一般情况下，发动机转速大约达到发动机最高工作转速的 35%时才能自行工作。该转速比活塞式发动机大得多，所以要使起动发电机在起动过程中输出比较大的力矩，起动增速应该是分阶段进行的，这种起动方式称为分级起动。分级起动的各级转换都是按照一定时间顺序自动控制，使起动发电机的力矩按照一定规律变化。

分级起动伴随着起动发电机增速的过程，使直流并励电动机增速的方法主要有以下三种：

（1）增大起动电源电压，实行电压调速。

（2）减小电动机的励磁电流，实行磁通调速。

（3）在电枢电路内串联附加电阻然后短接，使电动机增速。

下面以运 7 飞机上的 WJ5 A 发动机的五级起动为例，分析分级起动的基本原理。运-7 飞机上的起动发电机在起动过程中，实际上是一个并励直流电动机。

WJ5 A 发动机的电力起动设备主要由起动发电机、自动定时器和起动箱等组成。起动发电机在起动过程中作为电动机使用，自动定时器与起动箱配合工作，在起动时，按一定的时间顺序，自动控制起动发电机的端电压和励磁电流，以及起动点火与供油，逐步增加发动机转速，达到起动发动机的目的。

WJ5 A 整个发动机起动加速的过程可以分为五级。

第一级——在电枢电路中串联附加电阻起动。

在按下起动按钮后的 1～3 s，接触器 K28 工作，地面 1 号和 2 号电源并联向 032 起动汇流条供电。接触器 K214 工作，起动发电机的励磁电流由 025 正常汇流条经接触器 C_4 和 K214 的触点流向励磁线圈，给起动发电机提供磁场。接触器 C_2 和 K215 工作，由 032 汇流条经 C_2 的触点、附加电阻 R_1 和 K215 的触点到电枢线圈，然后接地，产生电枢电流。电枢电流与电机磁场相互作用，便产生电磁转矩，即起动转矩。由于此时在电枢电路内串联了附加电阻，使起动电流受到限制，因而起动力矩也受到限制。在这个较小的起动力矩作用下，减速器、离合器柔和地啮合，起动机和发动机的转速逐渐上升。随着转速的上升，电机的反电势增大，电枢电流下降，致使电机的电磁力矩减小，转速上升的速度减慢。为了加速起动过程，在起动机和发动机之间的减速器、离合器啮合好以后，就应把附加电阻切除，转换到下一级起动。

第二级——切除附加电阻起动。

起动进行至 3 s 时，自动定时器使接触器 C_1 工作，短接电枢电路中的附加电阻 R_1。在 R_1 刚被短接的瞬间，由于起动机和发动机具有惯性，转速不能立即改变，因而电枢电流和电磁转矩迅速增加，起动机和发动机的转速上升速度加大。经过一定时间，随着转速的增加，起动机的反电势增大，电枢电流又将减小，从而使电磁力矩也减小，发动机转速上升的速度又减小。

第三级——减小电机磁通起动。

起动进行到 9 s 时，自动定时器使接触器 C_4 工作，将起动箱中的电流调节器 TLT-1 的炭柱接入起动机的励磁电路，使电机磁通减小，这就会立刻引起反电势的减小，从而使电枢电流增加。对于电机电磁力矩的变化来说，磁通的减小和电枢电流的增加是互相矛盾的。由于这时电机转速比较高，反电动势比较大，因而在磁通减小的最初瞬间，电枢电流的增加占主导地位，所以电磁力矩是增加的，这使发动机转速的上升速度又一次增大。而后，电磁力矩仍然随转速的增大而减小，又需采用别的办法使发动机增速。

第四级——升高电源电压起动。

起动进行到 15 s 时，自动定时器控制两个接触器 K26 工作，两组地面电源（1 号和 2 号）串联，使起动电源电压增加一倍，电枢电流迅速增加，电磁力矩也迅速增加，发动机进一步加速。同时，C_4 断电，电机励磁电流增加，有使起动机转速下降的趋势，可以避免电动机输出转矩过大而损坏起动机。由于前一因素占优势，故在两组地面电源串联瞬间，发动机加速仍很明显。

第五级——减小电机磁通起动。

起动进行到 20s 时，自动定时器又接通 C_4 的线圈电路，其增速原理与第三级相同。还需指出，起动进行到 9 s 时，已开始对发动机点火、供油，此后，由于发动机燃烧室内的混合气不断燃烧，涡轮产生的旋转力矩也要驱动发动机转轴加速。当发动机转速达到额定值的 39%～48%时，感受发动机空气压缩器后部空气压强的气压开关将会断开起动电路，使电力起动过程结束，起动发电机也会自动地由电动机状态转变为发电机状态。经过不超过 120 s 的时间，发动机会自动加速到慢车状态。

通过这五级起动的方法，起动发电机的转速将逐渐增加，带动 WJ5 A 发动机达到能自行工作的转速，从而起动发动机。WJ5 A 发动机的起动简化电路如图 5.3.4 所示。

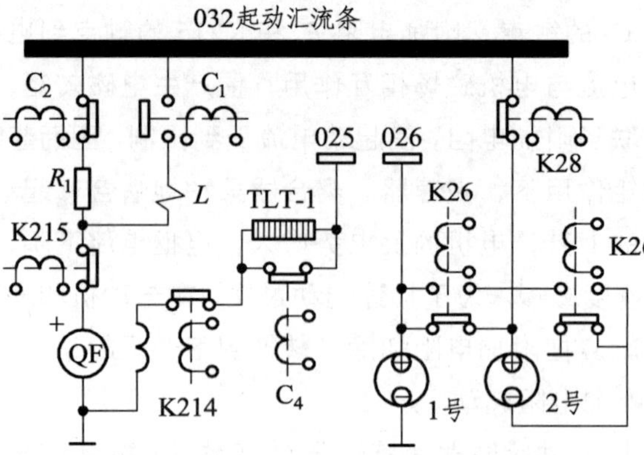

图 5.3.4　WJ5 A 发动机的起动简化电路

知识点 3　涡轮或涡扇发动机的起动设备

在大、中型飞机上，为了有效地起动涡轮喷气（或涡轮风扇）发动机，起动系统所需要的功率很大。由于恒速传动装置的限制，如果仍采用电力起动的方式，则需要大功率的专用电机，使系统重量大大增加。目前，大功率涡轮发动机的起动一般采用气源起动系统，这种系统可以由地面气源车、飞机上的辅助动力装置或在运转中的发动机压气机提供压缩空气，利用压缩空气的冲击力驱动空气起动机，起动机再带动发动机的涡轮转子，从而起动涡轮发动机。

现在大、中型飞机上一般装有辅助动力装置，辅助动力装置可以独立地向飞机提供电力和压缩空气，也有少量辅助动力装置可以向飞机提供附加推力。飞机在地面上起飞前，由辅助动力装置供电来起动主发动机，从而不需要依靠地面电、气源车来发动飞机。在地面时，辅助动力装置可以提供电力和压缩空气保证照明，在飞机起飞时使发动机功率全部用于地面加速和爬升，改善了起飞性能。降落后，仍由辅助动力装置供应电力照明，使主发动机提早关闭，从而节省了燃油，降低了机场噪声。

用辅助动力装置起动发动机的原理如图 5.3.5 所示。起动时，先由蓄电池或地面电源向辅助动力装置中的电动起动机供电，电动起动机消耗较小的电流，起动功率较小的辅助动力装置。辅助动力装置起动之后，就可以不断地提供压缩空气，起动涡轮发动机。因此这种起动方式又称为电-气起动。两个中间装置用于当辅助动力装置或涡轮发动机达到规定转速时，接通它们的燃油开关和点火开关，从而保证燃烧室内燃油开始有效雾化以及燃烧。

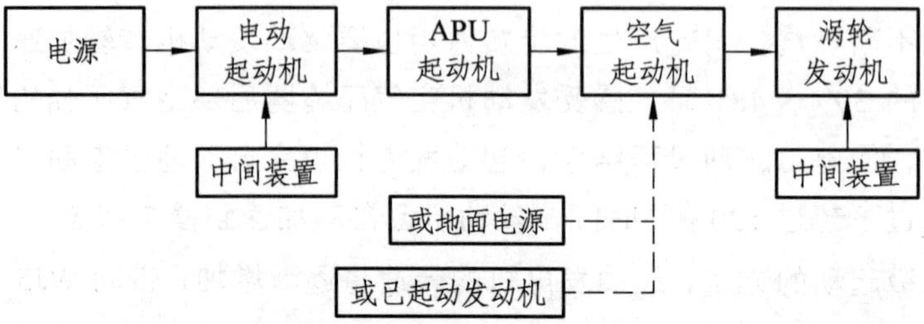

图 5.3.5　辅助动力装置起动涡轮发动机原理框图

总之，飞机上装有辅助动力装置以后，如有必要，可以不依赖地面设备的支援。这种装置由蓄电池直接起动之后，可为主发动机的起动提供气源，也可为地面通电检查飞机用电设备提供电源。在某些飞机上，辅助动力装置还可用于飞行中当主发电机失效时提供后备电源，并在飞机起飞和爬高期间对座舱补充空气。

在较新型的飞机上，开始采用交流起动发电机取代气源、起动辅助动力装置或主发动机，阅读相关内容，请扫描二维码查看。

电力起动

【学习体会】

通过本任务的学习，你都学到了什么？请写在下面。

【任务测评】

请根据所学知识，完成以下任务：

1. 活塞式发动机电力起动有哪几种方式？
2. 活塞式发动机电力起动方式各有何特点？
3. 试述涡桨发动机（WJ5 A）分级起动的工作过程。

【课程思政】

生命之光

经过多年的发展，“翼龙”已经衍生并形成了“翼龙”无人机家族。“翼龙”系列无人机凭借总体性能卓越、智能化程度高、用途广泛等一系列技术特点，使其在军用和民用领域都发挥了重要作用，在赢得国际市场良好声誉的同时，也进一步向世界展示了中国航空工业完全自主知识产权的高端无人机的最新水平。

在翼龙-2 无人机基础上改进研制成功的“甘霖-I”是人工影响天气领域的大型无人机系统。

“甘霖-I”人工影响天气作业成本低、工作时间长，其机翼挂点多、承载能力大、拓展能力强，较有人机具有明显优势。该型无人机具备远距离气象探测能力、大气数据采集能力和增雨催化剂播撒能力，同时拥有可靠的防除冰能力，具备复杂气象条件下的作业能力，大大提高了人工影响天气作业的效能。它作为生态修复的“科技制高点”，突破了大型无人机人工影响天气作业的关键，丰富了人工影响天气作业手段。

2021 年 7 月，河南全省突遭大规模极端强降雨，部分区域发生洪涝灾害、供水供电网络停摆，其中巩义市米河镇多个村庄通信中断，失去联系。国家应急管理部紧急调派翼龙-2H 无人机空中应急通信平台，跨区域长途飞行，在河南上空执行 5~6 小时的侦查和中继任务，实现了约50平方千米范围长时稳定的连续移动信号覆盖，为当地提供空中移动公网服务。

暴雨无情，科技暖心。翼龙无人机穿云破雾两次飞抵暴雨中的河南郑州，不仅为河南省郑州市巩义市米河镇打通了一条应急通信保障生命线，更为深陷洪水之中的“孤岛”点燃了生命之光。

参考文献

[1] 严东超. 飞机供电系统[M]. 北京：国防工业出版社，2010.

[2] 朱普安. 飞机电气元件[M]. 北京：中国民航出版社，1997.

[3] 任仁良. 涡轮发动机飞机结构与系统（AV）下册[M]. 北京：清华大学出版社，2017.

[4] 朱新宇，胡焱，等. 民航飞机电子电气系统[M]. 成都：西南交通大学出版社，2016.

[5] 伊恩·莫伊尔，阿伦·西布里奇. 民用航空电子系统[M]. 范秋丽，等，译. 北京：航空工业出版社，2009.

[6] 罗亮生，徐华滨等. 无人机应用基础[M]. 北京：中国民航出版社，2018.

[7] 盛乐山. 航空电气[M]. 北京：科学出版社，1994.

[8] 刘建英，任仁良. 飞机电源系统[M]. 北京：中国民航出版社，2013.

[9] REG AUSTIN.无人机系统：设计、开发与应用[M]. 北京：国防工业出版社，2013.

[10] 孙毅. 无人机驾驶员航空知识手册[M]. 北京：中国民航出版社，2014.

[11] 周洁敏. 飞机电气系统[M]. 北京：科学出版社，2018.

[12] 秦海鸿，严仰光. 多电飞机的电气系统[M]. 北京：北京航空航天大学出版社，2015.

[13] 秦严. 飞机电气系统[M]. 北京：航空工业出版社，2016.

附录 1　缩略语表

英文缩写	英文全称	中文名称
AC	Alternating Current	交流电
APU	Auxiliary Power Unit	辅助动力装置
APB	Auxiliary Power Breaker	辅助电源断路器
APC	Auxiliary Power Contactor	辅助电源接触器
AWG	American Wire Gage	美国线规
BC	Bus Controller	汇流条控制器
BLDCM	Brushless Direct Current Motor	无刷直流电动机
BIT	Built-In-Test	机内自检
BM	Bus Monitor	汇流条监控器
BMS	Boeing Material Standard	波音材料规范标准
BMU	battery monitoring unit	电瓶监控组件
BPCU	Bus Power Control Unit	汇流条电源控制组件
BTB	Bus Tie Breaker	汇流条连接断路器
CB	Circuit Breaker	跳开关，断路器
CPU	Central Processing Unit	中央处理器
CSCF	Constant Speed Constant Frequency	恒速恒频
CSD	Constant Speed Drive	恒速传动装置
D/A	Digital to Analog	数模转换
DC	Direct Current	直流电
DC BUS	Direct Current Bus	直流汇流条
DLC	Data Link Computer	数据链接计算机

续附表

英文缩写	英文全称	中文名称
ECS	Environmental Control System	环控系统
EMC	Electromagnetic Compatibility	电磁兼容
EMI	Electro Magnetic Interference	电磁干扰
EMMC	Electromechanical Management Computer	机电管理计算机
EMMS	Electromechanical Management System	机电管理系统
EPC	External Power Contactor	外电源接触器
EPU	Emergency Power Unit	应急动力装置
ESS Bus	Essential Bus	重要设备汇流条
ESS DC Bus	Essential Direct Current Bus	重要直流汇流条
EWIS	Electricity Wire Interconnect System	电气导线互联系统
FAA	Federal Aviation Administration	美国联邦航空局
GB	Generator Breaker	发电机断路器
GCS	Ground Control Station	地面控制站
GCU	Generator Control Unit	发电机控制组件
GCR	Generator Control Relay	发电机励磁控制继电器
GCB	Generator Control Breaker	发电机控制断路器
GC	Generator Contactor	发电机接触器
GEN，G	Generator	发电机
GPU	Ground Power Unit	地面电源装置
HID	High intensity dischange	高压气体放电灯
IDG	Integrated Drive Generator	组合传动发电机
INV	Inverter	静止变流器
IPC	Illustrated Parts Catalog	图解零部件目录手册
LED	Light emitting diode	发光二极管
LRU	Line Replaceable Unit	外场可更换(组)件

续附表

英文缩写	英文全称	中文名称
MIL	American military standard	美国军用标准
MTBF	Mean Time Between Failure	平均故障间隔时间
OC	Over Current	过载电流
OF	Over Frequency	过频
OV	Over Voltage	过电压
PDB	Power Distribution Box	配电盒
PMG	Permanent Magnet Generator	永磁发电机
PPDS	Primary Power Distribution Subsystem	一次配电系统，主配电系统
RAT	Ram Air Turbine	冲压空气涡轮
RAT GEN	Ram Air Turbine Generator	冲压空气涡轮发电机
RPC	Remote Power Controllers	远程功率控制器
RPDS	Remote Power Distribution System	远程配电系统
RPDU	Remote Power Distribution Unit	远程配电组件
RT	Remote Terminal	远程终端
SI	Static Inverter	静止变流器
SPDS	Secondary Power Distribution System	二次配电系统
SPDU	Secondary Power Distribution Unit	二次配电组件
SSR	Solid State Relay	固态继电器
SSPC	Solid-State Power Controller	固态功率控制器
TRU	Transformer Rectifier Unit	变压整流器
TU	Transformer Unit	变压器
UAV	Unmanned Aerial Vehicle	无人机
UAS	Unmanned Aircraft System	无人机系统
UF	Under Frequency	欠频
UMC	Utility Management Computer	机电管理计算机

续附表

英文缩写	英文全称	中文名称
UMS	Utility Management System	机电管理系统
UPS	Uninterrupted Power Supply	不间断电源供应
US	Under Speed	欠速
UV	Under Voltage	欠压
VMC	Vehicle Management Computer	飞管计算机
VMS	Vehicle Management System	飞管系统
VSVF	Variable Speed Variable Frequency	变速变频
VSCF	Variable Speed Constant Frequency	变速恒频

附录2　常用单位及换算关系

类别	名称	符号	换算关系
长度	米	m	1 mile=5 280 ft=1 609.344 m 1 ft=12 in=0.304 8 m 1 in=2.54 cm 1 n mile=1 852 m（只用于航行）
	千米，公里	km	
	厘米	cm	
	毫米	mm	
	微米	μm	
	英里	mile	
	英尺	ft	
	英寸	in	
	海里	mile	
速度	米/秒	m/s	1 km/h=0.277 8 m/s 1 n mile/h=0.514 4 m/s 1 ft/s=0.304 8 m/s
	公里/小时	km/h	
	海里/小时	n mile/h	
	英尺/秒	ft/s	
质量	克	g	1 kg=1 000 g 1 lb=0.454 kg 1 oz=28.35 g
	千克（公斤）	kg	
	磅	lb	
	盎司	oz	
容积	立方米	m^3	1 USgal=3.785 L 1 UKgal=4.546 L
	立方厘米	cm^3	
	升	L	
	美加仑	USgal	
	英加仑	UKgal	
压力、压强	帕斯卡	Pa	1 Pa=1 N/m^2 1 atm=1.013×10^5Pa 1 mmHg=133.32 Pa 1 kg/cm^2=9.8×10^4Pa 1 psi=1 lb/in^2= 6.895 Pa 6 894.76 Pa
	标准大气压	atm	
	毫米汞柱	mmHg	
	公斤/平方厘米	kg/cm^2	
	磅/平方英寸	psi	

续附表

类别	名称	符号	换算关系
流量	千克/秒	kg/s	1 lb/s=0.454 kg/s 1 lb/min=0.007 57 kg/s
	磅/秒	lb/s	
	磅/分	lb/min	
	升/分	L/min	
温度	开（尔文）	K	K=℃+273.15 K=5/9（℉+459.67）
	摄氏度	°C	
	华氏度	°F	
电工单位	伏特	V	1 kV=1 000 V 1 V=1 000 mV 1 A=1 000 mA 1 A=10^6μA 1 W=1 J/s 1 kW=1 000 W
	千伏	kV	
	毫伏	mV	
	安	A	
	毫安	mA	
	微安	μA	
	欧姆	Ω	
	千欧	kΩ	
	兆欧	MΩ	
	微法	μF	
	瓦	W	
	千瓦	kW	
	伏安	V·A	
	乏	Var	
	赫兹	Hz	
	千赫	kHz	
	周/秒	c/s	
	安时	A·h	
其他	分贝	dB	1 J=1 N·m 1 cal=4.18 J
	焦耳	J	
	卡	cal	
	千卡/小时（大卡/小时）	kcal/h	